安装工程职业技能岗位培训教材

通 风 工

建设部人事教育司组织编写

中国建筑工业出版社

图书在版编目（CIP）数据

通风工/建设部人事教育司组织编写. —北京：
中国建筑工业出版社，2003
安装工程职业技能岗位培训教材
ISBN 978-7-112-05461-9

Ⅰ. 通 ... Ⅱ. 建 ... Ⅲ. 建筑-通风-技术
培训-教材 Ⅳ. TU834

中国版本图书馆 CIP 数据核字（2003）第 040141 号

安装工程职业技能岗位培训教材

通 风 工

建设部人事教育司组织编写

*

中国建筑工业出版社出版、发行（北京西郊百万庄）

各地新华书店、建筑书店经销

北京密东印刷有限公司印刷

*

开本：850×1168 毫米 1/32 印张：12 字数：320 千字
2003 年 8 月第一版 2015 年 10 月第二次印刷
定价：**30. 00** 元
ISBN 978-7-112-05461-9
(26503)

本书包括的主要内容有：基础知识；常用材料；金属风管加工的基本技术及机具设备；展开放样的方法；金属风管及配件、部件的制作；通风空调系统的安装；非金属风管的制作和安装；除尘系统；通风空调系统的试运转及调试；相关工种及安全生产知识等内容。

　　本书可作为安装工人技术等级培训教材使用，也可作为技术工人学习和指导施工的依据。

＊　　　　＊　　　　＊

　　责任编辑：胡明安　姚荣华

出 版 说 明

为深入贯彻全国职业教育工作会议精神，落实建设部、劳动和社会保障部《关于建设行业生产操作人员实行职业资格证书制度的有关问题的通知》（建人教〔2002〕73号）精神，全面提高建设职工队伍整体素质，我司在总结全国建设职业技能岗位培训与鉴定工作经验的基础上，根据建设部颁发的《职业技能标准》、《职业技能岗位鉴定规范》和建设部与劳动和社会保障部共同审定的管工等《国家职业标准》，组织编写了本套"安装工程职业技能岗位培训教材"。

本套教材包括管道工、安装起重工、工程安装钳工、通风工等4个职业（岗位）。各职业（岗位）培训教材将原教材初、中、高级单行本合为一本。全套教材共计4本。

本套教材注重结合建设行业实际，体现建筑业安装企业用工特点，理论以够用为度，重点突出操作技能的训练要求，注重实用与实效，力求文字深入浅出，通俗易懂，图文并茂，问题引导留有余地。本套教材符合现行规范、标准、工艺和新技术推广要求，是安装工程生产操作人员进行职业技能岗位培训的必备教材。

本套教材经安装工程职业技能岗位培训教材编审委员会审定，由中国建筑工业出版社出版。

本套教材作为全国建设职业技能岗位培训教学用

书，可供高、中等职业院校实践教学使用。在使用过程中如有问题和建议，请及时函告我们。

建设部人事教育司
二〇〇二年十一月八日

前　言

为了适应建设行业职工培训和建设劳动力市场职业技能培训和鉴定的需要，我们编写了《管道工》、《通风工》、《工程安装钳工》、《安装起重工》等 4 本培训教材。

本套教材根据建设部颁发的管道工、通风工、工程安装钳工、安装起重工 4 个工种的《职业技能标准》、《职业技能岗位鉴定规范》，由建设部人事教育司组织编写。

本套教材的主要特点是，每个工种只有一本书，不再分为初级工、中级工和高级工三本书，内容基本覆盖了"岗位鉴定规范"对初、中、高级工的知识要求及"试题库"（即"习题集"）中涉及到的各类习题的内容。本套教材注重突出职业技能教材的实用性，对基本知识、专业知识和相关知识有适当的比重，尽量做到简明扼要，避免教科书式的理论阐述和公式推导、演算。由于全国地区差异、行业差异较大，使用本套教材时可以根据本地区、本行业、本单位的具体情况，适当增加一些必要的内容。

本套教材的编写得到了建设部人事教育司、中国建筑工业出版社和有关企业、专业学校的大力支持，并参考了中国安装协会组织编写的部分培训教材和国家有关规范、标准。由于编者水平有限，书中可能存在若干不足甚至失误之处，希望读者在使用过程中提出宝贵意见，以便不断改进完善。

编　者

目 录

一、基础知识

通常所说的通风工程实际上包括通风工程和空调工程两大部分。

通风工程是为了排除生活房间或生产车间的余热、余湿、有害气体、蒸汽和灰尘等，并送入按一定规定处理过的新鲜空气，创造舒适的生产和生活环境，满足卫生或生产工艺的要求。因此，通风工程是送风、排风、除尘、气力输送以及防、排烟工程的统称。

空调工程则是空气调节、空气净化与洁净室空调系统的总称。

通风工程或空调工程涉及的工程内容是多方面的，在施工过程中，都是由通风工、安装钳工、管道工、电工等多工种共同完成的。因此，本书将从工作实际出发，只介绍施工中属于通风工工作范围的内容，这样，附录"通风工岗位技能鉴定习题集"中将有一部分习题的相关内容本书不会涉及。

(一) 空气的性质

1. 空气的组成

地球表面有几十千米厚的大气层。地球表面大部分被海洋、江河、湖泊和湿地所覆盖，总是有大量的水分蒸发为水蒸气进入大气中，所以，自然界中的空气都是"干空气"和水蒸气的混合物，叫做"湿空气"。通风空调中提到的空气，都是指湿空气，简称为"空气"。真正的干空气在自然界中是不存在的。

干空气主要是由氮、氧、二氧化碳和少量稀有气体（氩、氖、氩）组成，重量比例如下：

氮（N_2）	75.55%
氧（O_2）	23.10%
二氧化碳（CO_2）	0.05%
稀有气体	1.30%

此外，大气中还夹杂着少量的灰尘、烟雾和细菌。一般情况下，干空气的组成比例基本不变。而湿空气中的水蒸气含量很少，没有固定的比例，即使同一地区，它随着季节和天气的变化而经常改变。

2. 空气的状态参数

空气的物理性质不仅取决于它的组成成分，而且也与它所处的状态有关，空气的状态可用一些物理量来表示，例如压力、温度和湿度等，这些物理量称为空气的状态参数。

（1）压力

空气虽然较轻，但还是有重量的。地球表面的大气层压在单位面积上的重力称为大气压力。根据规定，以地球纬度45°处，空气温度为0℃时测得的平均气压作为一个标准大气压，即物理工程，其值为101325Pa，Pa（帕）是通风及空调中使用的压力单位。在工程上一般不用物理大气压而用工程大气压，一个工程大气压为9806.6 Pa。

（2）温度

衡量物质冷热程度的指标。目前，国际上使用的有摄氏温标（℃），华氏温标（℉）和开尔文（K）（即绝对温标）等。

在我国，工程上多用摄氏温标，单位为℃。摄氏温标是在标准大气压力下把纯水的冰点定为0℃，把纯水的沸点定为100℃，在冰点和沸点之间分为100等分，每一等分就是摄氏一度，用 t 表示，其单位符号为℃。

英、美等国家采用华氏温标，单位为℉。华氏温标把纯水的冰点定为32℉，把纯水的沸点定为180℉。

开尔文又叫绝对温标或国际实用温标，是目前国际上通用的一种温标，用 T 表示，其单位符号为 K。它是以 – 273℃作为计算的起点，将纯水在一个标准大气压下的冰点定为 273K，沸点为 373K，其间相差 100K。

绝对温标与摄氏温标的关系为：

$$T = 273 + t$$

（3）湿度

湿度表示空气中水蒸气的含量。表示方法有：绝对湿度、含湿量和相对湿度。

绝对湿度是指在一立方米空气中含有水蒸气的重量称为空气的绝对湿度，用符号 γ_{qi} 表示，单位是：g/m³。

含湿量是指在湿空气中，与一千克干空气混合在一起的水蒸气的重量，用符号 d 表示，单位是：水气 g/kg 干空气。

相对湿度是指空气实际绝对湿度接近饱和绝对湿度的程度，即空气的绝对湿度（γ_{qi}）与同温度下饱和绝对湿度（γ_{bo}）的比值，用百分数表示：

$$\phi = \frac{\gamma_{qi}}{\gamma_{bo}} \times 100\%$$

（4）焓

焓是指单位质量空气中所含有的总热量。在空调工程设计计算过程中，空气吸收或放出的热量用焓表示。焓用符号 i 表示，单位是 J/kg（焦耳/千克）。

（5）湿球温度

一只温度计的温包上什么也不覆盖，直接测出的空气温度称为干球温度。另一支温度计的温包上包有细纱布，纱布的末端浸在盛水的小瓶里，由于毛细管作用纱布把水吸上来，使温包经常处于湿润细纱布的覆盖之下，这时所测出的温度为湿球温度。

干球温度与湿球温度之差叫做干湿球温度差，它的大小与被测空气的相对湿度有关。空气越干燥，干湿球温度差也就越大；反之，相对湿度越大，干湿球温度差越小。若是空气湿度达到饱和，则干湿球温度差等于零。已知干湿球温度计读数后，通过查表或计算，即可求得空气的相对湿度。

（二）常用法定计量单位

通风空调工程中常用的法定计量单位见表1-1。

常用法定计量单位 表1-1

量的名称	量的符号	单位名称	单位符号	备 注
长 度	l（L）	米	m	公里为千米的俗称，符号为 km
面 积	A，（S）	平方米	m^2	
体积，容积	v	立方米 升	m^3 L，（l）	$1L = ldm^3$
时 间	t	秒 分 时 日	s min h d	$1min = 60s$ $1h = 3600s$
速 度	v	米每秒 米每分 千米每小时	m/s m/min km/h	$1m/min = 0.0167m/s$
重力加速度	g	米每二次方秒	m/s^2	标准重力加速度 $g_n = 9.80665m/s^2$
转速，旋转频率	n	转每分 转每秒	r/min r/s	$1r/min = 0.105rad/s$ $1r/s = 6.283rad/s$
角频率，圆频率	ω	弧度每秒 每秒	rad/s s^{-1}	
质 量	m	千克（公斤） 吨	kg t	$1t = 1000kg$
密 度	ρ	千克每立方米 千克每升 吨每立方米	kg/m^3 kg/L t/m^3	$1kg/L = 1000kg/m^3 = 1g/cm^3$ $1t/m^3 = 1000kg/m^3 = 1g/cm^3$

量的名称	量的符号	单位名称	单位符号	备注
比容	v	立方米每千克	m^3/kg	
力 重力	F, W P, G	牛[顿]	N	$1N = 1kg \cdot m/s^2$
力矩 转矩, 力偶矩	M T	牛[顿]米	$N \cdot m$	
压力,压强	P	帕[斯卡]	Pa	$1Pa = 1N/m^2$ $(1mmH_2O = 9.81\ Pa)$
体积流量	q_v	立方米每秒 立方米每分 立方米每小时 升每秒 升每分	m^3/s m^3/min m^3/h L/s L/min	$1m^3/min = 16.7 \times 10^{-3} m^3/s$ $1m^3/h = 2.78 \times 10^{-4} m^3/s$ $1L/s = 0.001 m^3/s$ $1L/min = 1.67 \times 10^{-5} m^3/s$
热力学温度	T, Θ	开[尔文]	K	
摄氏温度	t	摄氏度	℃	
热量	Q	焦[耳]	J	$1J = 1N \cdot m$
热流量	φ	瓦[特]	W	$1W = 1J/s$
导热系数	λ	瓦[特]每米开[尔文] 瓦[特]每米摄氏度	$W/(m \cdot K)$ $W/(m \cdot ℃)$	$1W/(m \cdot ℃) = 1W/(m \cdot K)$
传热系数	R, K	瓦[特]每平方米 开[尔文] 瓦[特]每平方米 摄氏度	$W/(m^2 \cdot K)$ $W/(m^2 \cdot ℃)$	$1W/(m^2 \cdot ℃) = 1W/(m^2 \cdot K)$

（三）通风工程和空调工程的分类

　　人类一切生活和生产活动都处于空气环境中，空气的成分和质量如果不符合一定条件，将会影响人们身体健康。在工业生产过程中，会产生大量的有害蒸汽、灰尘、余热和余湿。这些有害物会污染空气，使工作环境恶化，危害生产者的健康和降低劳动生产率。

通风是改善室内空气环境的有效措施。通风就是把含有有害物质的污浊空气从室内排出去，将符合卫生要求的新鲜空气送进来，以保持适于人们生产和生活的空气环境。通风的任务除了创造良好的室内空气环境外，还要对室内排出的某些有害物进行必要的处理，使其符合排放标准，以避免或减少对大气的污染。

人们对生产过程和舒适的生活所要求的空气环境，包括空气的温度、湿度、洁净度和空气流动速度几个方面。尤其是在科研和某些工业生产方面，对空气环境的要求是极为严格的。这就需要采用人工的方法，创造和保持满足一定要求的空气环境，这就是空气调节，简称空调。空气调节就是更高一级的通风。

1. 通风系统的分类

通风系统按不同方式有如下分类：

（1）按通风系统作用范围分类

1）全面通风

全面通风就是在整个房间内，全面地进行通风换气。

当有害物在很大范围内产生并扩散的房间，就需要全面通风，以排出有害气体或送入大量的新鲜空气，将有害气体浓度稀释冲淡到允许浓度范围以内。因此，全面通风也称为稀释通风。

全面通风可以是自然的或机械的，其中机械全面通风又分为：

（A）全面排风。在有害气体集中产生的建筑物内采用全面排风。

（B）全面送风。将送入的空气经简单处理用以冲淡室内有害物。

（C）全面送排风。用于门窗密闭、自行排风或进风比较困难的地方。根据生产需要或送风量和排风量的不同，可以使房间内保持正压或负压，多余或不足的风量则经过围护结构的缝隙挤出或渗入。

空气调节系统也就是一种全面通风系统。

2）局部通风

局部通风是将污浊或有害气体直接从其产生的部位抽出，以防止扩散到整个室内；或将新鲜空气送到有工作人员经常活动的某个局部地区，改善局部地区的环境条件。当车间内某些设备产生大量危害人体健康的有害气体，采用全面通风不能冲淡到允许浓度，或者采用全面通风很不经济时，也采用局部通风。

（A）局部送风。对于车间面积很大，工作地点比较固定的情况下，要改善整个车间的空气环境是既困难又不经济的。在这种情况下，可向局部工作地点送风，以造成工作需要的局部空气环境。

常用的局部送风装置有三种：即风扇、喷雾风扇和系统式局部送风装置，此外，空气幕也属于局部送风装置。

喷雾风扇是用普通轴流风机加设甩水盘，由供水管向甩水盘供水，风机转动时甩水盘同时转动，盘上的水在离心力作用下沿切线方向被甩出，形成许多细小的水滴，随气流一起吹出。水滴的直径应在 $60\mu m$ 以下，最大不超过 $100\mu m$，否则不易蒸发。

系统式局部送风，空气一般要预先经过冷却处理，然后经过一个特别的"喷头"以一定速度吹送到操作人员身体的上部，以便在高温区造成一个不大的凉爽区域，使工人劳动条件得以改善。系统式局部送风的送风口称为喷头，最简单的喷头是圆柱形喷头，在管口装有扩张角为 6°～8°的扩散口，用以向下送风，见图 1-1。

旋转式喷头也叫"巴图林"，在系统式局部送风中应用较为普遍。这种喷头一般为 45°斜切的矩形管，在它的出口处装有可以变换开启角度的导流

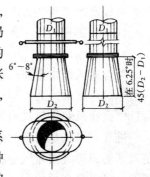

图 1-1　圆柱形喷头

叶片，在喷头上部有可活动的凸缘，使喷头能绕垂直管道轴心转动。这种喷头适用于工人工作地点在小范围内不固定的场合，见图1-2。

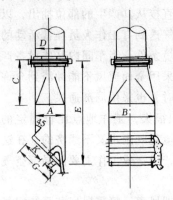

图1-2 旋转式喷头

空气幕是一种局部送风管装置，它利用条缝形送风口喷出一定温度和较高速度的幕状气流，用来封住门洞，减少或隔绝室外空气的侵入，从而保护室内的空气环境。

空气幕的作用是在门洞敞开的情况下，防止室外冷、热气流侵入。为了防止余热和有害气体向室外或其他车间扩散，也可设置空气幕进行阻隔。在严寒地区，当车间的大门必须开启供车辆进出时，即可设置空气幕。在大型商场内，由于设有空调，其进出口在冬、夏季也设有空气幕。

（B）局部排风。其目的是为了尽量减少工艺设备的有害气体对室内空气环境的直接影响。它用各种局部排气罩、排气柜，在有害物产生时就立即将其吸入，然后经排风帽排至室外。局部排风用的吸气罩有：密闭罩（又分为防尘密闭罩和通风柜两种）、伞形罩和槽边吸气装置。

（C）局部送排风。既有送风又有排风的局部装置。

3）混合通风

混合通风是指全面的送风和局部排风，或全面的排风和局部的送风混合起来的通风形式。根据通风系统的特征，还可将其分为进气式通风和排气式通风。

进气式通风是向房间送入新鲜空气，它可以是全面的也可以是局部的；排气式通风是将房间内的污浊空气排出，它可以是局部的也可以是全面的。

（2）按通风系统的动力方式分类

按通风系统的动力方式不同，可将通风系统分为自然通风和机械通风两类。

1）自然通风

自然通风主要靠风压和热压使室内外的空气进行流动交换，从而改变室内空气环境。风压是由空气流动所造成的压力。房屋在迎风面形成正压区（大于室内压力），从而风可以从门窗吹入；热压是由于室内空气温度高，重力密度小，因此空气能产生上升的力量，经风帽或建筑物的天窗排出。

利用风压和热压进行换气的自然通风方式，对于产生大量余热的生产车间是一种经济有效的通风降温的方法。在冶炼、轧钢、铸造、锻压、热处理车间以及较大的厨房操作间，常常利用自然通风的方法。

2）机械通风

机械通风依靠风机产生的风压（正压或负压），借助通风管网进行室内外空气交换的。机械通风的特点是动力强，能控制风量，使对空气进行加热、冷却、加湿、干燥、净化等处理过程的设备用风管连接起来，组成一个机械通风系统，把经过处理达到一定质量的空气送到一定地点。

机械通风可以向房间的任何地方，供给适当数量新鲜的、用适当方法处理过的空气；也可以从房间任何地方以要求的速度排出一定数量的污浊空气。

（3）按通风系统的工艺要求分类

1）送风系统

送风系统是用以向室内输送用适当方法处理过的新鲜空气。图 1-3 所示的送风系统，室外空气由百叶窗进入进气室，经保温阀至过滤器，由过滤器除掉空气中的灰尘，再经空气加热器将空气加热到所需的温度，为了调节加热器后空气的温度可加设旁通阀；空气被吸入通风机，经风量调节阀、风管，由送风口送入室内。为了室内空气量分配的均匀，在支管或送风口前可装调节风阀。

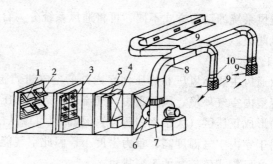

图 1-3　送风系统示意图

1—百叶窗；2—保温阀；3—过滤器；4—空气加热器；

5—旁通阀；6—风机；7—调节风阀；8—通风管网；

9—送风口；10—调节风阀

2）排风系统

排风系统是将室内产生的高温或有害空气排到室外大气中，以消除室内环境污染。对于排放到大气中的污浊空气，其有害物质的排放浓度不得超过有关标准的规定，如超过国家制定的排放标准时，必须按污浊空气的化学性质经中和或吸收处理，使排放浓度低于排放标准后，再排到大气中。

3）除尘系统

保护环境，防止大气污染是关系到人民健康和工农业生产的大事。通风排气中所含的有害物质（尘、毒），如超过排放标准，必须进行净化处理。从气流中除去粉尘的设备称为除尘器，它是通风除尘系统中的一个重要组成部分。有些生产过程如原材料破碎、输送、粮食加工等，排出的尾气中所含的粉粒状物料是生产的产品或原料，应当进行回收利用。在这些部门，除尘器既是环保设备，又是生产设备。

关于除尘系统方面的内容将在后面单独进行介绍。

2. 空气调节系统的分类

由于生产工艺和生活的需要，要求室内空气的温度、湿度、风速及洁净度保持在一定范围内，而且不因室外气候条件和室内各种条件的变化而受到影响。

需要进行空气调节的房间，不仅需要符合卫生条件的新鲜空气，而且对空气的温度、湿度、空气流动速度有一定要求。人的舒适感主要与室内空气的温度、相对湿度有关。对民用和公共建筑，一般取如下的室内空气计算参数：

室内空气温度：夏季 27 ~ 29℃，冬季 16 ~ 20℃。

室内相对湿度：40% ~ 60%。

对于工业性空调，室内空气计算参数根据生产工艺和劳动卫生要求确定，室内空气计算参数主要决定于工艺要求。

以上介绍的室内空气计算温度，主要是指夏季，在冬季除必须保证全年室温恒定的场合外，室内空气计算温度一般可低于夏季。

为了保证空调房间的空气温度和湿度，就需要对空气进行各种处理，并随室内外气象条件的变化进行调节。

空气调节系统可按不同的方法进行分类：

（1）按空气处理设备的设置情况分

1）集中式空气调节系统

集中式空调系统又分为：

（A）一般集中式空调系统。这种系统的特点是将处理空气的空调器集中安装在专用空调机房内，如空气加热、冷却、加湿、除湿设备，风机和水泵等。空调机房内所用的冷源和热源由冷冻站和锅炉房供给。集中式空调系统具有三大部分：空气处理部分、空气输送部分和空气分配部分。集中式空调系统适用于大型空调系统。

空气调节室（器）的主要组成部分是过滤器、一次加热器（预热器）、喷水室、二次加热器（再热器），见图1-4。

百叶窗。用以挡住室外杂物进入。百叶窗的叶片角度一般为30°，其底边距离地面的高度不应小于2m。

保温阀。空调器停止工作时，用来防止大量室外空气进入室内。

空气过滤器。用以清除新鲜空气中的大颗粒的灰尘，使之初

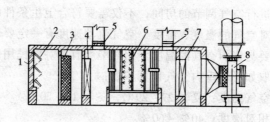

图 1-4　空气调节器示意图

1—百叶窗；2—保温阀；3—过滤器；4—一次加热器；

5—调节风阀；6—喷水室；7—二次加热器；

8—通风机

步净化。

一次加热器。在喷水室（或表面冷却器）前的加热器，用以提高空气温度和在加湿过程中的吸湿能力，亦称预热器。一般只在冬季使用，如用一次回风和新风混合时，非严寒地区可以不用。

喷水室。在喷水室中，可根据需要喷淋不同温度的水对空气进行加热或冷却、加湿或减湿等空气处理过程。有时用表面冷却器来代替，夏季用表面冷却器对空气进行冷却干燥处理，冬季用电极和电热加湿器或蒸汽对空气进行加湿处理。

二次加热器。二次加热器在喷水室（或表面冷却器）的后面，用于加热喷水室后的空气，保证送入室内的空气具有一定要求的温度和相对湿度。

一次回风口。用室内回风与室外新鲜空气混合后，经喷水室（或表面冷却器）称为一次回风，夏季可节约冷量，冬天可节约热量，在非严寒地区可代替一次加热器。

二次回风口。回风不经喷水室（或表面冷却器）进入空调器是二次回风，夏天节约二次加热的热量，减少喷水室（或表面冷却器）处理风量，并节约冷量；冬季可节约二次加热器热量。

（B）变风量集中式空调系统。在变风量系统中，靠减少送风量来适应负荷的降低。因此，送风温度可以保持不变，冷、热量可以节省。

对于多房间的空调系统，可以在每个风口前增加一个变风量装置，与此同时，系统的总风量也可以根据各风口风量的变化相应的改变，以达到节约运行费用的目的。

2）局部式空气调节系统

如果在一个大建筑物中，只有少数房间需要空调，或需要空调的房间多，但很分散，这时便适宜采用局部式空气调节系统。

这种系统处理空气用的空气冷却、加热设备、加湿设备、风机和自动控制设备均组装在一个箱体内，称为空调箱，空调箱多为定型产品。这类空调系统又称为机组系统，可直接安装在空调房间附近，就地对空气进行处理，可用于空调房间分散和小面积的空调工程。在高层宾馆建筑中，这种系统应用较多，即每层设一个空调系统，这样可以根据客人的入住情况开启或关闭某层的空调系统，以节约空调系统运行费用。

3）半集中式空气调节系统

这种空气调节系统是把空气的集中处理和局部处理结合起来的一种空调装置，其常用的形式有诱导式空调系统、风机盘管空调系统和再加热式（或再冷却式）空调系统。

（A）诱导式空调系统

这种系统是把诱导器作为局部处理装置（或称末端装置），见图 1-5。诱导器主要由静压箱、喷嘴和二次盘管组成，见图 1-6。经集中处理来的一次风，先进入诱导器的静压箱，然后通过静压箱上的喷嘴以较高的速度（风速可达 20 ~ 30m/s）喷出，在喷出气流的引射下，室内空气（即二次风）被吸入诱导器，即实现室内空气的循环。在二次风进口处装有盘管，夏季通冷水对二次风进行冷却，冬季通热水，对二次风进行加热。一次风与二次风混合后经

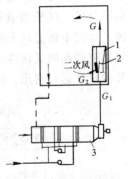

图 1-5　诱导式空调系统
1—诱导器；2—喷嘴；
3—集中空调室

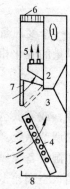

图 1-6 诱导
器的结构
1——次风联
接管；2—静
压箱；3—喷
嘴；4—二次
盘管；5—混
合段；6—送
风口；7—旁
通风门；8—凝
水盘

送风口送入室内。另外，可用旁通风门调节二次风的处理程度，从而可改变送入室内空气的状态。

上述带二次盘管的诱导器又叫做"空气—水"诱导器。还有一种不带二次冷却盘管的全空气诱导器，称简易诱导器。诱导器有卧式与立式两种，卧式挂于顶棚下，立式放在窗台下面。当只给盘管送热水而不送风时，就成了一个对流散热器，巧妙地把空调与供暖结合起来。

（B）风机盘管空调系统。由于诱导式系统的风机是集中设置的，风机要经常运转，故消耗电能较多，灵活性差。采用风机盘管系统具有较高的灵活性，就可解决这个问题。风机盘管就是由风机和盘管组成的机组，可将它暗装于顶棚内，如图 1-7 所示。只要风机运转，就能使室内空气循环，并通过盘管进行冷却或加热，以满足房间的空调要求。因为冷、热媒是集中供应的，所以是一种半集中式系统。

风机盘管的作用是使室内空气循环，并在循环过程中进行加热或冷却。为了保证室内空气的质量，要经新风管向室内补充一定的新风。风机盘管有卧式和立式两种，卧式后面进风前面出风，立式下面进风上面出风。风机的风量可以调节。风机盘管系统具有较高的灵活性，各个房间可以开启或关闭或单独调节，能节省日常运行费用，因而在宾馆、写字楼等建筑物中得到广泛应

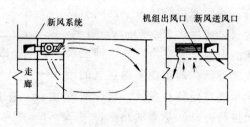

图 1-7 风机盘管空调系统示意

用。

（C）再加热式（或再冷却式）空调系统。这种系统是在各个房间的送风支管上装有加热器或冷却器，以便根据房间的不同要求对送风进行不同的处理。由于这种系统应用较少，不再介绍。

（2）按使用新风量的多少分

1）直流式空气调节系统

直流式空气调节系统的送风全部来自室外，不利用空调房间的回风。

2）部分回风空气调节系统

这种系统的特点是空气调节处理的空气除了一部分来自室外空气外，另一部分是室内的回风。

3）全部回风式空调系统

这种系统也称为封闭式空调系统，所处理的空气全部来自空调房间，而不补充室外新鲜空气。这种系统只在特定的情况下采用。

（3）按风道中空气的流速分

1）高速空气调节系统

高速系统是考虑缩小管径的圆形风管系统，其能耗高，噪声大。适用于建筑层高偏低，风管尺寸受限制的系统及诱导器系统。民用建筑主风管风速高于 12m/s，工业建筑主风管风速高于 15m/s。有的资料中笼统的称风道中的空气流速可达 20~30m/s 是不准确的。

2）低速空气调节系统

低速系统的特点是根据节能与消声要求的矩形风管系统，风管的截面积较大，在民用建筑中主风管风速低于 10m/s，工业建筑中主风管风速低于 15m/s。

3. 空气洁净系统

随着科学技术和现代工业的发展，许多工业部门为保证产品的高纯度、微型化、精密化和高可靠性，对生产环境提出了极高的要求，既要保证温度和湿度的要求，还要保证空气的洁净度，否则空气中的灰尘微粒进入产品，会给产品造成缺陷，而无法实现对产品性能的要求。

一般民用建筑或工业建筑的室内空气允许含尘标准，是指含尘的质量浓度，亦称计重浓度，单位为 mg/m³。而洁净室的洁净标准，则是用计数浓度来表示，即每立方米（升）空气中大于或等于某一粒径的的灰尘颗粒总数。

根据《洁净厂房设计规范》（GBJ73—84）和《洁净室施工及验收规范》（JGJ71—90）的规定，空气洁净度等级见表 1-2。所谓洁净室，指对空气中的尘粒物质及空气的温度、湿度、压力、流向实行控制的密闭空间，其室内空气中的尘粒个数不得超过现行空气净化标准的规定。

空气洁净度等级 表 1-2

等　级	每立方米（每升）空气中 ≥0.5μm 尘粒数	每立方米（每升）空气中 ≥5μm 尘粒数
1 级	≤35（0.035）	
10 级	≤35×10（0.35）	
100 级	≤35×100（3.5）	
1000 级	≤35×1000（35）	≤250（0.25）
10000 级	≤35×10000（350）	≤2500（2.5）
100000 级	≤35×100000（3500）	≤25000（25）

最近，国家又颁发了新设计规范，《洁净厂房设计规范》（GB50073—2001），对洁净室及洁净区的洁净度等级进行了新的划分，见表 1-3。

由表 1-2 和表 1-3，可以了解新、旧洁净度等级划分的情况。但考虑到这部分内容与通风工的施工操作关系不是很大，就不再详细介绍了。本书在后面涉及洁净空调系统的制作和安装时，仍使用大家比较熟悉的表 1-2 所列洁净度等级划分。

洁净室及洁净区空气中悬浮粒子洁净度等级　　表 1-3

空气洁净度等级（N）	大于或等于表中粒径的最大浓度限值（pc/m³）					
	0.1μm	0.2μm	0.3μm	0.5μm	1μm	5μm
1	10	2				
2	100	24	10	4		
3	1000	237	102	35	8	
4	10000	2370	1020	352	83	
5	100000	23700	10200	3520	832	29
6	1000000	237000	102000	35200	8320	293
7				352000	83200	2930
8				3520000	832000	29300
9				35200000	8320000	293000

　　工业洁净室的重要任务，是要控制室内空气浮游微粒对生产的污染，使室内生产环境的空气洁净度符合生产工艺要求。为了达到这个目的，一般可采取的空气洁净技术措施有：一是空气过滤，采用过滤器有效地控制从室外引入室内的全部空气的洁净度；二是组织气流排污，在洁净室内组织特定形式和强度气流，利用洁净空气将生产环境中发生的污染物排除出去；三是保持洁净室内空气必要的正压，防止外界空气从门以及各种缝隙部位侵入室内。

　　空气洁净系统根据洁净房间含尘浓度和生产工艺要求，按洁净室的气流流型可分为两类：

　　（1）非单向流洁净室

　　非单向流洁净室又称乱流洁净室。其气流流型不规则，工作区气流不均匀，并有涡流。这种洁净室只要求对室内空气起稀释作用，适用于 1000 级（每升空气中粒径 ≥0.5μm 的尘粒，平均数值不超过 35 粒）以下的空气洁净系统。非单向流洁净室的原理见图 1-8。

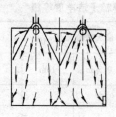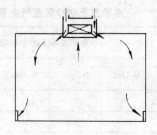

图 1-8　非单向流洁净室原理

（2）单向流洁净室

单向流洁净室又称为层流洁净室。根据气流流动方向又可分为垂直向下式（即垂直层流式）和水平平行式（即水平层流式）两种。它的作用是利用活塞原理使干净的空气沿着房间四壁向前推压，把含尘浓度较高的空气挤压出室内，使洁净室的尘埃浓度保持在允许范围内。

垂直层流洁净室，风速一般是 0.3～0.5m/s，此种洁净室换气量及换气次数较大，一般为 50～100 次/h；水平层流式洁净室的空气由一侧墙壁全面吹出，由对面的墙壁排出，风速一般是 0.5～0.8m/s，此种洁净室的换气量及换气次数较垂直层流洁净室少。

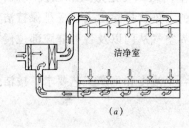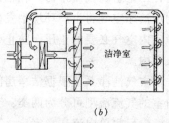

（a）　　　　　　　　　　　（b）

图 1-9　单向流洁净室的原理

（a）垂直层流式；（b）水平层流式

单向流洁净室适用于 100 级（每升空气中粒径 ≥0.5μm 的尘粒，平均数值不超过 3.5 粒）以上的洁净系统。单向流洁净室的原理见图 1-9。

（四）识图知识

1. 投影与视图

（1）正投影

与机械图和建筑图一样，通风工程图也是用正投影方法画出来的。把一个平板放在灯光下向地面进行投影，平板的投影则比实物大。如果假设光源无限远（例如在直射的阳光下），投影线则相互平行，这种利用平行投影线进行投影的方法，称为平行投影法。在平行投影中，投影线垂直于投影面，物体在投影面上所得到的投影称为正投影。正投影也就是人们口头说的"正面对着物体去看"的投影方法。

点、直线和平面的正投影：

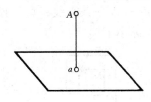

图 1-10 点的正投影

（1）点的正投影

假设在点 A 的下面有一个投影面，从点 A 上方对其进行投影，在投影面上得到的投影点 a，见图 1-10。由此可知，无论从哪一个方向对一个点进行投影，所得到的投影仍然是一个点。

（2）直线的正投影

如图 1-11 所示，将直棒 AB 分别按平行于投影面、垂直于投影面和倾斜于投影面三种方式放置，其投影分别有三种情况：（a）投影线 ab 与 AB 一样长；（b）投影是一个小圆点；（c）投影线段 ab 比 AB 短。

由此可知：

直线平行于投影面时，其投影仍为直线，且与实长相等；

直线垂直于投影面时，其投影为一个点；

直线倾斜于投影面时，其投影仍为直线，其长度缩短。

（3）平面的正投影

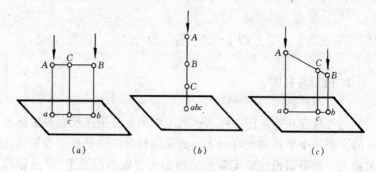

(a)   (b)   (c)

图 1-11　直线的正投影

工程上常用的是三面投影图，称为视图。

如图 1-12 所示，将一个正方形平板 ABCD 分别按平行于投影面、垂直于投影面和倾斜于投影面放置，其投影类似于直线的投影，也产生三种结果：（a）投影 abcd 仍为正方形，其大小与平板 ABCD 完全一样；（b）投影成为 da—cb 一条直线；（c）投影成为矩形 abcd，其面积比平板 ABCD 缩小了。

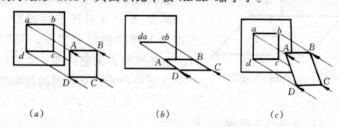

(a)   (b)   (c)

图 1-12　平面的正投影

由此可知：

平面平行于投影面时，其投影反映平面的真实形状和大小；

平面垂直于投影面时，其投影是一条直线；

平面倾斜于投影面时，其投影是缩小了的平面。

（4）视图

物体在投影面上的投影应用于工程图上称为视图或投影图。

如图 1-13 所示，取一个三角形斜垫块，放在三个投影面中进行投影，按照前面所讲的规律，即可得到三个不同的视图。

正立面 V 上的投影是一个直角三角形，它反映了斜垫块前后立面的实际形状，即长和高。

水平面 H 上的投影是一个矩形。由于垫块的顶面倾斜于水平面，故水平面上的矩形反映的是缩小了的顶面的实形，即长和宽，同时也是底面的实形。

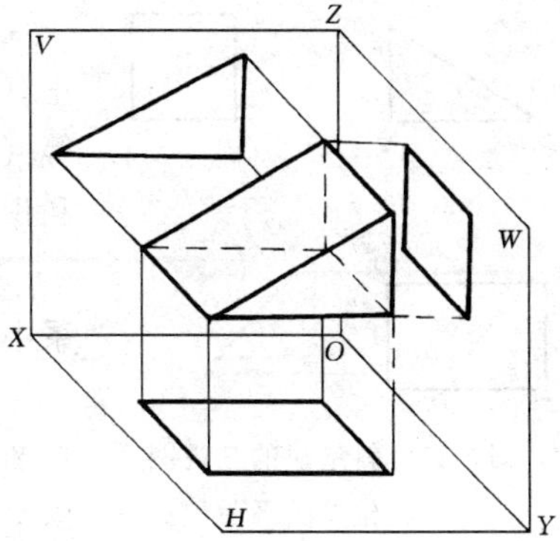

侧立面 W 上的投影也是一个矩形，它同时反映了缩小的斜面形象和垫块侧立面的实形，即高和宽。

图 1-13　三角形斜垫块三面投影

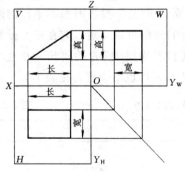

图 1-14　斜垫块的三视图

在正立面上的投影称为主视图，通风工程图中称为立面图；在水平面上的投影称为俯视图，通风工程图中称为平面图；在侧立面上的投影称为左视图（有时还需要右视图），通风工程图中称为侧面图，见图 1-14 所示。

在实际工作中，三个投影面的边框不必画出来，如图 1-15 所示就可以了。三个视图中，每个视图都可以反映视图两个方面的尺寸。

三个视图中，每个视图都可以反映视图两个方面的尺寸。三个视图之间存在以下投影关系：

主视图与俯视图：长对正；

主视图与左视图：高平齐；

俯视图与左视图：宽相等。

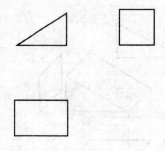

図 1-15　斜垫块的三视图
的位置关系

总之，三面视图上具有：长对正（等长），高平齐（等高），宽相等（等宽）的三等关系，这是绘制和识读工程图的基本规律。

（5）直线和平面在三投影面体系中的投影

在学习了点、线、面的正投影和关于视图的知识以后，接下来应当了解直线和平面在三投影面体系中的投影，这是掌握制图与识图知识的关键。

1）直线在三投影面体系中的投影

直线在三投影面体系中的位置可分为以下三种情况：

（A）一般位置线

一般位置线也就是直线 *AB* 处于同三个投影面都不平行的倾斜位置。从前面讲过的直线投影的知识可以知道，它在三个投影面上的投影都是倾斜的直线，其长度均短于 *AB* 的实长，并且与三个投影轴（*OX*、*OY*、*OZ*）既不平行也不垂直，见表 1-4。

一般位置线的投影　　　　　　　　　　表 1-4

空　间　位　置	投　影　图
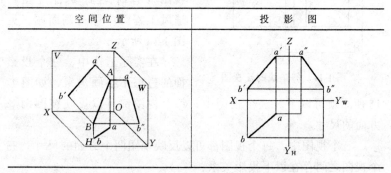	

（B）投影面平行线

平行于一个投影面，而对另两个投影面处于倾斜位置的直线，称为投影面平行线。投影面平行线有三种位置：

正平线——直线平行于立面；

水平线——直线平行于水平面；

侧平线——直线平行于侧面。

投影面平行线的投影见表 1-5，它的特点是：在与它平行的投影面上的投影是倾斜的，但反映实长，而在另两个投影面上的投影是水平线或铅垂线，但长度缩短，小于实长。

投影面平行线的投影 表 1-5

名　称	空　间　位　置	投　影　图
正平线	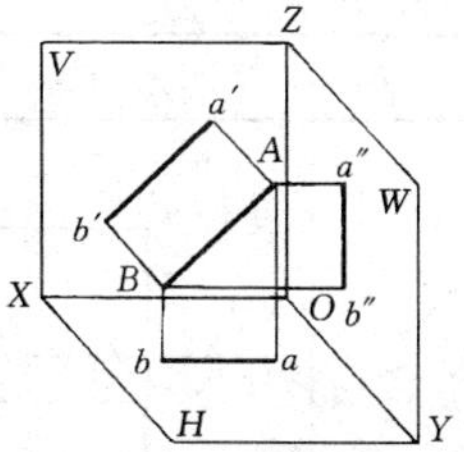	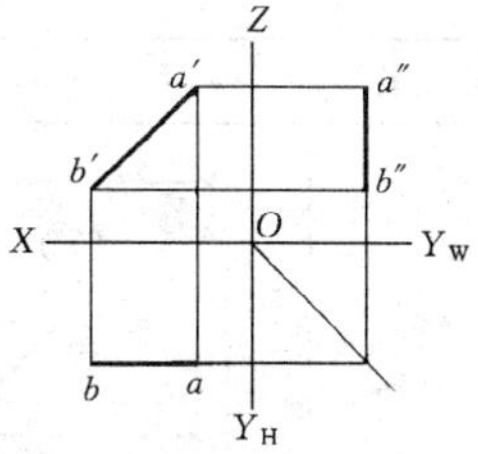
水平线	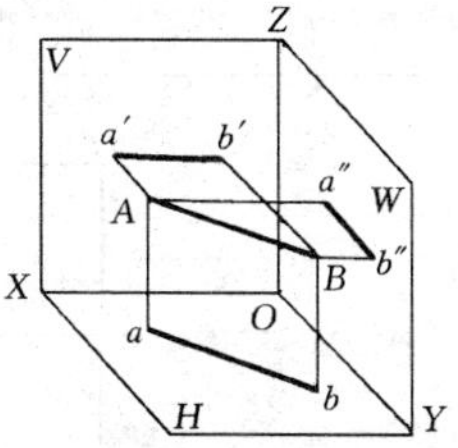	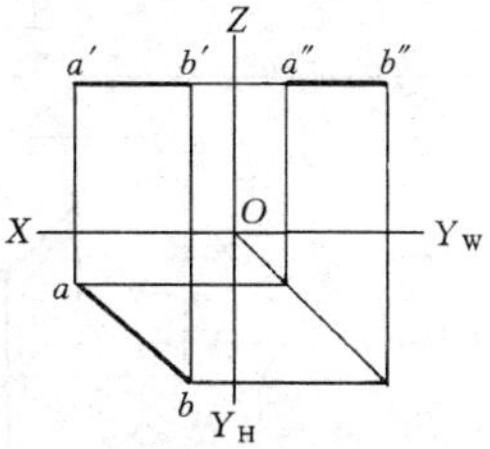
侧平线	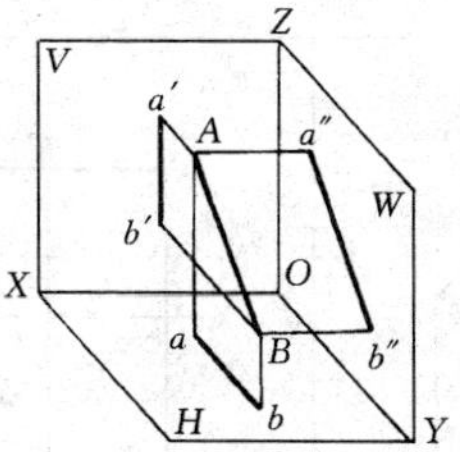	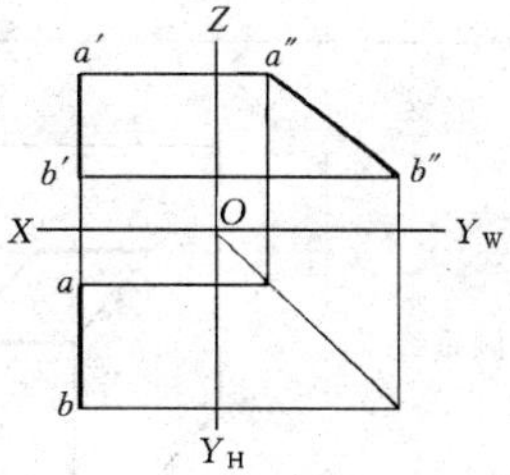

（C）投影面垂直线

23

垂直于某一投影面，而对另两个投影面处于平行位置的直线，称为投影面垂直线。投影面垂直线有三种位置：

正垂线——直线垂直于正立面；

铅垂线——直线垂直于水平面；

侧垂线——直线垂直于侧面。

投影面垂直线的投影见表1-6，它的特点是：在与它垂直的投影面上的投影聚为一个点，而在另两个投影面上的投影则反映实长。

投影面垂直线的投影 表 1-6

名　称	空　间　位　置	投　影　图
正垂线	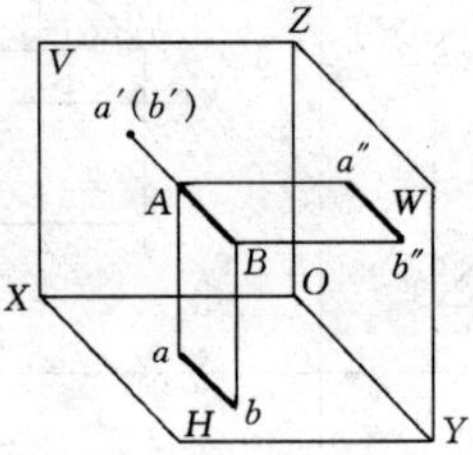	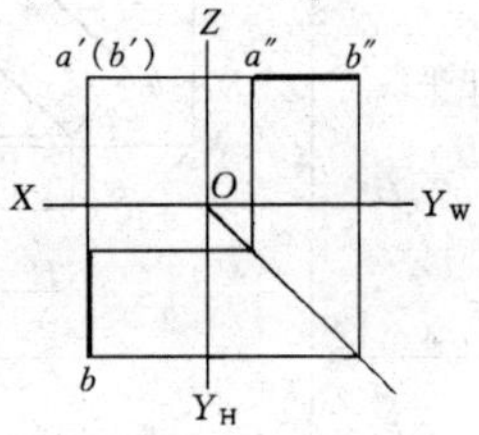
铅垂线	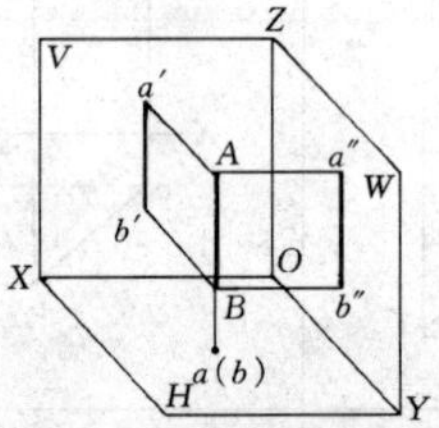	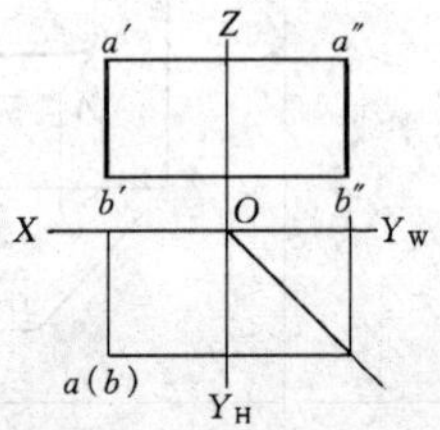
侧垂线	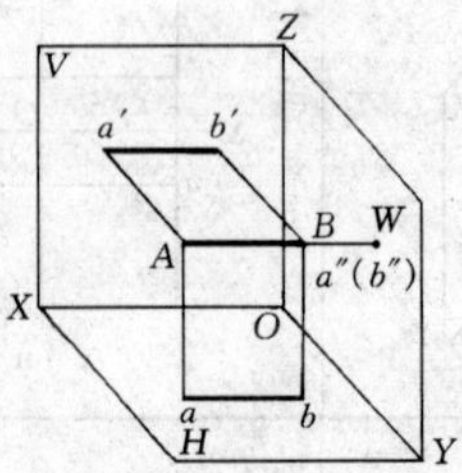	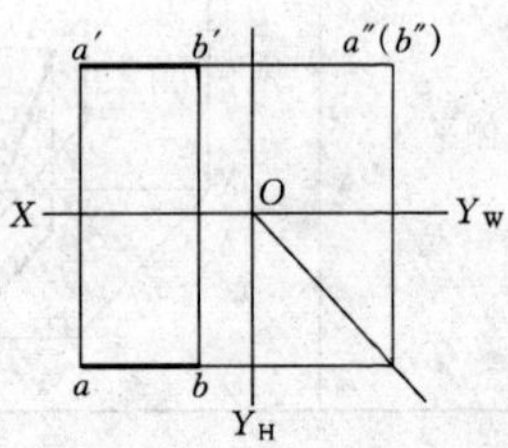

24

2）平面在三投影面体系中的投影面

平面在三投影面体系中的位置可分为以下三种情况：

（A）一般位置面

所谓一般位置面是指平面在空间处于与三个投影面都不平行的倾斜位置。从前面讲过的"平面的正投影"可以知道，一般位置平面在三个投影面上的投影仍然是平面图形，但形状缩小，见表 1-7。

一般位置面的投影　　　　　　表 1-7

名　称	空 间 位 置	投 影 图
一般位置面	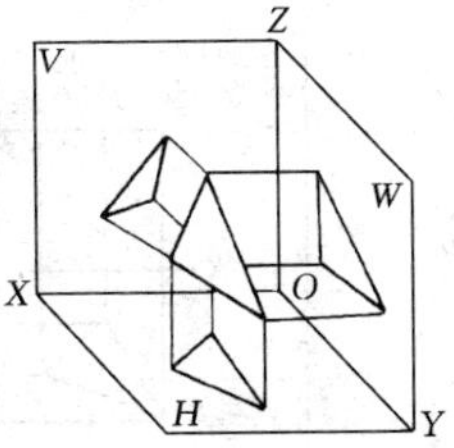	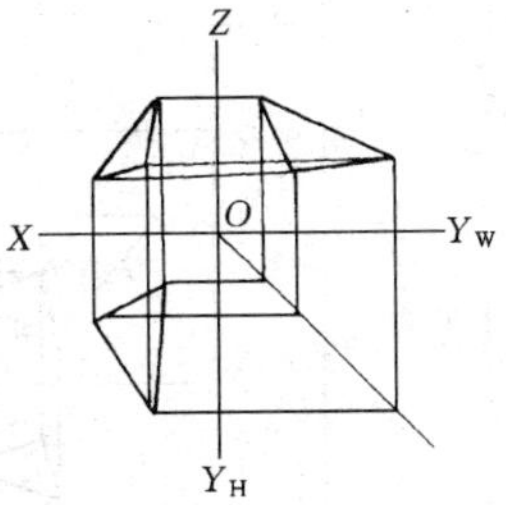

（B）投影面平行面

平行于一个投影面，而对另两个投影面处于垂直位置的平面，称为投影面平行面。投影面平行面有三种位置：

正平面——平面平行于正立面；

水平面——平面平行于水平面；

侧平面——平面平行于侧面。

投影面平行面的投影见表 1-8，它的特点是：与平面平行的投影面上的投影，反映实长，其余两个投影面上的投影，聚为水平线或铅垂线。

（C）投影面垂直面

垂直于某一个投影面，而对另两个投影面处于倾斜位置的平面，称为投影面垂直面。投影面垂直面有三种位置：

正垂面——平面垂直于正立面；

名　　称	空　间　位　置	投　影　图
正平面	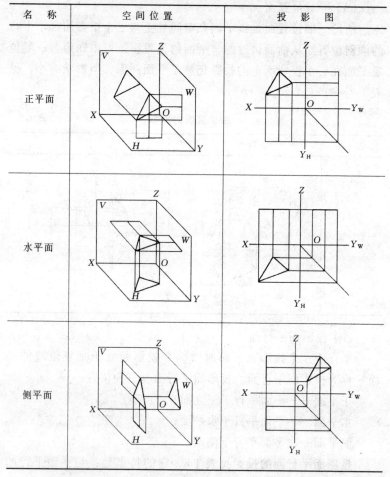	
水平面		
侧平面		

铅垂面——平面垂直于水平面；

侧垂面——平面垂直于侧面。

投影面垂直面的投影见表 1-9，它的特点是：在与平面垂直的投影面上的投影，聚为倾斜的直线，而在其余两个投影面上的投影，仍然是平面图形，但形状缩小。

26

投影面垂直面的投影 表 1-9

名　称	空间位置	投影图
正垂面	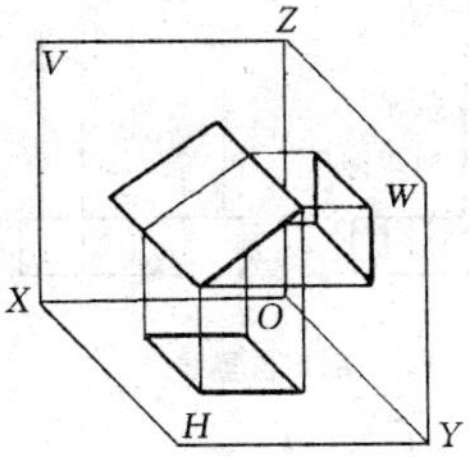	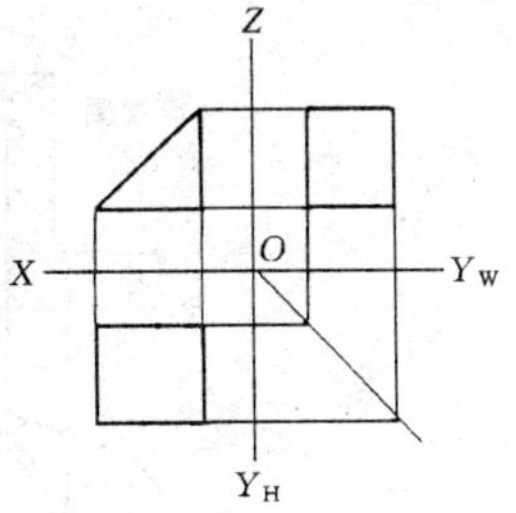
铅垂面	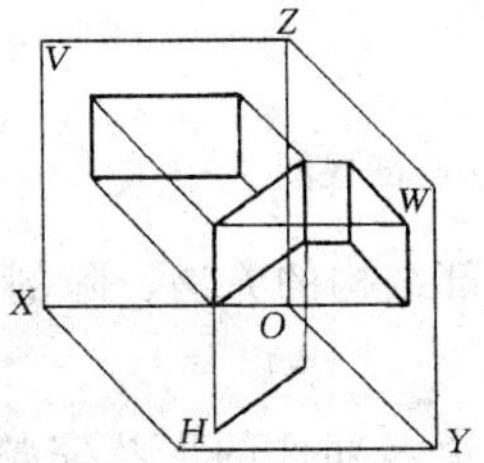	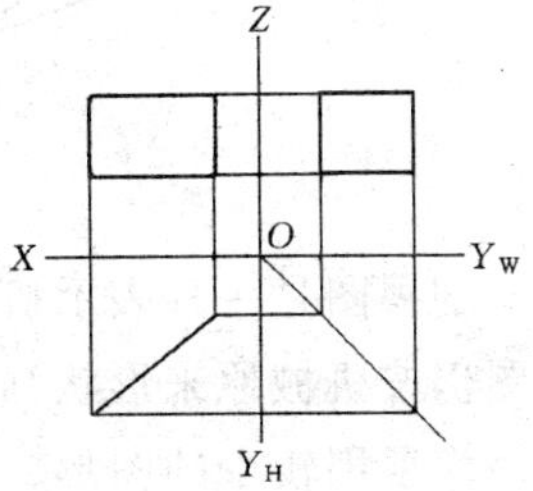
侧垂面	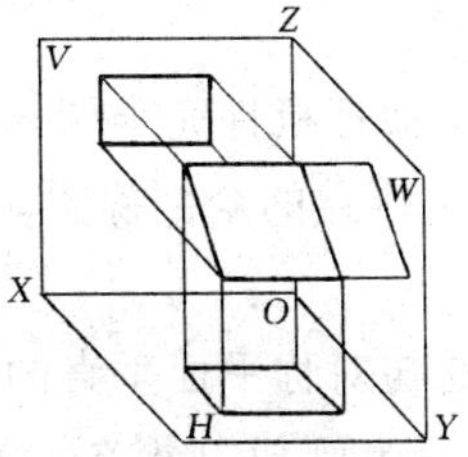	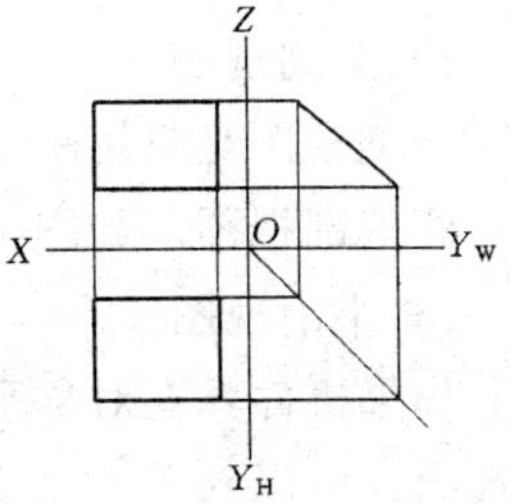

2. 剖视图与剖面图

(1) 剖视图

在工程图中，为了反映管线的真实形状、或机器、配件的内部结构，可以用一个假想的平面在适当的部位切开，并把处在人和假想剖切平面之间的物体拿开，再把剩下的物体进行投影，所得到的图形就称为剖视图。

剖视图应表示出剖切位置和投影方向，投影方向可不画箭头，还应正确画出剖面符号，见图1-16。

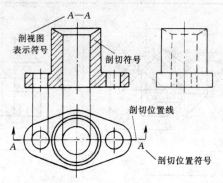

图1-16 剖视图

剖视图是一种表示机件内部结构的方法，除剖视图外，其他视图仍按机械原来形状画出。

为了用较少的图形，把风道、部件的形状完整地表示出来，便要对它的结构各部分采用不同的剖视方法，剖视图的种类有：

1）全剖视图

全剖视图是只用一个剖切平面把机件完全切开后，重新投影所得到的剖视图。如图1-16就是压盖的全剖视图。

2）半剖视图

如果机件具有对称平面，在与对称平面垂直的投影面上所作的视图，可以对称中心为界，一半画成剖视图，另一半画成视图。这种由半个剖视图和半个视图组合而成的图叫做半剖视图。见图1-17。

画半剖视图应当注意：采用半剖视图的条件是内外形状都需要表达的对称零件，但零件当外部形状简单时，也可画成全剖视图；采用半剖视图后，不剖的一半一般不画虚线。

此外，还有局部剖视图、阶梯剖视图等多种表示方法，但多用于机械制图中，通风工程图中很少采用。

28

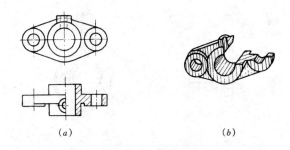

图 1-17 半剖视图

（a）半剖视图；（b）零件立体图

（2）剖面图

假想用一个平面把风管或物体的某一部分切断，物体被截断的部分称为截面或断面。只画出截面或断面形状的投影图称为剖面图。

剖面图可分以下几种：

1）移出剖面图

在视图中，将剖面移到视图轮廓线以外画出的剖面图，称为移出剖面图。移出剖面的表示方法见图 1-18。移出剖面的轮廓线用粗实线表示，剖面内画出材料剖面符号。

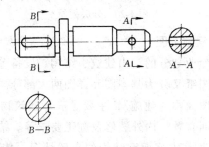

图 1-18 移出剖面

2）重合剖面图

在图视中，将剖面旋转 90° 后，重合在视图轮廓线以内所画出的剖面，称为重合剖面，见图 1-19。

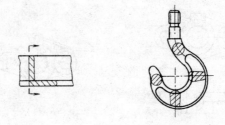

图 1-19　重合剖面

3）分层剖面图

在视图中，用分层显示的方法来表示物体剖面的图形，称为分层剖面图，见图 1-20。在需要防腐保温的管子外面，一般用几种材料分层贴合在一起，如果用一个剖面来显示保温层的不同材料，就显得层次分明，形象直观。

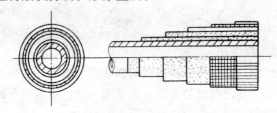

图 1-20　分层剖面

3. 通风工程施工图

施工图是专业划分的，由建筑、结构、设备等专业的施工图组成。各专业图纸又分为基本图和详图两大部分。

建筑施工图简称"建施"，主要是表示建筑物的位置和外部形式、内部平面布置、内外装修及施工要求等。结构施工图简称"结施"，主要表示建筑承重结构的布置情况、构件种类及做法等。"建施"和"结施"是土建施工图，对安装施工具有参考作用。

安装施工图中，建筑物的给排水施工图简称"水施"、采暖通风施工图简称"设施"。设备安装施工图的尺寸单位，除标高用"米"以外，一律用"毫米"。施工总平面图尺寸单位一律用"米"，标高常以海拔高程表示。

通风施工图是施工人员用以进行施工准备，核对资料，进行风管、配件加工制作和安装的主要依据。通风施工图由基本图、详图（大样图）及文字说明等组成。

（1）基本图

基本图包括通风系统平面图，剖面图及系统轴测图。

1）平面图

平面图中，除绘有建筑物的平面轮廓外，还要表示出通风设备、管道的平面布置，一般包括以下内容：

工艺设备和通风设备，如通风机、电动机、除尘器、空调器、吸气罩、送风口等设备部件，应进行编号，并列表说明其名称、型号和规格。

各种类型的风管和管件。风管标注的是截面尺寸，矩形风管的截面尺寸标注方法是宽×高（mm），圆形风管标注的是直径尺寸（mm）。

由于通风管道断面较大，故一般用双线画出，同时要画出管道零件：如异径管、弯头、三通或四通管接头，管道和接头处的法兰可采用单线画出。管道长度可参考建筑平面图来计算。管子的定位尺寸可根据离建筑物内墙面或轴线的距离确定。

图中如有两个以上送风、排风或空调系统，都应进行编号。

2）剖面图

通风系统剖面图中，绘有建筑物的剖面轮廓，标有风管及设备的标高和高度方向的尺寸以及与地面、楼面或屋面高度方面的关系。矩形风管标注的是管底标高，圆形风管标注的是管中心标高。

简单的管道系统可省略剖面图。对于复杂的管道系统，当平面图和系统轴测图不能表示清楚时，须有剖面图。剖面图的剖切线一般取在能把管道系统表达清楚的部位。

3）系统轴测图

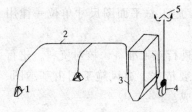

图 1-21　单线系统轴测图（示意）

1—吸气装置；2—管道；3—除尘器；
4—风机；5—风帽

通风系统轴测图多采用斜等测图。通风系统轴测图有单线和双线两种。单线系统轴测图用单线表示管道，但对通风机、吸气罩等设备，要画出其简单示意性外形，如图1-21。双线系统轴测图是把整个系统的设备、管道及配件都用轴测投影的方法画成有立体形象的系统图，如图1-22。

（2）详图

详图即大样图。通风工程中的详图是表示设备配管或管件组合安装的大样图。大样图的特点是用双线表示，对物体有真实感，并对各部位的详细尺寸都作了注释。详图多采用标准图或设计院的重复使用图。

（3）文字说明

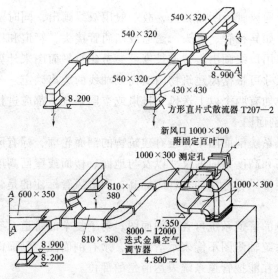

图 1-22　双线系统轴测图

文字说明包括设计所采用的气象资料、工艺标准等基本数据，以及通风系统的划分方式，风管采用的材料和油漆、保温做法，此外，风机、水泵、过滤器等主要设备应附有明细表等。

（4）常用图例

根据《暖通空调制图标准》（GB/T 50114—2001）的规定，通风工程图常用图例符号见表 1-10～表 1-12。

风 道 代 号 　　表 1-10

代 号	风道名称	代 号	风道名称
K	空调风管	H	回风管（一、二次回风可附加 1、2 区别）
S	送风管	P	排风管
X	新风管	PY	排烟管或排风、排烟共用管

风道、阀门及附件图例 　　表 1-11

序号	名　称	图　例	附　注
1	砌筑风、烟道	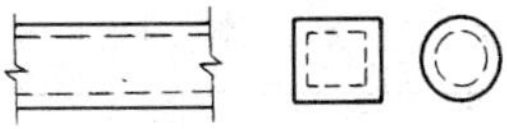	其余均为： 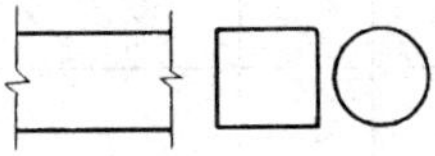
2	带导流片弯头		
3	消声器消声弯管	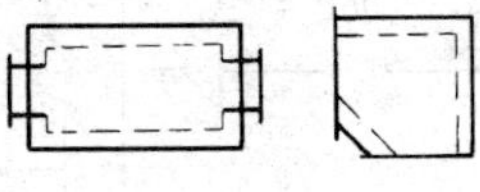	也可表示为： 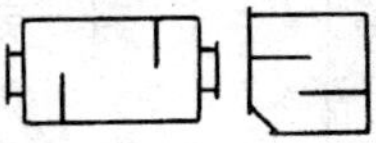
4	插板阀	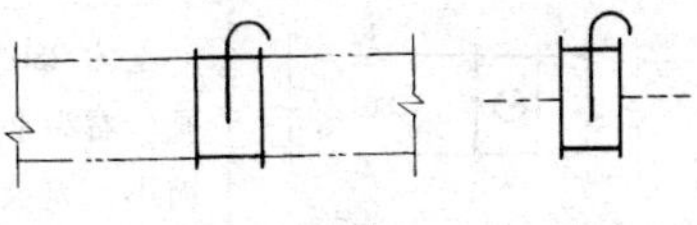	

序号	名 称	图 例	附 注
5	天圆地方		左接矩形风管,右接圆形风管
6	蝶阀		
7	对开多叶调节阀		左为手动,右为电动
8	风管止回阀		
9	三通调节阀		
10	防火阀	70℃	表示 70℃ 动作的常开阀。若因图面小,可表示为: 70℃,常开
11	排烟阀	280℃ 280℃	左为 280℃ 动作的常闭阀,右为常开阀。若因图面小,表示方法同上

序号	名　称	图　　例	附　注
12	软接头		也可表示为：
13	软管	或光滑曲线(中粗)	
14	风口(通用)	□ 或 ○	
15	气流方向	→ → →	左为通用表示法，中表示送风，右表示回风
16	百叶窗		
17	散流器		左为矩形散流器，右为圆形散流器。散流器为可见时，虚线改为实线
18	检查孔测量孔	检 测 检 测	

序号	名　称	图　　例	附　注
1	散热器及手动放气阀	15　　15　　15	左为平面图画法，中为剖面图画法，右为系统图、Y轴侧图画法
2	散热器及控制阀	15　　15　　15	左为平面图画法，右为剖面图画法
3	轴流风机	或	
4	离心风机		左为左式风机，右为右式风机
5	水泵		左侧为进水，右侧为出水
6	空气加热、冷却器		左、中分别为单加热、单冷却，右为双功能换热装置
7	板式换热器		

序号	名 称	图 例	附 注
8	空气过滤器		左为粗效，中为中效，右为高效
9	电加热器		
10	加湿器		
11	挡水板		

（5）识图步骤

通风施工图的识图顺序为：首先看图纸目录，以了解工程设计的整体情况，其次看施工说明书、材料设备表等文字资料。并按图纸目录进行清点。

识读施工图应以平面图为主，同时对照立面图、剖面图、轴测图，弄清管道系统的立体布置情况。在识读过程中，应首先理清通风、空调、排风等系统一共有几种，每个系统的布置及走向。对于通风系统，一般应遵循从整体到局部，从室外新风进口到空调器（箱）、风机，再从主干管到分支管、风口的原则。必要时记下各种设备的规格型号、数量，记下各段风管、管件的规格以及管径变化情况等。

平面图是最主要的施工图，当拿到一张平面图时，首先看图名和比例，特别要注意风管、设备与建筑物平面的关系，且与建筑平面核对其尺寸数据是否相符。看风道、风口、调节阀等设备和构件的位置及其与房屋有关结构的距离和各部位尺寸、标高尺寸、空气流向等。

二、常 用 材 料

（一）金 属 材 料

1. 金属材料的性能

金属材料的性能主要包括物理性能、化学性能、机械性能和工艺性能几个方面。下面主要介绍物理、化学性能和机械性能。金属材料的工艺性能是指铸造性、可焊性、可锻性和切削性能。

（1）物理性能及化学性能

金属的物理性能有密度、熔点、磁性、导电性、导热性、热膨胀性等。

金属传导热量的性质叫做导热性。导热性好的金属材料，在加热或冷却时，内外温差小，产生的内应力也小。在设计热交换设备和蒸发设备时必须考虑这一特性。如果导热性能差，就会降低设备的工作效率。金属在受热时体积增大的性质叫做热膨胀性。金属的热膨胀性通常用线膨胀系数来表示，即单位长度的金属在温度升高 1 ℃时所伸长的数值。如钢材的线膨胀系数常采用 12×10^{-6} m／（m·℃），或 0.012mm／（m·℃）。

金属材料的化学性能主要是指化学稳定性，即抗氧化性、耐锈蚀性、耐酸性和耐碱性等。

金属材料抵抗高温氧化性气体腐蚀作用的能力称为抗氧化性；实际上常将金属抵抗所有高温气体腐蚀作用的能力称为抗氧化性。

金属材料抵抗腐蚀的能力称为耐腐蚀性。大气中的氧、水蒸气、二氧化硫以及其他工业废气，均对金属起腐蚀作用。为了使金属材料具有抵抗锈蚀的能力，可在金属表面涂油漆以及搪瓷、或镀上一层耐腐蚀性强的金属，另外，在工业上常用金属表面氧化法（又称煮黑），人为的在钢件表面造成一层坚固的氧化薄膜（Fe_3O_4），以防止金属进一步锈蚀。

金属材料抵抗酸、碱腐蚀的性能称耐酸性和耐碱性。金属材料和酸、碱类物质接触时，其腐蚀程度远比在空气中强烈。

（2）机械性能

金属材料在受外力作用时所表现出来的性能称为金属材料的机械性能。机械性能主要有强度、硬度、塑性和韧性。

1）强度

金属在外力作用下，抵抗塑性变形和断裂的能力，叫做强度。抵抗外力的能力越大，强度也就越高。强度基本单位是 Pa（帕斯卡，简称帕），$1Pa = 1N/m^2$，也可以使用 kPa 或 MPa。

金属的强度依载荷作用不同可分三种：①抗拉强度：外力是拉力时材料表现出的抵抗能力叫抗拉，抗拉强度是指外力为拉力时的强度极限。②抗弯强度：外力与材料轴线垂直，并在作用后使材料有弯曲的趋势，这时材料的抵抗能力叫抗弯，抗弯强度是指外力为弯曲力时的强度极限。③抗压强度：外力是压力时材料表现出的抵抗能力叫抗压，抗压强度是指外力为压力时的强度极限。

2）硬度

硬度是指金属抵抗硬的物体压入其表面的能力。常用的硬度有两种：

（A）布氏硬度（HB）。布氏硬度试验法是用一定的荷载把一定直径的淬硬钢球垂直地压入金属表面，以其压痕面积除以加在钢球上的荷载，所得之商即为该金属的布氏硬度值，它的单位是 MPa 或 N/mm^2。

（B）洛氏硬度（HR）。洛氏硬度试验法是用一定荷载，把顶角为 120° 的圆锥形金刚石压头（用于硬质材料）或直径为 1.59mm（即 1/16in）的钢球，在一定荷载作用下，压入金属表面，然后根据压痕的深度来计算硬度的大小。洛氏硬度值可以从洛氏硬度机上读出，数值大小即表示硬度的高低。洛氏硬度值没有单位。

3）塑性

金属材料在一定外力的作用下，产生永久变形而不致破坏的能力叫塑性。金属受力时，产生塑性变形的程度越大，则塑性越好。塑性大小可用延伸率表示，延伸率是指材料受力作用断裂时，伸长的长度与原有长度的百分比（%）。

4）韧性

金属材料在冲击力（动力荷载）作用下而不破坏的性质，叫韧性。抵抗冲击的能力越大，则韧性越好。

2．碳素钢和铸铁

（1）碳素钢

碳素钢是应用最广泛的金属材料。按含碳量的不同可分为低碳钢、中碳钢和高碳钢。低碳钢含碳量小于等于 0.25%，中碳钢含碳量在 0.25%～0.60% 之间，高碳钢含碳量大于 0.60%。

按钢的品质可分为普通碳素钢和优质碳素钢。

普通碳素钢中杂质元素较多，硫、磷含量较高。一般硫含量不大于 0.055%，磷含量不大于 0.045%；优质碳素钢中杂质元素较少，硫、磷含量较低。硫含量不大于 0.045%，磷含量不大于 0.04%。

碳素结构钢的平均碳含量在 0.06%～0.38% 之间，含硫量为 0.055%～0.065%，含磷量为 0.045%～0.085%，钢中含有有害杂质较多，但性能上能满足一般工程结构及普通构件的要求，因而应用较广。

碳素结构钢牌号的表示方法是由代表屈服点的字母 *Q*、屈服点的数值、质量等级符号 *A*、*B*、*C*、*D* 以及脱氧方法符号 *F*、*b*、*Z*、*TZ* 等四个部分按顺序组成。

例如最常用的 Q235AF，Q235 表示钢材强度的屈服点为 235MPa，*A* 表示质量等级（*A*、*B* 表示有害杂质磷、硫含量较多，C、D 表示有害杂质磷、硫含量较少）脱氧方法符号 F、b、Z、TZ 分别表示沸腾钢、半镇静钢及镇静钢和特殊镇静钢，此类符号可省略。

碳素结构钢一般以热轧空冷状态供应，其中牌号 Q195 与 Q275 是不分质量等级的，出厂时即保证力学性能，又保证化学成分。而 Q215、Q235、Q255 牌号的碳素结构钢，当质量等级为 A 级时只能保证其力学性能，化学成分除硅、硫、磷外，其他成分不予保证。其余质量等级（B、C、D）则力学性能和化学成分都应保证。

碳素结构钢的牌号和力学性能见表 2-1。

碳素结构钢的拉伸和冲击试验　　　　　　表 2-1

牌 号	等级	拉 伸 试 验					冲击试验	
		屈服点 σ_s		拉抗强度 σ_b (N/mm²)	伸长率 δ_5（%）		温度 (℃)	V 型冲击功（纵向）(J)
		钢材厚度（直径）(mm)			钢材厚度（直径）(mm)			
		≤ 16	> 16 ~ 40		≤ 16	> 16 ~ 40		
		不小于			不小于			不小于
Q195	—	(195)	(185)	315 ~ 390	33	32	—	—
Q215	A	215	205	335 ~ 410	31	30		
	B						20	27
Q235	A	235	225	375 ~ 460	26	25		
	B						20	27
	C							
	D						- 20	
Q255	A	255	245	410 ~ 510	24	23		
	B						20	27
Q275	—	275	265	490 ~ 610	20	19		

优质碳素结构钢中，含硫量、含磷量较少，非金属夹杂物也较少，质量较好，其牌号用两位数表示。该两位数表示钢中平均

含碳量的万分之几，即 20 号钢表示平均含碳量为 0.20%，08 钢表示钢中平均含碳量为 0.08%。若是沸腾钢则在牌号末尾加 F，如 08F、10F。

优质碳素结构钢按含锰量不同分为普通含锰量（平均含锰量为 0.25% ~ 0.80%）及较高含锰量（平均含锰量为 0.70% ~ 1.2%）两组。含锰较高的一组，在其牌号数字后加 Mn 表示，如 16Mn。

（2）铸铁

铸铁是含碳大于 2.2% ~ 3.8% 的铁碳合金，含硅量一般为 0.8% ~ 3%。铸铁在工业上得以广泛应用，是因为铸铁有优良的铸造性能、较高的强度和较好的耐腐蚀性。铸铁可分为白口铸铁、灰口铸铁、球墨铸铁和可锻铸铁。

3. 有色金属材料

除钢铁称为黑色金属外，其他金属统称为有色金属。有色金属及其合金种类很多，具有各自的特殊性能。如良好的导电性、导热性，密度小，摩擦系数小，在空气、海水及酸碱介质中耐腐蚀性较好，有良好的可塑性和铸造性等。有色金属的价格比黑色金属高。工业上应用的有色金属主要有铜、铝、钛、镍、镁、锌、铅和锡等以及它们的合金。

（1）铜和铜合金

纯铜是玫瑰红色金属，密度为 8.9g/cm³，熔点为 1083℃。当纯铜外表面形成氧化铜薄膜后，外表便呈紫色，故又称紫铜。纯铜最大的特点是导电、导热性好，在水和大气中具有良好的耐蚀性。由于纯铜的强度较低，故不宜直接用作结构材料。铜广泛用于制造电线、电缆、铜管。

黄铜是以锌为主要添加元素的铜基合金。黄铜中含锌量越多，颜色越淡。在黄铜中加入其他元素（如锡、铝、硅、锰等）后，形成的三元合金称为特殊黄铜，如锡青铜、铝青铜、硅青铜、锰青铜等。

（2）铝和铝合金

铝是一种银白色金属。密度为 $2.7g/cm^3$，只有铁或钢密度的 1/3 左右。熔点为 660℃。铝的导电性和导热性仅次于铜。当截面和长度相同时，铝的导电率约为铜的 60% 左右；若两者重量相同时，铝的导电率约为铜的 190%，铝的导热率约为铜的 56%。因此，工业上大量使用铝代替铜作导线，铝也大量被用来制作散热、传热器材及炊事用具等。

铝的塑性很高，但强度较低。铝可以进行压力加工，如轧制、拉拔、冲压、锻造等，以制成线、型、板、带、棒、管等成材。

铝在空气中有良好的耐蚀性。铝与氧的亲和力很大，在室温下铝就能与氧形成致密的氧化铝薄膜，这层薄膜牢固地附着在铝的表面，从而阻止了铝的继续氧化。当这层薄膜破损后，里面的铝又能生成一层新的薄膜，重新起保护作用。所以铝在空气和水中有很好的耐蚀能力，蒸汽对铝的腐蚀作用也不大。

由于纯铝的强度较低，用途受到限制。在纯铝中加入适当的硅、铜、镁、锰等元素，可以得到具有强度较高的铝合金。再经过冷加工或热处理，可以进一步提高铝合金的强度。根据铝合金的成分及生产工艺特点，可将铝合金分为铸造铝合金和变形铝合金两类。

铸造铝合金多用于制造形状复杂的零件。铸造用铝合金也叫生铝或生铝合金，按其成分分为四个系列：铝硅合金、铝铜合金、铝镁合金、铝锌合金。

变形铝合金也叫熟铝合金或压力加工用铝合金。铝合金成材就是用它们制成的。变形铝合金牌号很多，基本上分为五类：硬铝合金、超硬铝合金、锻铝合金、防锈铝合金和特殊铝合金。

（二）金属板材、型钢及连接件

通风工程中常用的金属材料有普通薄钢板、镀锌钢板、不锈钢板、铝板、复合钢板及型钢。上述金属薄板是制作风管及部件的主要材料。

1. 金属板材

金属薄板的规格,是以短边、长边和厚度来表示的。一般通风工程常用的薄板厚度是 0.5 ~ 2.0mm,常用的规格是 750 × 1800、900 × 1800 和 1000 × 2000(mm)。制作风管及风管配件用的薄钢板,应表面平整、光滑,厚度均匀,允许有紧密的氧化铁薄膜,但不得有裂缝、结疤。

(1)普通薄钢板

普通薄钢板俗称"黑铁皮"。通风工程常用的普通薄钢板厚度为 0.5 ~ 2.0mm,其规格大致可分为 750 × 1800、900 × 1800、1000 × 2000(mm)以及卷板等。常用的薄钢板分热轧板和冷轧板两种,规格尺寸见表 2-2 及表 2-3。

热轧薄钢板常用规格(mm) 表 2-2

钢板厚度	钢 板 宽 度								
	500	600	710	750	800	850	900	950	1000
	钢 板 长 度								
0.6 0.7,0.75	1500 2000	1800 2000	1420 2000	1800 2000	1600 2000	1700 2000	1800 2000	1900 2000	1500 2000
0.8,0.9	1000 1500	1200 1420	1420 2000	1500 1800 2000	1500 1600 2000	1500 1700 2000	1500 1800 2000	1500 1900 2000	1500 2000
1.0,1.1 1.2,1.25 1.4,1.5 1.6,1.8	1000 1500 2000	1200 1420 2000	1000 1420 2000	1000 1500 1800 2000	1500 1600 2000	1500 1700 2000	1000 1500 1800 2000	1500 1900 2000	1500 2000
2.0				1000					

(2)镀锌薄钢板

镀锌薄钢板俗称"白铁皮",厚度为 0.25 ~ 2mm,锌层厚度不小于 0.02mm,其规格尺寸与普通薄钢板相同。通风工程中常用的厚度为 0.5~1.5mm，使用国外生产的镀锌钢板卷板，对于加工制作风管和部件更为方便。镀锌薄钢板的表面应光滑洁净，且有热镀锌特有的结晶花纹。镀锌薄钢板不得有表面大面积白花、锌层粉化等严重损坏的现象。

冷轧薄钢板常用规格（mm）　　　　　表 2-3

钢 板 厚 度	钢 板 宽 度											
	500	600	710	750	800	850	900	1000	1100	1250	1400	1500
	钢 板 长 度											
0.6	1000 1500	1800 2000	1800 2000	1800 2000	1800 2000	1800 2000	1500 1800	1500 2000				
0.7，0.75	1000 1500	1200 1800 2000	1420 1800 2000	1500 1800 2000	1500 1800 2000	1500 1800 2000	1500 1800	1500 2000				
0.8，0.9	1000 1500	1200 1800 2000	1420 1800 2000	1500 1800 2000	1500 1800 2000	1500 1800 2000	1500 1800 2000	2000 2200	2000 2500			
1.0，1.1	1000	1200	1420	1500	1500	1500					2800	2800
1.2，1.4 1.5，1.6	1500	1800	1800	1800	1800	1800	1800		2000	2000	3000	3000
1.8，2.0	2000	2000	2000	2000	2000	2000	2000	2200	2500	3500	3500	

近年来，国内各地的引进工程不断增加，国外常习惯将钢板厚度用英制的号数表示，为便于对照，现将英制的号数与厚度对照如表 2-4 所示，以供参考。

钢板厚度公制与英制的对照　　　　　表 2-4

习 用 号 数	厚 度			
	普通薄钢板		镀锌薄钢板	
	英寸（in）	mm	英寸（in）	mm
12	0.1046	2.65	0.1084	2.74
13	0.0897	2.28	0.0934	2.37

习用号数	厚		度	
	普通薄钢板		镀锌薄钢板	
	英 寸（in）	mm	英 寸（in）	mm
14	0.0747	1.89	0.0785	1.99
15	0.0673	1.71	0.0710	1.80
16	0.0598	1.52	0.0635	1.61
17	0.0538	1.36	0.0575	1.46
18	0.0478	1.22	0.0516	1.31
19	0.0418	1.06	0.0456	1.16
20	0.0359	0.911	0.0396	1.00
21	0.0329	0.835	0.0366	0.930
22	0.0299	0.758	0.0336	0.855
23	0.0269	0.682	0.0306	0.778
24	0.0239	0.606	0.0276	0.700
25	0.0209	0.530	0.0247	0.627
26	0.0179	0.455	0.0217	0.552
27	0.0164	0.416	0.0202	0.513

（3）塑料复合钢板

塑料复合钢板是在 Q215、Q235 钢板上喷涂上厚度为 0.2～0.4mm 的软质或半硬质塑料膜，使钢板既耐腐蚀又具有普通薄钢板的切断、弯曲、钻孔、铆接、咬合、折边等加工性能和强度，常用于防尘要求较高的空调系统和温度为 −10～70℃的耐腐蚀系统。塑料复合钢板分单面覆层和双面覆层两种。塑料复合钢板的规格见表 2-5。

塑料复合钢板的规格（mm）   表 2-5

厚 度	宽 度	长 度
0.35，0.4，0.5，0.6，0.7	450	1800
	500	2000
0.8，1.0，1.5，2.0	1000	2000

（4）不锈钢板

不锈钢板具有在高温下耐酸碱的能力。按化学成分可分很多品种，如按金相组织可分为奥氏体钢（18-8 型）和铁素体钢（Cr13 型）不锈钢，其耐腐蚀性能和使用的场合各不相同，常用于化工环境中耐腐蚀的通风系统。在施工时应注意核实板材的材质要符合设计要求。

（5）铝板和铝型材

铝板有纯铝板和合金铝板两种。用于通风工程的以纯铝板为多。纯铝的产品状态，有退火的和冷作硬化的两种。退火的纯铝塑性较好，强度较低；冷作硬化的纯铝塑性较低，而强度较高。铝板风管在摩擦时不易产生火花，可用于通风工程的防爆系统。铝板的机械性能和产品规格见表 2-6 和表 2-7。

纯铝板的机械性能　　　　　　　　　　表 2-6

牌　　号	材料状态	机 械 性 能		
		厚度 （mm）	抗拉强度 σ （MPa）	伸长率 δ_{10} （％）
L2，L3，L5	M	0.3 ～ 0.5	≤110	20
		0.51 ～ 0.9	≤110	25
		0.91 ～ 10	≤110	28
	R	5 ～ 10	≥70	15
		11 ～ 25	≥80	18
L4，L6	R	5 ～ 10	≥70	18
		11 ～ 25	≥80	18
L2，L3，L4， L5，L6	Y_2	0.3 ～ 0.4	≥100	3
		0.41 ～ 0.7	≥100	4
		0.71 ～ 1.0	≥100	5
		1.1 ～ 4.0	≥100	6
	Y	0.3 ～ 4.0	≥140	3
		4.1 ～ 6.0	≥130	4

注：材料状态代号：M—退火；R—热轧、热挤；Y—硬。

牌　号	材料状态	规　格　（mm）		
		厚　度	宽　度	长　度
L2 ~ L6	R	5 ~ 20	1000 ~ 1500	2000 ~ 5000
		21 ~ 25		2000 ~ 7000
	M	0.3 ~ 0.4	1000, 1200	2000
		0.5 ~ 10.0	1000 ~ 00	2000 ~ 4000
	Y₂	0.3 ~ 0.4	1000, 1200	2000
		0.5 ~ 4.0	1000 ~ 1500	2000 ~ 4000
	Y	0.3 ~ 0.4	1000, 1200	2000
		0.5 ~ 6.G	1000 ~ 1500	2000 ~ 4000
L2 ~ L6	M	0.5 ~ 4, 0	1200, 1500	
		0.8 ~ 4.0	1200 ~ 1800	
	Y₂	1.0 ~ 4.0	1200 ~ 2000	
		1.5 ~ 4.0	1200 ~ 2200	
	Y	1.8 ~ 4.0	1200 ~ 2400	
				2000 ~ 4000
	M	5.0 ~ 10.0	1200 ~ 2400	
	Y	5.0 ~ 6.0	1200 ~ 2400	
	R	5.0 ~ 10.0	1200 ~ 2400	
		12.0 ~ 25.0	1200 ~ 2500	

2．型钢

型钢在通风工程中用来制作风管的法兰、通风空调设备的支架以及风管部件、配件。一般常用的有扁钢、圆钢、角钢、槽钢等。型钢的外观应全长等形、无严重锈蚀现象。常用型钢的规格尺寸见图 2-1 及表 2-8 ~ 表 2-12。

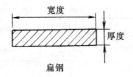
宽度

厚度

扁钢

圆钢

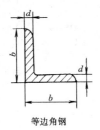
等边角钢

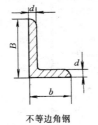
不等边角钢

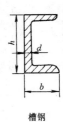
槽钢

图 2-1　型钢

扁　　　钢　　　　　　　　　　　　　　　　　　表 2-8

宽度 (mm)	厚 度（mm）									
	3	4	5	6	7	8	9	10	11	12
	理 论 重 量（kg/m）									
10	0.24	0.31	0.39	0.47	0.55	0.63				
12	0.28	0.38	0.47	0.57	0.66	0.75				
14	0.33	0.44	0.55	0.66	0.77	0.88				
16	0.38	0.50	0.63	0.75	0.88	1.00	1.15	1.26		
18	0.42	0.57	0.71	0.85	0.99	1.13	1.27	1.41		
20	0.47	0.63	0.79	0.94	1.10	1.26	1.41	1.57	1.73	1.88
22	0.52	0.69	0.86	1.04	1.21	1.38	1.55	1.73	1.90	2.07
25	0.59	0.79	0.98	1.18	1.37	1.57	1.77	1.96	2.16	2.36
28	0.66	0.88	1.10	1.32	1.54	1.76	1.98	2.20	2.42	2.64
30	0.71	0.94	1.18	1.41	1.65	1.88	2.12	2.36	2.59	2.83
32	0.75	1.01	1.25	1.50	1.76	2.01	2.26	2.54	2.76	3.01
36	0.85	1.13	1.41	1.69	1.97	2.26	2.51	2.82	3.11	3.39

圆　钢　　　　　　　　　　表 2-9

圆钢直径 d（mm）	截面面积 （cm²）	理论重量 （kg/m）	圆钢直径 d（mm）	截面面积 （cm²）	理论重量 （kg/m）
5	0.1963	0.154	15	1.767	1.39
5.6	0.2375	0.193	16	2.011	1.58
6	0.2827	0.222	17	2.270	1.78
6.5	0.3318	0.260	18	2.545	2.00
7	0.3848	0.302	19	2.835	2.23
8	0.5027	0.395	20	3.142	2.47
9	0.6362	0.499	21	3.464	2.72
10	0.7854	0.617	22	3.801	2.98
11	0.9503	0.746	23	4.155	3.26
12	1.131	0.888	24	4.524	3.55
13	1.327	1.04	25	4.909	3.85
14	1.539	1.21			

等 边 角 钢　　　　　　　表 2-10

角钢号数	尺 寸（mm）		截面面积 （cm²）	外表面积 （m²/m）	理论重量 （kg/m）
	b	d			
2	20	3	1.132	0.078	0.889
		4	1.459	0.077	1.145
2.5	25	3	1.432	0.098	1.124
		4	1.859	0.097	1.459
3	30	3	1.749	0.117	1.373
		4	2.276	0.117	1.786
3.6	36	3	2.109	0.141	1.656
		4	2.756	0.141	2.163
		5	3.382	0.141	2.654
4	40	3	2.359	0.157	1.852
		4	3.086	0.157	2.422
		5	3.791	0.156	2.976
4.5	45	3	2.659	0.177	2.088
		4	3.486	0.177	2.736
		5	4.292	0.176	3.369
		6	5.076	0.176	3.985

角钢号数	尺 寸（mm）		截面面积（cm²）	外表面积（m²/m）	理论重量（kg/m）
	b	d			
5	50	3	2.971	0.197	2.332
		4	3.897	0.197	3.059
		5	4.803	0.196	3.770
		6	5.688	0.196	4.465
5.6	56	3	3.343	0.221	2.624
		4	4.390	0.220	3.446
		5	5.415	0.220	4.251
		6	8.367	0.219	6.568
6.3	63	4	4.978	0.248	3.907
		5	6.143	0.248	4.822
		6	7.288	0.247	5.721
7	70	4	5.570	0.275	4.372
		5	6.875	0.275	5.397
		6	8.160	0.275	6.406

不等边角钢　　　　　　　　　　　表 2-11

角钢号数	尺 寸（mm）			截面面积（cm²）	理论重量（kg/m）	外表面积（m²/m）	通常长度（m）
	B	b	d				
3.2/2	32	20	3	1.492	1.171	0.102	
			4	1.939	1.522	0.101	
5/3.2	50	32	3	2.431	1.908	0.161	3~9
			4	3.177	2.494	0.160	
5.6/3.6	56	36	3	2.743	2.153	0.181	
			4	3.590	2.818	0.180	
			5	4.415	3.466	0.180	

角钢号数	尺寸（mm）			截面面积（cm²）	理论重量（kg/m）	外表面积（m²/m）	通常长度（m）
	B	b	d				
6.3/4	63	40	4	4.058	3.185	0.202	4~12
			5	4.993	3.920	0.202	
			6	5.908	4.638	0.201	
			7	6.802	5.339	0.201	
7.5/5	75	50	5	6.125	4.808	0.245	
			6	7.260	5.699	0.245	
			8	9.467	7.431	0.244	
			10	11.590	9.098	0.244	

槽　钢　　　　　　　　表 2-12

型号	尺寸（mm）			截面面积（cm²）	理论重量（kg/m）	通常长度（m）
	h	b	d			
5	50	37	4.5	6.93	5.44	5~12
6.3	63	40	4.8	8.444	6.63	
6.5	65	40	4.8	8.54	6.70	
8	80	43	5.0	10.24	8.04	
10	100	48	5.3	12.74	10.00	5~19
12	120	53	5.5	15.36	12.06	
14a	140	58	6.0	18.51	14.53	
14	140	60	8.0	21.31	16.73	
16a	160	63	6.5	21.95	17.23	6~19
16	160	65	8.5	25.15	10.74	
18a	180	68	7.0	25.69	20.17	
18	180	70	9.0	29.29	22.99	
20a	200	73	7.0	28.83	22.63	
20	200	75	9.0	32.83	25.77	
22a	220	77	7.0	31.84	24.99	
22	220	79	9.0	36.24	28.45	

3．螺栓、螺母及垫圈

（1）六角头螺栓

六角头螺栓按产品等级（精度）分为 C 级和 A、B 级，C 级主要适用于表面比较粗糙、对精度要求不高的钢（木）结构、机械、设备上；A 和 B 级主要适用于表面光洁、对精度要求较高的机械、设备上。螺栓上的螺纹一般为粗牙普通螺纹。六角头螺栓按螺纹的长短分为部分螺纹和全螺纹两种，通常可采用部分螺纹螺栓，在要求较长螺纹长度的场合，可采用全螺纹螺栓。

1）部分螺纹六角头螺栓（图 2-2，表 2-13）

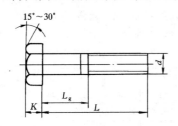

图 2-2　部分螺纹六角头螺栓

部分螺纹六角头螺栓常用规格

（C 级，GB5780—86；A 和 B 级，GB5782—86）　　表 2-13

d（mm）	M5	M6	M8	M10	M12	M（14）	M16	（M18）	M20
K（mm）	3.5	4	5.3	6.4	7.5	8.8	10	11.5	12.5
s（mm）	8	10	13	16	18	21	24	27	30
L（mm）	无螺纹杆部长度 L_{gmax}（mm）								
25	9	—	—	—	—	—	—	—	—
30	14	12	—	—	—	—	—	—	—
35	19	17	13	—	—	—	—	—	—
40	24	22	18	14	15	—	—	—	—
45	29	27	23	19	20	—	—	—	—
50	34	32	28	24	25	—	—	—	—
（55）	—	37	33	29	30	—	17		
60	—	42	38	34	35	26	22		
（65）	—	—	43	39	40	31	27		19
70	—	—	48	44	50	36	32	38	24
80	—	—	58	54	60	46	42	48	34
90	—	—	—	64	70	56	52	58	44
100	—	—	—	74	—	66	62	68	54

注：括号内的规格尽量不采用。

2）全螺纹六角头螺栓（图 2-3，表 2-14）

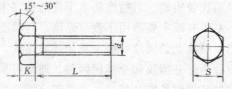

图 2-3　全螺纹六角头螺栓

全螺纹六角头螺栓常用规格

（C 级，GB5781—86；A 和 B 级，GB5783—86）　　**表 2-14**

d（mm）	M5	M6	M8	M10	M12	M（14）	M16	（M18）	M20
K（mm）	3.5	4	5.3	6.4	7.5	8.8	10	11.5	12.5
s（mm）	8	10	13	16	18	21	24	27	30
L（mm）	\multicolumn{9}{c}{螺杆长度 L 规格范围}
10									
12									
16									
20									
25									
30		规							
35									
40				格					
45									
50					范				
（55）									
60							围		
（65）									
70									
80									
90									
100									

注：括号内的规格尽量不采用。

（2）六角螺母

螺母与螺栓、螺钉配合使用，其中以 1 型六角螺母应用最
广，2 型螺母是加厚型螺母，比 1 型螺母厚度小的是薄螺母。C

级螺母（粗制螺母）应用于表面比较粗糙、对精度要求不高的机械设备或结构上，A级（适用于螺纹直径 $D \leqslant 16\text{mm}$）和 B 级（适用于螺纹直径 $D > 16\text{mm}$）即精制螺母，应用于表面粗糙度小、对精度要求较高的机械设备或结构上。一般六角螺母均为粗牙普通螺纹。1 型六角螺母（C 级和 A、B 级）见图 2-4，规格及主要尺寸见表 2-15。

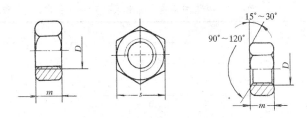

图 2-4 1 型六角螺母

1 型六角螺母—C 级   1 型六角螺母—A 和 B 级

常用六角螺母规格及主要尺寸   表 2-15

螺纹规格 D（mm）	对边宽度 s（mm）		螺母最大高度 m（mm）				
			六角螺母			六角薄螺母	
	新标准（1986 年）	旧标准（1976 年）	1 型 C 级	1 型	2 型	B 级 无倒角	A 和 B 级 倒角
				A 和 B 级			
M3	5.5	5.5	—	2.4	—	1.8	1.8
M4	7	7	—	3.2	—	2.2	2.2
M5	8	8	5.6	4.7	5.1	2.7	2.7
M6	10	10	6.4	5.2	5.7	3.2	3.2
M8	13	14	7.94	6.8	7.5	4	4
M10	16	17	9.54	8.4	9.3	5	5
M12	18	19	12.17	10.8	12	—	6
(M14)	21	22	13.9	12.8	14.1	—	7
M16	24	24	15.9	14.8	16.4	—	8
(M18)	27	27	16.9	15.8	—	—	9
M20	30	30	19	18.8	20.3	—	10

注：带括号的规格尽可能不采用。

(3) 垫圈

A 级垫圈与 A 级和 B 级螺栓、螺钉、螺母配合使用，C 级垫圈与 C 级螺栓、螺钉、螺母配合使用。通常使用外径和厚度均为标准系列的垫圈，小垫圈主要用于圆柱头螺钉上，特大垫圈主要用于钢木结构的螺母、螺栓、螺钉上。标准平垫圈如图 2-5，规格见表 2-16。

平垫圈规格（标准系列） 表 2-16

级 别	A 级			C 级		
公称尺寸（螺纹规格 d）	公称内径 d_1（mm）	公称外径 d_2（mm）	公称厚度 h（mm）	公称内径 d_1（mm）	公称外径 d_2（mm）	公称厚度 h（mm）
M3	3.2	7	0.5	—	—	—
M4	4.3	9	0.8	—	—	—
M5	5.3	10	1	5.5	10	1
M6	6.4	12	1.6	6.6	12	1.6
M8	8.4	16	1.6	9	16	1.6
M10	10.5	20	2	11	20	2
M12	13	24	2.5	13.5	24	2.5
M14	15	28	2.5	15.5	28	2.5
M16	17	30	3	17.5	30	3
M20	21	37	3	22	37	3

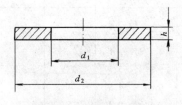

图 2-5 标准平垫圈

图 2-6 半圆头铆钉

4. 铆钉

在通风工程中，铆钉用于板材与板材、风管与法兰的连接。常用的铆钉有半圆头铆钉（图 2-6）、沉头铆钉（图 2-7）、抽芯铆钉和击芯铆钉。

半圆头铆钉和沉头铆钉常用的规格见表 2-17 和表 2-18。

半圆头铆钉规格　　　　　　　　　　　　　表 2-17

部 位	公称尺寸（mm）								
d	1.6	2	2.5	3	3.5	4	5	6	8
D	3	3.5	4.6	5.3	6.3	7.1	8.8	11	14
H	1	1.2	1.6	1.8	2.1	2.4	3	3.6	4.8
R	1.6	1.9	2.5	2.9	3.4	3.8	4.7	6	8
L	3~12	3~16	5~20	5~26	7~26	7~50	7~55	8~60	16~65

沉头铆钉规格　　　　　　　　　　　　　表 2-18

部 位	公称尺寸（mm）								
d	1.6	2	2.5	3	3.5	4	5	6	8
D	2.9	3.9	4.6	5.2	6.1	7	8.8	10.4	14
α	90°								
b≤	0.2				0.4				
H	0.7	1	1.1	1.2	1.4	1.6	2	2.4	3.2
L	3~12	3.5~16	5~18	5~22	6~24	6~30	6~50	6~50	12~60

　　抽芯铝铆钉必须用拉铆枪进行铆接，即将铆钉插入需要紧固连接的构件孔内，在拉铆枪的作用下，铆钉头部即刻膨胀而将构件连接紧固，见图 2-8 ~ 图 2-10。抽芯铝铆钉分为 F 型和 K 型两种，其规格及技术性能见表 2-19 及表 2-20。

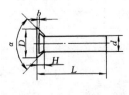

图 2-7　沉头铆钉

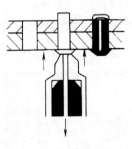

图 2-8　拉铆铆接

57

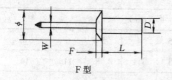

F型

图 2-9 F 型抽芯铝铆钉

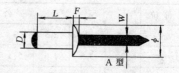

A型

图 2-10 K 型抽芯铝铆钉

F 型抽芯铝铆钉的规格及性能 （mm）　　　　表 2-19

铆钉规格（$D \times L$）	D	钻孔直径	L	F	W	ϕ	铆接最大板厚	抗拉极限（kg/只）	抗剪极限（kg/只）	推荐铆接间距
4 × 6.5			6.5				1			
4 × 8.5			8.5				3			
4 × 10.5	4	4.1	10.5	1.6	2.2	8	5	250	150	40 ~ 50
4 × 13.5			13.5				8			
4 × 16			16				10.5			
5 × 8			8				2.5			
5 × 10.5			10.5				5			
5 × 13			13				7.5			
5 × 15.5	5	5.1	15.5	1.8	2.8	9.5	10	300	200	50 ~ 60
5 × 18			18				12			
5 × 23			23				17			
5 × 28			28				22			

K 型抽芯铝铆钉的规格性能 （mm）　　　　表 2-20

铆钉规格（$D \times L$）	D	钻孔直径	L	F	W	ϕ	铆接最大板厚	抗拉极限（kg/只）	抗剪极限（kg/只）	推荐铆接间距
3.2 × 7			7				4.0			
3.2 × 9	3.2	3.3	9	1	1.8	6	5.6	150	100	25 ~ 35
3.2 × 11			11				7.2			
4 × 6.5			6.5				2.7			
4 × 8.5			8.5				4.8			
4 × 10.5	4	4.1	10.5	1.4	2.2	8	6.4	230	150	40 ~ 50
4 × 13.5			13.5				8.8			

铆钉规格 （D × L）	D	钻孔 直径	L	E	W	φ	铆接 最大 板厚	抗拉 极限 (kg/只)	抗剪 极限 (kg/只)	推荐 铆接 间距
4.8 × 7.5			7.5				3.2			
4.8 × 9.5			9.5				4.8			
4.8 × 11			11				6.4			
4.8 × 13	4.8	4.9	13	1.5	2.65	9.5	7.9	280	185	
4.8 × 14.5			14.5				9.5			
4.8 × 16.5			16.5				11.1			
4.8 × 18			18				12.7			50 ~ 60
5 × 6.5			6.5				2.0			
5 × 8.5			8.5				4.0			
5 × 11			11				6.5			
5 × 13.5	5	5.1	13.5	1.5	2.8	9.5	9.5	300	200	
5 × 16			16				12			
5 × 18.5			18.5				14			

　　击芯铝铆钉用普通手锤敲击进行铆接。即将铆钉插入需要紧固的构件孔内，用手锤敲击铝铆钉顶部的钢芯，铆钉另一端即刻朝外翻成花朵般的四瓣，将构件紧固，见图 2-11 所示。JX 型击芯铝铆钉的规格、技术性能如表 2-21 所列。

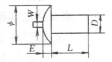

图 2-11　击芯铝铆钉

JX 型击芯铝铆钉规格及技术性能（mm）　　　　　表 2-21

铆钉规格 （D × L）	D	钻孔 直径	L	E	W	φ	铆接 板厚	抗拉 极限 (kg/只)	抗剪 极限 (kg/只)	铆接 间距
5 × 7			7				4 ~ 5			
5 × 9			9				6 ~ 7			
5 × 11			11				8 ~ 9			
5 × 13			13				10 ~ 11			
5 × 15	5	5.1	15	1.8	2.8	10	12 ~ 13	300	500	60
5 × 17			17				14 ~ 15			
5 × 19			19				16 ~ 17			
5 × 21			21				18 ~ 19			

（三）非 金 属 材 料

1. 玻璃钢

玻璃钢是玻璃纤维增强塑料的俗称，它是以玻璃纤维制品（如玻璃布、玻璃带、玻纱）为增强材料，以合成树脂为胶粘剂，采取一定的成型方式，可以制成各种玻璃钢器材。在通风工程中，玻璃钢可用于制作的通风管道和部件等。制作玻璃钢风管和部件是在工厂里完成的，施工单位只负责在施工现场安装。玻璃钢风管多用于含有腐蚀性气体和大量水蒸气的排风系统。

玻璃钢风管及配件制品内外表面应平整光滑，厚度均匀，不许有气泡、分层现象，边缘无毛刺，树脂固化度达到90%以上。法兰与风管、配件应形成一个整体，并与风管轴线成直角。法兰平面的不平度允许偏差不应大于2mm。

2. 硬聚氯乙烯塑料

聚氯乙烯塑料是热塑性塑料中的一种。塑料是以天然树脂或人造树脂（合成树脂）为主要材料，加入填充剂、增塑剂、颜色等而制成的一种高分子有机物。它具有可塑性、比重小、强度大、耐油浸、耐腐蚀、耐磨、绝缘及易于塑制成型等优点。

聚氯乙烯板有硬聚氯乙烯板和软聚氯乙烯板两种。塑料风管采用硬聚氯乙烯板制作。聚氯乙烯板制造一般有两种方法：一种是挤压成型，连续地挤出需要厚度的板材；另一种是叠压成型，即先生产厚度为0.5mm薄片，再将薄片叠合成一定的厚度，在压力机上热压成各种厚度的板材。目前国内生产的板材主要是叠压板。对板材的要求，表面应光滑平整，无裂纹，无气泡和未塑化杂质，颜色为灰色，允许有轻微的色差、斑点及凹凸。

硬质聚氯乙烯板可以进行切、削、车、刨等机械加工，并能加热至100～120℃范围内弯曲成各种曲面或角度。硬聚氯乙烯在80℃以上开始软化，180℃分解变稠，至220℃即炭化。硬聚氯乙烯的热稳定性较差，一般使用温度为－10～60℃。使用温度升高，强度则急剧下降，而在低温时，则性脆易裂。硬聚氯乙烯具有良好的耐腐蚀性，在通风工程中，常用于制作风管和风机，用于输送含有腐蚀性气体的通风系统中。

3. 垫料

垫料用于法兰接口连接、空气过滤器与风管连接、通风、空调器各处理段的连接等部位作为衬垫，以保持接口处的严密性。根据通风、空调系统的具体情况，常用的垫料有橡胶板、乳胶海棉板、闭孔海棉橡胶板、软聚氯乙烯塑料板及新型的密封粘胶带等。耐酸橡胶板、石棉绳作为垫料只有在特殊情况下才使用。

空气洁净系统的法兰垫料厚度不能小于 5mm，一般为 5 ~ 8 mm，应使用橡胶板、闭孔海棉橡胶板。不得使用乳胶海棉板及厚纸板、石棉绳等易产尘材料。

（1）橡胶板

常用的工业橡胶板除了在 – 50 ~ 150℃温度范围内具有极好的弹性外，还具有良好的不透水性、不透气性、耐酸碱和电绝缘性能和一定的扯断强力和耐疲劳强力。工业橡胶板有耐酸性能更好的耐酸橡胶板，可在输送含有酸性气体的风管法兰连接中使用。橡胶板作为垫料，厚度一般为 3 ~ 5mm。

（2）石棉橡胶板

石棉橡胶板可分为普通石棉橡胶板和耐油石棉橡胶板，应按使用对象的要求来选用。普通石棉橡胶板是以石棉、橡胶为主而制成的，主要用于密封介质为水、饱和蒸汽、空气、煤气、氨、碱液及其他惰性气体；耐油石棉橡胶板是以石棉、丁腈橡胶为主而制成的，主要用来密封含油管道和机械设备接头处的密封。

石棉橡胶板弹性较差，一般不作为风管法兰的垫料。但高温（＞70℃）排风系统的风管采用石棉橡胶板作为风管法兰的垫料比较好。

（3）乳胶海绵板

乳胶海绵板是由乳胶经发泡成型，构成闭孔泡沫的海绵体，具有高弹性，用于要求密封严格的部位，常用的乳胶海绵板的表

观密度约为 $0.15g/cm^3$，压缩率为 65%，长、宽为 550×750、650×950（mm），厚度为 3、5、8、10、16、20、25、30、40、50（mm）。

（4）闭孔海绵橡胶板

闭孔海绵橡胶板是由氯丁橡胶经发泡成型，构成闭孔直径小而稠密的海绵体，其弹性介于一般橡胶板和乳胶海绵板之间，用于要求密封严格的部位，常用于空气洁净系统风管、设备等连接的垫片。闭孔海绵橡胶板有板状和条状的产品，还有一面涂胶的条状产品，使用更为方便。

（5）软聚氯乙烯塑料板

软聚氯乙烯塑料板系由聚氯乙烯树脂加入多种剂料经塑化加工而成，虽然耐腐蚀性能不及硬聚氯乙烯塑料，但软聚氯乙烯塑料板质地柔软，在常温下可弯制成各种曲面。软质聚氯乙烯塑料板可用软质聚氯乙烯焊条加热焊接，或用 20% 过氯乙烯氯苯溶胶粘合。

软聚氯乙烯塑料板的外观应光滑、洁净、平直。四周边剪切整齐，表面应无裂痕斑点，颜色均匀一致。软聚氯乙烯塑料板的长度为 5~8m，宽度为 0.55~1.2m，厚度为 1~40mm。颜色多为本色或黑色、灰色、棕色、天蓝色。

（6）石棉绳

石棉绳是由矿物中石棉纤维加工编制而成。按形状和编制方法，可分为石棉扭绳、石棉编绳、石棉方绳及石棉松绳等。可用于空气加热器附近的风管及输送温度大于 70℃ 的排风系统，一般使用直径为 3~5mm。石棉绳不宜作为一般风管法兰的垫料。

（7）新型密封垫料

近年来，有关单位研制的以橡胶为基料并添加补强剂、增粘剂等填料，配制而成的浅黄色或白色粘性胶带，用作通风、空调风管法兰的密封垫料。这种新型密封垫料（XM-37M 型）与金属、多种非金属材料均有良好的粘附能力，并具有密封性好、使用方便、无毒无味等特点。XM-37M 型密封粘胶带的规格为：

$7500 \times 12 \times 3$（mm），$7500 \times 20 \times 3$（mm），用硅酮纸成卷包装。

另外，8501 型阻燃密封胶带也是一种专门用于风管法兰密封的新型垫料，多年来已被市场认可，使用相当普遍。

4. 涂料

涂料主要由液体、固体和辅助材料三部分组成。液体材料有成膜物质、稀释剂（溶剂）；固体材料有颜料、填料；辅助材料有固化剂、增韧剂、催干剂、防潮剂等组成。

常用成膜物质有天然树脂、酚醛树脂、环氧树脂，过氯乙烯，沥青和干性植物油等。

常用稀释剂（溶剂）有溶剂汽油、松节油、甲苯、丙酮、乙醇等。使用时根据涂料的不同性质选择相应的稀释剂，否则会影响涂料的效果和质量。

涂料的种类很多，常用的涂料有：

（1）红丹油性防锈漆（Y53-1）、红丹酚醛防锈漆（F53-1）

红丹防锈漆防锈性能好，但漆膜干燥较慢。用于涂刷钢结构、钢铁材质表面，作为防锈打底之用，因红丹与铝起电化学作用，故不能用在铝板或镀锌皮表面上，否则会使附着力降低，易引起卷皮现象。

（2）铁红酚醛防锈漆（F53-3）

该漆附着力强，防锈性较好，但次于红丹防锈漆，漆膜也较软，它们主要涂覆室内外要求不高的大型钢铁结构表面，作为打底用。

（3）锌黄、铁红、灰酚醛防锈漆

该漆有良好的附着力和防锈性能。锌黄色酚醛底漆用于铝合金表面上，不能用于钢铁表面；铁红、灰色酚醛底漆用于钢铁表面上。

（4）各色油性调和漆、各色酯胶调和漆

油性调和漆的耐候性比酯胶调和漆好，但干燥时间较长，漆膜较软。它们适合于涂刷室内外一般金属、木质物件的表面，作保护和装饰之用。

（5）磷化底漆

主要作为有色及黑色金属底层的防锈涂料，能代替钢铁的磷化处理，增加有机涂层和金属表面的附着力，防止锈蚀，延长有机涂层的使用寿命。但不能代替一般采用的底漆。

5. 消声、保温材料

保温、消声材料按成分可分为有机和无机材料两种。一般来说，有机材料的保温、消声效果优于无机材料，但其耐久性却不及无机材料。保温、消声材料均为轻质、疏松、多孔的纤维材料。

保温材料的导热系数越小，保温隔热性能越好。材料的导热系数取决于材料的成分、内部结构和密度等方面，也取决于传热时的平均温度和材料的含水量。密度与导热系数的关系是，密度越轻，导热系数越小。对于松散纤维材料，其导热系数则随单位体积中颗粒数量的增多而减小，只有密度为最佳密度时，才能获得最理想的导热系数。多孔材料的导热系数，随着单位体积中的气孔数量多少而不同的。气孔数量越多，导热系数越小。如果其他条件相同，多孔材料的导热系数，随着平均温度和含水量的增加而增大，反之则减小。

通风空调管道常用的保温材料有：玻璃棉及其制品、超细玻璃棉及其制品、岩棉及其制品，其他材料如矿渣棉、沥青矿棉毡、泡沫塑料、沥青蛭石板、甘蔗板、石棉泥等已很少使用了。

消声材料材料的性能不仅与材料品种有关，而且还与材料的密度，厚度等有关。吸声材料应具备防火、防潮、耐腐蚀，经济耐用和便于施工等性能。

吸声性能用吸声系数表示，是衡量消声材料性能的主要指标。各种材料的吸声性能是不同的。多孔材料对高频吸收大，而对低频吸收小。因板振动而吸声的材料，对高频吸收小，而对低频吸收大。消声材料的共同特点是质轻、疏松、多孔。

消声材料的种类很多，用于消声的有玻璃棉、泡沫塑料、卡普隆纤维、矿渣棉、玻璃纤维板、聚氯乙烯泡沫塑料和工业毛

·毡、木丝板、甘蔗板、加气混凝土、微孔吸声砖等多孔、松散的材料。泡沫塑料中有聚氨酯泡沫塑料、聚氯乙烯泡沫塑料、尿醛泡沫塑料等。硬质聚氨酯泡沫塑料是开孔结构,富有弹性,是较理想的过滤、防振、消声材料,在通风、空调中应采用具有自熄性的产品。

三、金属风管加工的基本技术及机具设备

通风管道及部件的加工制作，是通风空调工程安装施工的主要工序，其中贯穿了通风工的基本操作技术，并涉及到风管加工机具的使用。

（一）钢材变形的矫正

通风管道及部件在放样划线前，应先对所用钢材进行检查，不能有弯曲、扭曲、波浪形变形及凹凸不平等缺陷，否则它将会影响制作和安装的质量。对于有变形缺陷的钢材，在放样划线之前必须进行矫正。

钢材产生变形的原因，在非施工因素方面主要是钢材残余应力引起的变形和钢材因运输、存放不当产生的变形；在施工因素方面主要是焊接变形。

钢材残余应力引起的变形，是由于在轧制过程中产生的残余应力，使钢材各部分延伸不一致而产生变形。而在风管及部件加工制作过程中引起的变形，则是由于钢材在气割或焊接时造成的。焊接是一种不均匀的加热过程，焊缝和焊缝附近的金属产生不同程度的膨胀，从而引起钢材变形。在焊接后，由于焊缝冷却收缩，也会使焊接体发生一定的变形。

钢材变形如超过规定要求，在下料、切割、加工成型之前，必须对其进行必要的矫正。钢材变形如超过表 3-1 所列的数值，应进行矫正，并达到表中允许偏差值的要求。

矫正的方法，按钢材矫正时的温度可分为冷矫正和热矫正两

种。冷矫正是在常温下进行的矫正，冷矫正适用于塑性较好的钢材；热矫正是将钢材加热至700~1000℃左右的高温下进行矫正，适用于变形大、塑性差的钢材。按矫正时的作用外力的方式与性能，可分为手工矫正、火焰矫正、机械矫正及高频热点矫正等。

由于通风、空调工程所用的板材、型材厚度较薄，一般在常温条件下进行手工矫正。

1. 钢板的矫正

板材的矫正方法一般常用手工矫正和机械矫正。通风、空调工程的风管制作采用的板材有时供应卷材，常采用钢板矫平机，用多辊反复弯曲来矫正钢板。一般平板的弯曲变形则用锤击的手工矫正法进行矫正。

钢材的允许偏差值（mm）   表 3-1

项 次	偏差名称	简 图	允许偏差值
1	钢板的局部平面度		$t > 14,\ f \leqslant 1.0$ $t \leqslant 14,\ f \leqslant 1.5$
2	型钢弯曲矢高		$f \leqslant \dfrac{L}{1000}$ 且 $\not> 5$
3	角钢肢的垂直度		$\Delta \leqslant \dfrac{b}{100}$ 但角钢的角度不得 大于90°
4	槽钢翼缘对腹板的垂直度		$\Delta \leqslant \dfrac{b}{80}$

板材的变形有凸起、边缘呈波浪形、弯曲等现象。矫正前应分析产生变形的原因，再确定手工矫正的方法。

矫正薄钢板凸起的方法，可用手锤由凸起的四周逐渐向外围锤击，锤点由里向外逐渐加密，锤击力也逐渐加强，见图 3-1

（a）所示。这样使凸起部位的四周均匀向外伸展，中间凸起部分就会消除。如有几处相邻凸起的部位，应在凸起的各交界处轻轻锤击，使之合成为一个凸起部位，然后再按上法锤击四周展平。

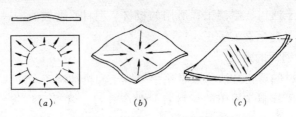

图 3-1　薄钢板的矫平

（a）凸起的矫正；（b）波浪形的矫正；（c）对角翘的矫正

在矫正过程中应注意以下几点：

不得见凸起就打，否则会使凸起的部分伸长，凸起的程度更加严重；锤点不得过多过密，以免使钢板硬化而产生裂纹；如矫正厚钢板时，则可锤击凸起部位，使之矫平。

薄钢板四周呈波浪形变形，在矫正时应从四周向中间逐步锤击，见图 3-1（b）所示。即锤击点密度从四周向中间逐渐增加，同时锤击力也逐渐增大，以使中间伸长而达到矫平钢板的目的。

薄板弯曲矫正时，应沿着没有弯曲翘起的另一个对角线锤击，使钢材组织延伸而达到矫平的目的，见图 3-1（c）所示。在矫正铝及铝合金板时，由于质地较软，应使用橡胶锤或木锤敲击。

2. 角钢的矫正

常见的角钢变形有外弯、内弯、扭曲、角变形等变形情况，如图 3-2 所示。

角钢的外弯矫正，是将角钢放在铁砧上，使弯曲处的凸部向上，用铁锤锤击凸部，使其发生反向弯曲而达到矫正外弯的目的。

角钢的内弯矫正的方法与外弯矫正同理，将角钢内弯凸部向上，用铁锤锤击，以使内弯得到矫正。

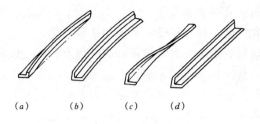

图 3-2　角钢的变形

(a)外弯；(b)内弯；(c)扭曲；(d)角变形

角钢的扭曲矫正，一般是将角钢一端用台虎钳夹住，再用扳手夹住角钢的另一端作反方向扭转，使扭曲变形得到矫正。

角钢角变形的矫正。角钢的角变形有大于 90°和小于 90°两种情况。如角变形大于 90°，一般将角钢放在 V 形槽的铁砧内或斜立于平台上，用铁锤锤击，使角钢的夹角缩小。如角钢的角度小于 90°，可将角钢仰放在铁砧上，用铁锤锤击角钢内侧垫上的型锤，以使角钢的角度扩大。

3. 扁钢的矫正

扁钢的变形只有弯曲和扭转两种。扁钢的弯曲有两种：一种是扁钢在厚度方向的弯曲，另一种是扁钢宽度方向的弯曲。对于扁钢厚度方向的弯曲，其矫正方法是用铁锤锤击弯曲凸起处，即可矫平。对于扁钢宽度方向的弯曲，矫正方法是用铁锤依次锤击扁钢的内层。扁钢的扭曲矫正的方法与角钢的扭曲矫正方法相同。

4. 槽钢的矫正

槽钢变形有立弯、旁弯、扭曲等形式。

槽钢立弯的矫正是将槽钢置于平台上，并使凸部向上，锤击凸部处的腹板进行矫正。

槽钢旁弯的矫正是将槽钢置于用两根平行圆钢组成的平台上，锤击凸部处的翼板进行矫正。

槽钢扭曲的矫正是将槽钢置于平台上，使扭曲的部分伸出平台外，然后，用卡子将槽钢压住，锤击伸出平台部分翘起的一边，使其反向扭转，边锤击边使槽钢向平台移动，然后再调头进行同样锤击，直至矫直为止。

以上介绍的是钢材在冷态下的手工矫正法。

钢材的热矫正法有火焰矫正和高频热点矫正。火焰矫正加热的方法有点状加热、线状加热和三角形加热。点状加热就是根据构件的特点和变形情况，用烤枪在钢材上烤一系列的圆点，点状加热主要用于薄板的矫平；线状加热实际上是将金属材料烤出一条线。线状加热多用于变形量较大或刚性较大的结构。三角形加热就是加热区域呈三角形，常用于矫正厚度大、刚性较强的变形构件。

高频热点矫正的原理与火焰矫正法相同，所不同的是热源不用火焰而是高频感应加热。高频热点矫正是在火焰矫正基础上发展起来的新工艺，用它可矫正任何钢材的变形，与火焰矫正相比，操作简单，效果显著，生产率高。

机械矫正也是冷矫正，它是利用专用矫正机来进行的。设备有钢板矫平机、型钢矫正机、压力机等。

（二）板材的剪切

板材的剪切是将板材按划线形状进行裁剪的过程。剪切前，应进行划线复核，以免下错料造成浪费。剪切应做到切口整齐，直线平直，曲线圆滑。剪切可用手工工具或剪板机械进行。

1. 手工剪切

手工剪切使用的工具是手剪。手剪分直线剪和弯剪两种，见图 3-3。

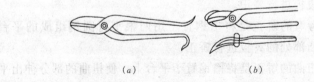

(a)　　　　　　　　(b)

图 3-3　手剪

(a) 直线剪；(b) 弯剪

直线剪适用于剪切直线和曲线外圆；弯剪便于剪切曲线的内圆。

操作时，把剪刀下部的勾环抵住地面或平台，这样剪切较为稳定，而且省力。剪切时用右手操作剪刀，用左手将板材向上抬起，用右脚踩住右半边，以利剪刀的移动。

用手剪进行剪切时，剪刀的刀刃应彼此紧密地靠紧，以便将板材剪断，否则板材便是被拉扯下来的，容易产生毛刺。

在板材中间剪孔时，应先用扁錾在板材的废弃部分开出一个孔，以便剪刀插入，然后按划线进行剪切。

薄钢板手剪的厚度，一般为 1.2mm 以下。

手工剪切也可采用手动滚轮剪，其构造见图 3-4 所示。铸钢机架的下部有固定的下滚刀，机架上部固定有上滚刀、棘轮和手柄。利用上下两个互成角度的滚轮相切转动，可进行板材的剪切。操作时，一手将钢板送入两滚刀之间，一手扳动手柄，使上下滚刀旋转把钢板剪断。

图 3-4　手动滚轮剪

2. 机械剪切

金属风管制作常用的剪切机械种类较多，有龙门剪板机、双轮直线剪板机、联合冲剪机及振动式曲线剪板机等。振动式剪板机主要用于剪切厚度为 2mm 以内的低碳钢板及有色金属板材。联合冲剪机既能冲孔又能剪切，既能剪板料又能切断型钢，适用范围比较广。各种剪切机械中，以龙门剪板机使用最广泛。

龙门剪板机可剪板料最大厚度为 4mm，可剪板宽为 2000～2500mm。使用前，应按剪切的板材厚度调整好上下刀片间的间隙。因为间隙过小时，剪厚钢板会增加剪板机负荷，或易使刀刃局部破裂。反之，间隙大时，常把钢板压进上下刀刃的间隙中而剪不下来。因此，必须经常调整剪板机上下刀刃间隙的大小，间隙一般取被剪板厚的 5% 左右，例如，钢板厚小于 2.5mm 时，间隙为 0.1mm；钢板厚小于 4mm 时，间隙为 0.16mm。

联合冲剪机用于切割角钢、槽钢、方钢和圆钢、钢板，也可用于冲孔和开三角凹槽等。通风工程使用的联合冲剪机截割钢材的最大厚度为 13mm。

（三）金属薄板的连接

在通风空调工程中，用金属薄板制作风管和配件可用咬口、铆接、焊接，而咬口是最常见的连接方式。金属薄板的连接形式主要取决于板厚及材质，见表 3-2。

金属薄板连接方式的适用范围　　　　　　　　表 3-2

板厚 δ	材　　　质		
（mm）	钢　　板	不锈钢板	铝　　板
δ ≤ 1.0	咬　　接	咬　　接	咬　　接
1.0 < δ ≤ 1.2		焊接（氩弧焊及电焊）	
1.2 < δ ≤ 1.5	焊接（电焊）		
δ > 1.5			焊接（氩弧焊及气焊）

1. 咬口连接

咬口连接是用折边法，把要相互连接的板材的板边折曲线钩状，然后相互钩挂咬合压紧。在可能情况下，应尽量采用咬接，咬口缝可以增加风管的强度，变形小，外形美观。咬口连接一般适用于厚度小于 1.2mm 的普通薄钢板和镀锌薄钢板、厚度小于 1.5mm 的铝板、厚度小于 0.8mm 的不锈钢板。

(1) 咬口的形式

常见咬口形式有单咬口、立咬口、转角咬口、联合角咬口、按扣式咬口等，见图 3-5。按扣式咬口是应用较晚的咬口形式，便于机械化加工、运输和组装，但严密性较差，如应用于严密性要求高的场合应采取密封措施。

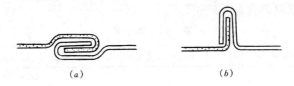

(a)　　　　　　　　　　　　　(b)

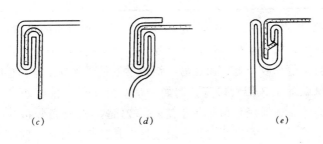

(c)　　　　　　(d)　　　　　　(e)

图 3-5　咬口形式

(a) 单咬口；(b) 立咬口；(c) 转角咬口；(d) 联合角咬口；(e) 按扣式咬口

各种咬口形式的适用范围如下：

单平咬口用于板材的拼接缝和圆形风管或部件的纵向闭合缝。

单立咬口用于圆形弯头或直管的横向缝。

转角咬口用于矩形风管或部件的纵向闭合缝及矩形弯头、三通的转角缝。

按扣式咬口用于矩形风管或部件的纵向闭合缝及矩形弯头、三通的转角缝。

联合角咬口使用的范围与转角咬口、按扣式咬口相同。

双平咬口和双立咬口用途与单平咬口和单立咬口相同。双平和双立咬口虽有较高的机械强度和严密性，但因加工较为复杂，施工中较少采用。在严密性要求较高的风管系统中，一般都以在咬口缝上涂抹密封胶或焊接的方法代替双咬口连接。

（2）咬口宽度和留量

咬口宽度按制作风管或管件的板材厚度和咬口机械的性能而定，一般应符合表 3-3 的要求。

咬 口 宽 度 表 3-3

钢板厚度	平咬口宽度（mm）	角咬口宽度（mm）
0.5 以下	6～8	6～7
0.5～1.0	8～10	7～8
1.0～1.2	10～12	9～10

咬口留量的大小、咬口宽度与重叠层数和使用的机械有关，一般来说，对于单平咬口、单立咬口、单角咬口的咬口留量在一块板材上等于咬口宽，而在另一块板材上是两倍咬口宽，总的咬口留量就等于 3 倍咬口宽。例如，厚度为 0.5mm 的钢板，咬口宽度为 7mm，其咬口留量等于 7×3＝21mm。联合角咬口在一块板材上等于咬口宽，而在另一块板材上是 3 倍咬口宽，因此，联合角咬口的咬口留量就等于 4 倍咬口宽度。

咬口留量应根据咬口的形式和需要，分别留在一块板材的两边或两块板材各自的拼接边。

（3）咬口的加工

板材咬口的加工过程，主要是折边（打咬口）和压实咬合。折边应宽度一致和平直，保证在咬合压实时不出现含半咬口和开裂现象，以确保咬口缝的严密、牢固。

咬口加工基本上用机械进行，但有时还需要手工操作。手工咬口是通风技术工人的基本功。

1）手工咬口

手工咬口使用的工具有：木方尺，也叫拍板，规格为 45×35×450（mm），用硬木制成；硬质木锤；钢制方锤。工作台上固定有槽钢或角钢、方钢，作为拍制咬口的垫铁，各种型钢垫铁要求有尖锐的棱角，并且平直。制作圆风管时使用钢管固定在工作台上作为垫铁。此外还有手持衬铁和咬口套。如图3-6所示。

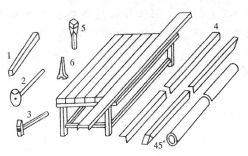

图 3-6　手工咬口工具

1—拍板；2—硬木锤；3—钢方锤；4—型钢垫铁；5—手持垫铁；6—咬口套

制作咬口的手工工具比较简单，除需要延展板边时采用钢制手锤外，凡是折曲或打实咬口时，都应采用木方尺和木锤，以免在钢板上留下锤痕。

（A）单平咬口的加工

将要连接的板材，放在固定有槽钢的工作台上，根据咬口宽度，来确定折边宽度，实际上折边宽度比咬口宽度稍小，因为一部分留量变成了咬口厚度。

单平咬口的加工，如图3-7所示。在板材上用划线板划线，线距板边的距离为：咬口宽度6mm时，为5mm；咬口宽度8mm时，为7mm；咬口宽度10mm时，为8mm。划线后，移动板材使线和槽钢边重合。为了在拍打咬口时避免板材移动，可在板材两端先打出折边，用左手压住板材，右手用木方尺按划好的线先打出折印。拍打时木方尺略偏于板边侧，把板边折成50°左右，再用木方尺沿水平方向把板边打成90°，如图3-7（a）。折成直角后，将板材翻转，检查折边宽度，对折边较宽处，用木方尺拍打，使折边宽度一致，再用木方尺把90°的立折边，拍倒成130°左右，如图3-7（b）。然后，把板边根据板厚伸出槽钢边 10～

12mm左右，用木方尺对准槽钢的棱边拍打，把板边拍倒，见图3-7（c）。

用同法加工另一块板材的折边。然后，两块板的折边相互钩挂，如见图3-7（d），全部钩挂好后，垫在槽钢面上或厚钢板上，用木锤把咬口两端先打紧，再沿全长均匀地打实、打平。为使咬口紧密、平直，应把板材翻转，在咬口反面再打一次，即成图3-7（e)所示的单平咬口。

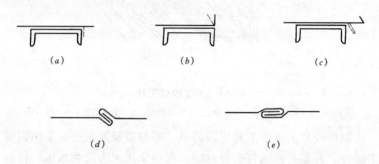

图 3-7　单平咬口加工步骤示意

（B）端部单立咬口的加工

端部单立咬口用于圆形弯头或直管的横向缝，其加工操作步骤见图3-8所示。

单立咬口是将管子的一端做成双口，将另一根管子的一端做

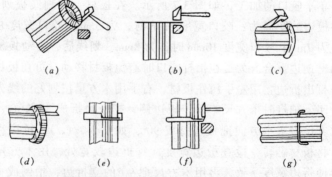

图 3-8　端部单立咬口和单平咬口的加工步骤

76

成单口，两者结合而成。

加工双口时，根据咬口宽度划线，咬口宽度为 6mm 时，线至板边的距离为 10mm；咬口宽度为 8mm 时，线至板边的距离为 13mm；咬口宽度为 10mm 时，线至板边的距离为 16mm。

划线后，将管子放在方钢上，慢慢地转动管子，同时用方锤在整个圆周均匀錾出一条折印如图 3-8（a）。为了使管子圆正，錾折过程用力要均匀，并且应先用方锤的窄面把板边的外缘先展开，不要只錾折线处，如只把折线处展延，而外缘处没有展延，就会产生裂缝。待逐步錾成直角后，用钢制方锤的平面把折边打平并整圆，如图 3-8（b）。然后再在折边上折回一半，如图 3-8（c）、（d），即成双口。

加工单口时，当咬口宽度为 6、8、10（mm）时，卷边宽度分别为 5、7、8（mm），用前述方法把管端折成直角，然后将单口放在双口内，见图 3-8（e），用方锤在方钢上将两个管件紧密连接，即成单立咬口，见图 3-8（f）。

如果需要单平咬口，可将立咬口放在方钢或圆管上用锤打平、打实即可，见图 3-8（g）。

（C）单角咬口的加工

单角咬口的加工方法基本与单平咬口的加工方法相同。将一块钢板折成 90°立折边，另一块钢板折成 90°后再翻转折成平折边。将带有立折边的板材放在工作台边上，并将带有平折边的板材套在立折边的板材上，如图 3-9（a）。然后用小方锤和衬铁将咬口打紧，并用木方尺将咬口打平，如图 3-9（b）。再用小方锤和衬铁加以平整，如图 3-9（c），即成单角咬口。

（a）   （b）   （c）

图 3-9　单角咬口的加工

(D) 联合角咬口的加工

根据前面对单平咬口、单立咬口和单角咬口的介绍，联合角咬口的加工操作步骤按图 3-10 所示就可以理解了。

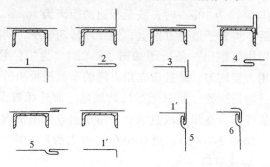

图 3-10　联合角咬口加工步骤

2) 机械咬口

钢制风管制作中的咬口主要用咬口机。常用咬口机械有多种型号，性能不尽相同，难以一一尽述。有的进口设备十分精良，但由于价格昂贵，目前远未在施工单位普及。现仅将一般常用的咬口机械介绍几种：

(A) 按扣式咬口折边机

按扣式咬口折边机的种类很多。我国对引进咬口机进行研究，成功地生产了一些新型咬口机械，如 SAF-3A 型按扣式咬口折边机，SAF-7 型单平咬口折边机。这些机械可对矩形风管及其矩形管件进行咬口与折边，它们的结构原理大致相同。SAF-3A型按扣式咬口折边机可对板厚为 0.5 ~ 1.0mm 的矩形风管及矩形管件制作进行按扣式咬口与折边。

YZA-10 型按扣式咬口折边机是经滚轮轧制，将钢板一侧折成雄口，另一侧折成雌口，其特点是板料经轧制折边成型后，可直接将雄口一侧与雌口插接组成风管。这种设备可以加工方形、矩形截面的直管，其咬口形式及尺寸如图 3-11 和表 3-4 所示。

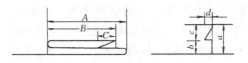

图 3-11　按扣式咬口形式

按扣式咬口尺寸　　　　　　　　　　表 3-4

板材厚度（mm）	A	B	C	a	b	c	d
1.0	14	13.7	4.8	11	5.2	6.0	2.0
0.5	14	12.5	4.0	11	5.4	5.8	1.4

（B）YZL-12 型联合角咬口折边机

联合角直线咬口折边机是将经外滚折边成型后的风管片料（形状：⌐——，咬口预留尺寸为 7mm），插入经中滚折边成型的风管片料（形状：——ノ，咬口预留尺寸为 30mm）中，经锁缝加工成通风管道。这种设备可加工矩形、方形截面的直管及异径管，共有六道滚轧工序，可加工板材厚度为 0.5～1.2mm。

（C）弯头咬口折边机

弯头咬口折边机与 YZA-10 型按扣式咬口折边机、YZL-12 型联合角咬口机配套使用的机型有 YWA-10 型弯头按扣式咬口折边机、YWL-12 型弯头联合角咬口折边机。

弯头咬口折边机是将矩形弯头两片扇形管壁的板料滚轧成雄咬口，由直线咬口折边机将两侧管壁的板料滚轧成雌咬口，再由人工或卷板机将两侧管壁的板料弯曲成一定的曲率半径，经与两片扇形管壁合缝后制成弯头。

弯头咬口折边机的导向装置，可连续做正、反两个方向的咬口折边，以适应弯头扇面管壁最小曲率半径的内弯和外弯及来回弯的咬口折边。弯头咬口折边在手臂的控制下，可做直线和直线转角咬口折边，还可用于加工制作异径管等管件。

弯头咬口折边机使用前，应根据加工板材的厚度，对辊轮进行适当的调整。弯头咬口折边机加工钢板的最大厚度为 2.0mm。

（D）圆形弯头咬口机

圆形弯头咬口机用来制作钢板厚度为 1.2mm 以下的圆形弯头和来回弯的单立咬口，也可轧制圆风管的加固凸棱。圆形弯头咬口机由机架、传动机构、咬口辊轮、直径调节机构、角度调节机构和深度调节机构等部分组成。

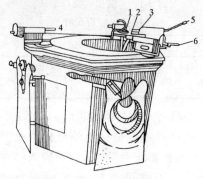

图 3-12 圆形弯头合缝机
1—挡轮；2—成型辊轮；3—压轮；4—托轮；5—操作手柄；6—操作手柄

该机有两个工作头，可以同时操作。进给机构位于工作头上，与上辊轮连在一起，工作时转动手轮可使上辊轮升降。直径调节机构位于上辊轮的两侧，与上辊轮连成一体，工作时与风管构成三点接触，起支撑风管和整圆的作用，可根据不同直径进行调节。角度调节机构位于辊模下，可根据弯头的斜角进行调节，使不同角度的弯头能在机上咬口。深度调节机构位于工作头的两侧，借助弧形调节板的作用，调节咬口深度。

操作时，可根据钢板厚度调节上下辊轮的轴向间隙，一般轧制双口时，间隙为板厚的 2.5～3 倍，轧制单口时，间隙为板厚的 1.3～1.5 倍。上下辊轮的轴向间隙，不易过大或过小，过大咬口难成直角，过小钢板易断裂。

调整好间隙后，可将弯头放入辊轮间，调整角度调节机构，使弯头上部呈水平状（只宜外面偏高），再调整深度调节机构，对于单口，弯头伸入辊轮的深度等于 0.75 倍的咬口宽度；对于双口应等于 1.25 倍的咬口宽度，然后再调整直径调节机构，两端高度应一致并与弯头轻微接触，最后调整进给机构，启动电动机进行咬口。

加工单口时，操作者应始终用手扶住弯头。加工双口时，开始用手扶助，转动两周后即可放开。咬口过程中，进给量应按每转动一周，进给量为 1.5～2mm 缓慢而均匀地增加。直到上下辊轮接触为止。对于直径小和管壁较厚的弯头，进给量和进给速度应当再小些和再慢些。

用于弯头咬口的钢板材质应较软，不然咬口时容易发生断裂，各节弯头的直缝，最好采用气焊焊接，如果已采用咬口，应把咬口处去掉，待弯头咬口完成后，再把孔洞处用气焊补焊。

（E）圆形弯头合缝机

圆形弯头合缝机适用于管壁厚度在 1.2mm 以下，直径在 265～660mm 范围内的弯头各短节的合缝。圆形弯头合缝机由电动机、挡轮、托轮、成型辊轮及压轮等部件组成，见图 3-12。

（F）咬口压实机

咬口压实机适用于厚度为 1.2mm 以内的钢板拼接缝和风管的纵向闭合缝的咬口压实，其结构简单，见图 3-13 所示。

咬口压实机由机架下的电动机通过皮带轮和齿轮减速，可带动丝杠以适当的速度旋转，使穿在丝杠上行走的压辊装置压实咬口。为了增加摩擦力，压辊上刻有花纹，机身两端装有行程开关。

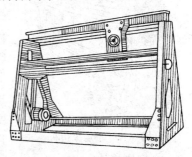

图 3-13　咬口压实机

操作时，将要压实咬口的风管，放在横梁与压辊之间，先把咬口钩挂上，再把风管两端的咬口用手锤打实，然后扳动手轮，使压辊压紧咬口缝，按动行程开关，使行走丝杠转动，并带动压辊箱沿丝杠往返行走两次，咬口即被压实。停机后，打开钩环，可将压实咬口的风管取出。

以上，介绍了风管咬口的手工操作方法和机械咬口。下面再介绍一下扳边机。

扳边机有手动和电动两种。手动扳边机适用于厚度 1.2mm 以内的钢板咬口的折弯和矩形风管的折方；电动扳边机除适用于咬口折弯和折方外，还可用于厚度为 3mm 以内的钢板及其他工艺要求的折弯。

图 3-14 是常用的手动扳边机。它是由固定在墙板上的下机架和在墙板上可以上下滑动的上机架，以及在墙板上转动的活动翻板组成。上机架由两端的丝杠调节上下，压住或松开钢板。为了减轻扳动活动翻板的力量，在翻板的两端轴上，加设平衡铁锤。为使折角平直，上、下机架及翻板接触处，由刨平的刀片组成。

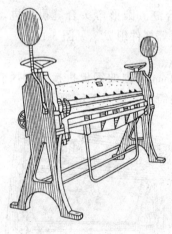

图 3-14 手动扳边机

操作时，扳动丝杠手轮，抬起上支架，使上、下刀片之间留出空隙，将划好线的板材放入，并使上刀片的棱边对准折线，放下上机架并压紧，然后扳动活动翻板至 90°，则成单角咬口的立折边。若把活动翻板扳到底，即成单角咬口的平折边。当扳制单平咬口时，把钢板放入上、下刀片之间，放入的深度等于折边宽度，压紧钢板后，把活动翻板扳到底即可。

2. 铆钉连接

铆钉连接，简称为铆接。它是将两块要连接的板材，使其板边按规定的尺寸相重叠，然后用铆钉穿连铆合在一起，如图 3-15 所示。

铆接在风管制作中一般在板材较厚，手工咬口或机械咬口无法进行，或板材虽不厚但质地较脆而不能采用咬口连接时才采

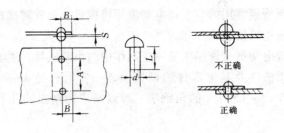

图 3-15 铆钉连接

用。在实际工程中，板材之间的铆接已逐步被焊接所取代。但在设计要求采用铆接或镀锌钢板厚度超过咬口机械的加工性能时，仍需使用铆接。

在风管制作中，除板与板之间的连接可用铆接外，还常用于风管与法兰的连接。工作中应根据板厚来选择铆钉直径、铆钉长度及铆钉之间的间距。

铆钉直径 $d = 2s$，s 为板厚，但不得小于 3mm。为了能打成压帽以压紧板材，铆钉长度 $L = 2s + (1.5 \sim 2) d$。

铆钉之间的间距 A 一般为 40 ~ 100mm，严密性较高时，间距还要小一些。

铆钉孔中心到板边的距离 $B = (3 \sim 4) d$。铆钉孔直径只能比铆钉直径大 0.2mm。

必须使铆钉中心垂直于板面，铆钉应把板材压紧，使板缝密合，且铆钉排列应整齐。

铆接操作根据具体情况可采用手工铆接或机械铆接。

手工铆接操作时，先进行板材划线，确定铆钉位置，再按铆钉直径钻出铆钉孔，然后把铆钉穿入，并垫好垫铁，用手锤把钉尾打堆，最后用罩模（铆钉克子）把铆钉打成半圆形的铆钉帽。为防止铆接时板材移位造成错孔，可先钻出两端的铆钉孔，先铆好，然后再把中间的铆钉孔钻出并铆好。

板材之间的铆接，中间一般可不加垫料。但设计有规定时，应按设计要求进行。

机械铆接常用的有手提电动液压铆接机、长臂铆接机、电动拉铆枪及手动拉铆枪等。

手提电动液压铆接机是风管制作中的小型机具，主要用于风管与角钢法兰及其他部件的铆接，统一使用直径 4mm 的铆钉，铆接 L25×3～L50×4 的角钢法，可以完成薄钢板冲孔和铆接工艺。

上海市工业设备安装公司研制生产的 DYM 型电动液压铆接机的安全装钉机构有 A 型和 B 型两种形式。

A 型采用四转轮四钉位安全装钉结构，可在水平、垂直、倾斜等多工位进行冲孔铆接。操作时手指不需要直接进入"虎口"装铆钉，可在其他空间把铆钉装入磁性吸座内，回转 90°即可，可防止工伤事故的发生。

B 型采用多钉式滑块安全装钉结构，一次可装 10 只铆钉。操作时，只需将滑块向工作部位堆放铆钉装入磁性吸座内，就能可靠的进行铆接。垂直装钉铆接较为理想，横向铆接只能单只使用。

拉铆枪也是通风工进行铆接时的常用工具，有手动拉铆枪和电动拉铆枪。拉铆连接常用于只有在一面操作，不能内外操作的场合，例如在风管上开三通、开风口，只能在风管外面操作，因而采用拉铆。

常用的手动拉铆枪有 SLM-1 型和 SLM-2 型，其适用范围为为：SLM-1 型，拉铆头子孔径为 $\phi 2$、$\phi 2.5$mm，抽芯铝铆钉拉铆范围 $\phi 3 ～ \phi 4$mm。SLM-2 型，拉铆头子孔径为 2.5～3.5mm，抽芯铝铆钉拉铆范围 $\phi 3 ～ \phi 5$mm。

进行拉铆操作时应注意下列事项：

首先选用拉铆头子，用拉铆铆钉的钉轴去配拉铆头子的孔径，以滑动为宜，并将选用的拉铆头子拧紧在导管上；松开导管上的拼帽，将导管退出一些，使拉铆头子孔口朝上；将手动拉铆枪的手柄开至最大，把铆钉轴插入拉铆头子的孔内，同时旋转导管，使铆钉轴能自由落入，不能调节过松，以免损伤机件，然后扳紧拼帽；铆钉孔与铆钉的间隙宜为滑动配合，铆钉孔比铆钉只能大 0.2mm，间隙过大将影响铆接强度；将铆钉插入被铆接钢板孔内，张开拉铆枪手柄，以便拉铆头子全部套入拉铆轴，夹紧被铆钢板，然后夹紧拉铆枪手柄，拉断铆钉轴即为完成铆接。有时一次不能拉断铆钉轴，可重复前面的动作；最后，张开拉铆枪手柄，取出铆钉轴。

电动拉铆枪的外形就像手电钻。较常用的 P_1M-5 型电动拉铆枪的主要技术参数如下：

电　　压	220V	AC
额定电流	1.4A	
输入功率	300W	
最大拉力	7500N	
最大拉铆钉	ϕ5mm	
重　　量	2.5kg	

3. 焊接

焊接是板材连接主要方法之一。风管及部件制作时，可根据工程需要、工程量大小或装备条件，选用适当的焊接方法。常用的焊接方法有电焊、气焊、氩弧焊、点焊、缝焊以及锡焊。焊接表面应平整，焊缝表面不应有裂缝、烧穿、结瘤等现象。

1）焊缝形式

焊缝形式应根据风管的构造需要和焊接方法而定，见图 3-16 所示形式。

（A）对接缝

对接缝用于板材的拼接缝、横向缝或纵向闭合缝，如图 3-16（a）所示。

（B）角缝

角缝用于矩形风管或管件的纵向闭合缝或矩形弯头、三通的转角缝等，如图 3-16（b）所示。

（C）搭接缝及搭接角缝

搭接缝及搭接角缝方法同对接缝及角缝，在板材较薄时使

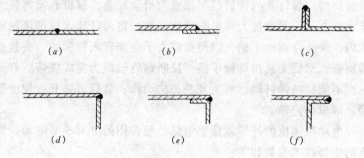

(a) (b) (c)

(d) (e) (f)

图 3-16　焊缝形式

用，如图 3-16（c）、（d）所示。

（D）扳边缝及扳边角缝

扳边缝及扳边角缝方法同上，当板材较薄而采用气焊时使用，如图 3-16（e）、（f）所示。

2）电焊

电焊具有预热时间短、穿透力强、焊接速度快、焊接变形比气焊小的优点，但焊较薄的板材容易烧穿。当用厚度在 1.2mm以上的薄钢板制作风管时，即可采用电焊。对于厚度在 1.2mm以下的钢板，如需焊接，可采用二氧化碳气体保护焊。

用电焊焊接薄钢板前，应用钢丝刷把焊缝两边的铁锈、污物清除干净。进行对焊时，因风管板材较薄，不需开坡口，焊缝处留出 0.5~1mm 的间隙，不宜过大，否则容易烧穿和结瘤。焊接前，把两个板边全长平直对齐，先把两端和中间每隔 150~200mm 做一处点焊，用小锤进一步把焊缝不平处打平，然后进行焊接。

为了便于对口和避免薄钢板烧穿，也可用如图 3-16（c）、（d）所示的搭接焊缝和搭接角缝进行焊接。一般搭接量为10mm。焊接前先划好搭接线，焊时按线点焊好，再用小锤进行平整，使焊缝密合后进行连续焊接。

为了减少变形，无论是对接焊还是搭接焊，焊缝全长的焊接可采用逆向分段方法施焊。

3）气焊

气焊、气割所用气体分为两类，即助燃气体（氧气）和可燃气体（如乙炔、液化石油气等）。可燃气体与氧气混合后燃烧时，放出大量的热，形成最高温度可达 2000 ~ 3000℃ 的集中火焰。

气焊的预热时间较长，加热面大，变形比电焊大，容易影响风管表面的平整，所以一般只在板材较薄、电焊容易烧穿，而严密要求却较高时采用。对于厚度为 0.8 ~ 1.2mm 的钢板，可采用气焊。

加工厚度 1.0mm 以下的钢板风管时，常把板边扳起 5 ~ 6mm 的立边进行焊接，如图 3-16（e）、（f）所示。板边要扳得均匀一致，两个焊件的边要等高。焊接时，应每隔 50 ~ 60mm 做一处点焊，再用小锤使边缝密合，然后再进行连续焊接。

4）二氧化碳气体保护焊

二氧化碳气体保护焊是用二氧化碳作为保护气体，其焊条作为电极和填充材料的熔化极明弧焊。具有热量集中，熔池小，热影响区窄，焊件焊后变形小等特点，适用于厚度 1.2mm 以下薄钢板风管焊接，但成本较高。

5）氩弧焊

氩弧焊可分为钨极氩弧和熔化极氩弧焊两种。其中，钨极氩弧焊适用于焊接厚度大于 0.5mm 的不锈钢和有色金属材料。钨极氩弧焊是利用氩气作保护气体的气电焊，焊接时电弧在电极与焊件之间燃烧，氩气使金属熔池、焊丝熔滴及钨极端头与空气隔绝。

氩弧焊与其他焊接方法相比，具有焊接热量集中，热影响区窄，焊件变形量减小的特点，且焊缝中杂质少，机械性能好。适于焊接不锈钢风管。

6）点焊

点焊用点焊机进行。用点焊的操作过程是先对于焊接的两块钢板加压，使之紧密接触后再通电，由于焊件内电阻和接触电阻的发热以及电极散热等作用，便形成焊核然后断电，待焊核冷却凝固后去掉压力，点焊即告完成。点焊的原理如图 3-17 所示。

点焊的特点是加热时间短，焊接速度快，而且不需要填充材料、焊剂及保护气体。点焊适用于风管的拼缝和闭合缝。

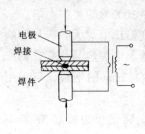

电极
焊接
焊件

图 3-17　点焊原理

操作点焊机时，应通冷却水。接通电源后，把要焊接的搭接缝放在铜棒触头中间，用脚将踏板踏下，触头就压在钢板上同时接通电路。由于电的加热和触头的压力，使两块钢板的接触点熔焊在一起。焊好一点，再移动钢板进行下一点的焊接。

当点焊机临时停止工作时，只需切断电源，并关闭进水阀门；在较长时间停止工作时，则应切断电源、水源和气源，特别是在气温较低的环境下工作时，应将压缩空气及冷却系统中的剩水排尽。

7）缝焊

缝焊机用于钢板搭接缝的焊接。缝焊是用旋转滚盘电极代替点焊用的固定电极，以产生连续焊点，形成缝焊焊缝，缝焊原理见图 3-18。

缝焊机用于钢板搭接缝的接触缝焊。焊接由固定在上、下挺杆上的转动滚盘电极来进行。滚盘电极起着压紧、导电及移动焊件的作用，踏板用来操纵电开关及压紧电极、滚盘电极。缝焊速度可在 $0.5 \sim 3m/min$ 的范围内调节。缝焊机工作时也需要通水冷却。

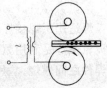

图 3-18　缝焊原理

8）锡焊

锡焊是利用熔化的焊锡，使金属连接的方法。由于锡耐温低，强度差，所以在风管及部件制作中很少单独使用。通常在镀锌钢板制作管件时配合咬口使用，以增加咬口的严密性。锡焊使用电烙铁，也可用炭火加热的火热烙铁。焊锡用的烙铁，一般用紫铜制成。烙铁的大小和端部形状，应根据焊件的大小和焊缝位置而定，一般以使用方便、焊接迅速为原则。

烙铁使用前应先镀上锡。方法是把烙铁烧到暗红色，用锉刀把烙铁端部锉干净，不要有锐边和毛口。然后，把烙铁放在氯化锌溶液里浸一下，再与焊锡反复摩擦，使烙铁端部均匀地沾上一层焊锡。

锡焊时，应掌握好烙铁的加热温度，如温度太低，焊锡不易完全熔化，使焊接不牢；如温度太高，会把烙铁端部焊锡烧掉，使端部氧化，就得重新修整端部。一般把烙铁加热到冒绿烟时，温度比较合适，能使焊锡保持足够的流动性。

如使用木炭火加热的烙铁，为了便于加热和避免烧坏烙铁端部，加热烙铁时应使其端部向上。每次加热以后，蘸焊锡前都应把烙铁端部浸一下药水（氯化锌溶液），以保持端部的清洁，避免杂物夹在焊锡中而使焊接不牢。

锡焊前，应把焊缝附近的铁锈，污物彻底清除干净，在薄钢板施焊处涂上氯化锌溶液，如为镀锌钢板则涂上的 50%盐酸溶液，然后即可进行锡焊。

操作时，先用烙铁在焊缝两端和中间点焊几点，以固定焊件，必要时用小锤使焊缝密合，然后进行连续焊接。对于较长的焊件，烙铁端部应全部接触焊缝，而对细小的焊件，只需用烙铁尖端触及焊缝。烙铁沿焊缝缓慢移动，使焊锡熔在焊缝中，焊锡只要填满焊缝即可，若焊缝表面堆积太多，对焊缝强度没有好处。当焊缝较长，烙铁温度降低到不能使焊锡具有足够的流动性时，就不要勉强使用。换用烙铁连续施焊时，最好在续焊处附近涂上一些氯化锌溶液，续焊时要等续焊处的焊锡熔化后，再移动烙铁。为了提高速度，烙铁应在保证焊锡熔化渗入焊缝的原则下，尽快地沿焊缝移动，力求加长每烧一次烙铁后的焊接长度。

为了避免烫伤，焊件应可靠地固定，并注意防止熔化的锡液及盐酸溶液、氯化锌溶液落在人身上。

（四）板材的折方和卷圆

制作矩形风管和部件时，应根据纵向咬口形式，对板材进行折方。制作圆形风管和部件时，应把板材卷圆。

1. 板材的折方

当矩形风管或部件周长较小，只有一个或两个角咬口（或接缝）时，板材就需折方。折方一般用折方机进行，当折方长度较短或钢板较薄时，也可用手工折方。

手工折方前，应先在板材上划线，再把板材放在工作台上，使折线和槽钢边对齐，一般较长的风管由两人分别站在板材两端，一手把板材压紧在工作台上，不使板材移动，一手把板材向下压成 90°直角，然后用木方尺沿折方线打出棱角，并使折角两侧板材平整。

由于手工折方劳动强度大，效率低，质量不易保证，所以施工中一般都采用机械折方。一般电动折方机适用于厚度为 3mm或 4mm 以下、宽度在 2000mm 以内的板材折方。

折方机主要由电动机、传动机构、上梁、下梁、折方梁及床架等部分组成。其下梁可放置钢板，钢板靠挡块定位。电动机通过传动系统使上梁和折方梁动作，上梁起压紧钢板的作用，折方梁旋转将钢板压成 90°。

平时应使离合器、连杆等机件动作灵活，操作前经空负荷运转证明机械情况良好。加工板长超过 1m 时，应由两人以上操作，操作人员应与设备保持一定距离，以免被翻转的钢板划伤。

平时应注意折方机维修保养，使用前，机器所有油眼注满润滑油，工作完毕切断电源，擦拭机床。

2. 板材的卷圆

板材的卷圆可采用手工方法或机械方法。

手工卷圆是将打好咬口的板材，把咬口边一侧板边在钢管上用方尺初步拍圆，然后先用手和方尺进行卷圆，使咬口能相互扣合，并把咬口打紧打实。接着再找圆，找圆时方尺用力应均匀，不宜过大，以免出现明显的折痕。找圆直到风管的圆弧均匀为止。

机械卷圆一般用卷圆机进行。图 3-19 所示的卷圆机适用于厚度为 2mm 以内，板宽为 2000mm 以内的板材卷圆。

卷圆机由电动机通过皮带轮和蜗轮减速，经齿轮带动两个下辊旋转，当板材送入辊轮间时，上辊因与板材之间的摩擦力而转动，上辊由电机通过变速机构经丝杠，使滑块上下动作，以调节上、下辊的间距。

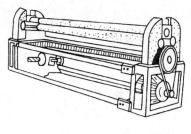

图 3-19　卷圆机

操作时，应先把靠近咬口的板边，在钢管上用手工拍圆，再把板材送入上、下辊之间，辊子带动板材转动，当卷出圆风管所需圆弧后，将咬口扣合，再送入卷圆机，根据加工的管径调整好丝杠，进行往返滚动，即成圆形。

四、展开放样的方法

（一）划线工具

通风工进行展开下料常用的划线工具及用途（见图 4-1）如下：

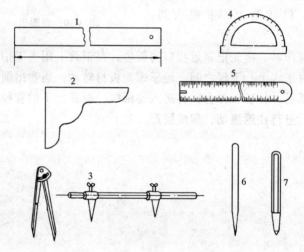

图 4-1　划线工具

1—钢板直尺；2—角尺；3—划规、地规；4—量角器；
5—1m 长不锈钢钢板尺；6—划针；7—样冲

（1）不锈钢钢板尺——长 1m，度量直线长度和划线用。

（2）钢板直尺——长 2m，用以划直线。

（3）角尺——用以找正角方。

（4）划规、地规——用以划圆、划弧线或截取线段长度。

（5）量角器——用以测量和划分角度。

（6）划针——用以划线。工具钢制成，端部磨尖。

（7）样冲——用以冲点，做记号。

除此以外，还有一些普通工具和辅助工具。

为了准确地划线，所有的工具应保持清洁和精确度，对于划规及划针，端部应保持尖锐度，否则划线太粗，误差太大。

钢板尺的边一定要直，使用前可按图 4-2 所示方法进行检查。先沿尺边划一条直线，然后把尺翻转，使尺边靠在已划的直线上，如果尺边上所有点都与所划的直线重合，则该尺是直的，可以使用，否则该尺不是直的，应当进行更换。

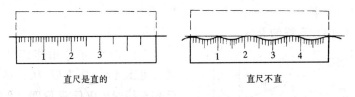

直尺是直的   直尺不直

图 4-2　钢板尺的检查

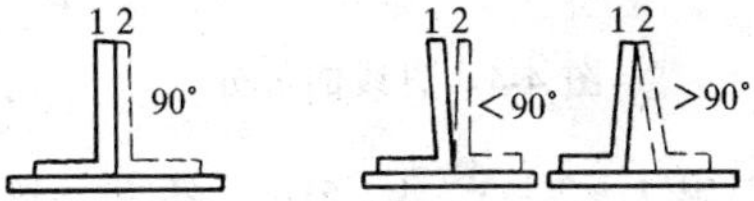

角尺的角度应当是直角。对角尺角度的检查可按图 4-3 进行。先将角尺一条边靠在直尺上，作直尺的垂线 1，保持直尺不动，将角尺翻转，并再靠在直尺上，其直角边 2

图 4-3　角尺的检验

（a）角尺是直角；（b）角尺不是直角

与垂线 1 重合或平行时，说明角尺的角度为 90°，是直角，可以使用，否则该尺的角度不是直角，不能使用。应当进行修正或更换。

（二）基本作图方法

划线是通风管道及部件放样过程中的一个基本技能，正确熟练地进行划线，对节约原材料，提高劳动生产率，保证产品质量十分重要。

（1）划直线

划直线的基本操作方法是按要求正确放置钢板直尺，左手压紧直尺不要松动，右手握紧划针，并向右倾斜成 45°左右，划针端部紧靠直尺，缓慢均匀地从左至右移动，划出所需直线。

（2）划圆

划圆的基本操作方法是：按要求确定圆心位置，并用样冲定位，用划规或地规在钢板尺量取圆的半径，使划规或地规一端尖部置于圆心，压紧此端不得松劲，另一端接触板材平面，转动划规或地规一圈便划出圆形，最后用钢板尺检查所划圆形的直径是否与要求一致。

（3）直线的等分

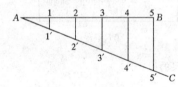

图 4-4　直线的等分

直线的等分可用作图法实现，见图 4-4。作直线 *AC*，可与已知直线 *AB* 成任意角度，再在 *AC* 上截取 $1'$、$2'$、$3'$、$4'$、$5'$……n 个等分，连接 $5'B$，再从 *AC* 上各截取点作 $5'B$ 的平行线，得出 1、2、3、4、5……各点，这样直线 *AB* 即被分成 n 个等分。

（4）划垂直平分线

划垂直平分线的方法见图 4-5 所示。分别以已知直线 *AB* 的两端为圆心，以大于 $\frac{1}{2}AB$ 的长度为半径，在直线两侧作圆弧，得交点 *C*、*D*。连接 *CD*，即为 *AB* 的垂直平分线。

（5）划平行线

划平行线有切线法和等距离法。

用切线法划平行线见图 4-6。在已知直线上任意取 *A*、*B* 两点为圆心，以适当距离为半径，作两圆弧，再作这两弧的外公切线 *CD*。*CD* 线即与 *AB* 线相平行。

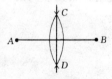

图 4-5　垂直平分线作法

94

用等距离法划平行线见图 4-7。在已知直线上任意取 A、B 两点，过 A、B 两点作已知线的垂线 AD、BC，并使其长度相等，连接 D、C 两点所得的线段，即为已知线段 AB 的平行线。

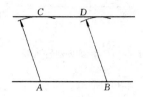 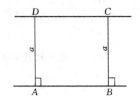

图 4-6　用切线法划平行线　　　　图 4-7　用等距离法划平行线

（6）划角平分线

划角平分线的作法见图 4-8。先以 O 为圆心，任意长为半径作弧，与角的两边线交于 A、B 两点。再分别以 A、B 两点为圆心，大于 $\frac{1}{2}AB$ 的长度为半径，作弧交于 C 点，连接 OC，则 OC 即为此角的平分线。

（7）作直角线

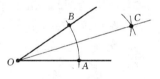

在展开放样中，直角通常是用来检验钢板材料是否规矩（俗称规方），以及检验所画的垂直线和角度是否正确，作直角线常用的方法有三规法、半圆法、勾股弦法等。

图 4-8　角平分线作法

三规法如图 4-9 所示。以直线 AB 的任意点 O 为圆心，以任意长为半径，作圆弧找出 1 点，以 1-O 为半径，分别以 1、O 两点为圆心，作弧交于 2 点，连接 1、2 两点并延长，在此线上取 2-3 等于 1-2，得出点 3，连接 O、3 两点并延长得 OC 线，此线与 AB 线垂直，即构成直角线。

半圆法如图 4-10 所示。以线段 BC 为直径作半圆弧，在半圆弧上任意取一点 A，分别连接 A-B 和 A-C，所划的线段即构成相互垂直的直角线。

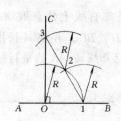

图 4-9　三规法划直角线

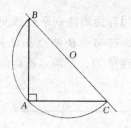

图 4-10　半圆法划直角线

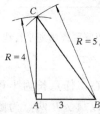

图 4-11　勾股弦法
划直角线

勾股弦法如图 4-11 所示。作线段 AB，使其长度等于 3，再以 B 点为圆心，半径为 5 划弧与以 A 点为圆心，半径为 4 划弧相交于 C 点，连接 A、C 点，即为线段 AB 的垂线。

（8）作任意角

作任意角可采用图 4-12 所示的近似方法，如需作一角等于 50°，其作图方法是：

1）画直线 AB 等于 57.3mm；

2）以 A 为圆心、AB 为半径画圆弧；

3）在圆弧上每取 1mm 的弧长所对的圆心角为 1°，因此，截取圆弧 BC 等于 50mm，则 $\angle CAB$ 即为 50°。

（9）画弧

经过任意三点画弧的方法见图 4-13 所示。已知 A、B、C 为任意三点，经过该三点画弧的方法是：

1）分别连接 A、B 和 B、C；

2）作 AB 和 BC 的垂直平分线，并交于 O 点；

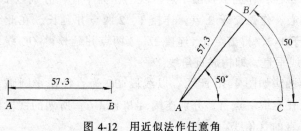

图 4-12　用近似法作任意角

96

3）以 O 点为圆心，并以 O 点到 A、B、C 三点中任何一点的直线距离为半径画出弧线，即经过 A、B、C 三点。

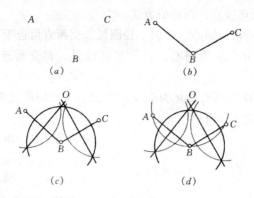

图 4-13　经任意三点画弧

（10）直线的圆弧连接

展开放样过程中，有时需要用圆滑的弧线连接相邻线段，这种用圆弧线连接相邻两线段的作图方法称为圆弧连接。

圆弧连接的实质，就是要使连接圆弧与相邻线段相切，以实现线段的光滑连接。

圆弧与钝角、锐角和直角的连接作图方法如图 4-14 所示。其基本步骤为：首先求作连接弧圆心，它应满足到两被连接线段的距离均为连接弧半径的条件，然后找出连接点，即连接弧与已知线段的切点，最后在两线段连接点之间画出连接圆弧。

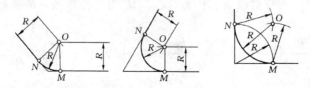

图 4-14　直线间的圆弧连接

用圆弧连接钝角、锐角两边的方法：

1）作与已知角两边分别相距为 R 的平行线，交点 O 即为连接弧圆心；

2）自 O 点向已知角两边作垂线，垂足 M、N 即为连接点；

3）以 O 为圆心，R 为半径，在 M、N 之间画出连接圆弧。

用圆弧连接直角两边的方法：

1）以角顶为圆心，R 为半径画弧，交两直角边于 M、N；

2）以 M、N 为圆心，R 为半径画弧，相交得连接弧圆心 O；

3）以 O 为圆心，R 为半径，在 M、N 之间画出连接圆弧。

（11）三等分直角

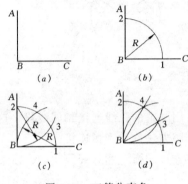

图 4-15 三等分直角

三等分直角 ABC 的作图方法见图 4-15，其方法是：

1）以 B 点为圆心，适当长度 R 为半径画圆弧，交直角两边于 1、2 两点；

2）以 1、2 两点为圆心，R 为半径，分别画两弧得交点 3、4；

3）连接 B-3、B-4，便实现了直角 ABC 的三等分。

（12）角的任意等分

例如，将任意角∠AOB 五等分，其方法见图 4-16。

以 O 为圆心，任意长（设 AO）为半径，作半圆交 AO 延长线于 C，再分别以 A、C 为圆心，AC 为半径作弧，两弧相交于

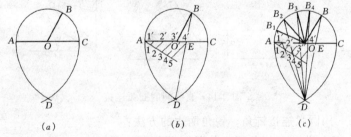

图 4-16 角的任意等分

D（图 4-16a）。

连 DB 交 AC 于 E，五等分 AE，得等分点 $1'$、$2'$、$3'$、$4'$ 各点（图 4-16b）。

连 $D1'$、$D2'$、$D3'$、$D4'$，并延长之，分别交圆弧于 B_1、B_2、B_3、B_4，连 B_1O、B_2O、B_3O、B_4O，即可将 $\angle AOB$ 分为五等分（图 4-16c）。

（13）圆的等分

1）圆的 2、4、8、16、32……等分

通过圆心引出直径，就把圆周分为二等分。如果需要把圆周分为 4、8、16、32……等分，首先引两个相互垂直的直径，就把圆周分成 4 等分，然后把每一等分依次二等分，即可得出圆周的 8、16、32……等分。

2）圆的六等分和三等分

圆周的六等分一般采用半径截分法，如图 4-17 所示。以圆的半径从圆周的任意点开始截分圆周，即可把圆周截成六等分，截点分别为 A、A'、B、B'、C、C'，而 A、B、C 三点则把圆周三等分。按上述 1）的方法，即得圆周的 12、24、48……等分。

把圆周分为三等分的另一种方法是二心分三法，如图 4-18 所示。作任意圆和它的直径 AB，以 B 点为圆心，BO 为半径画弧，交圆周于 C、D 两点，这样，A、C、D 三点即将圆周分为三等分。

3）圆的五等分

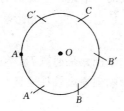

图 4-17　圆周六等分

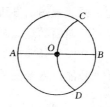

图 4-18　圆周三等分

圆的五等分方法见图 4-19。先找出半径的中点 P （图 4-19a），以 P 为圆心，PC 长为半径画弧交直径于 H 点（图 4-19b），以 CH 弦长为半径即可将圆周截为五等分（图 4-19c）。

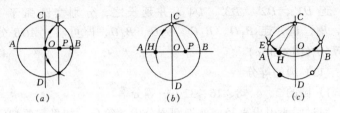

图 4-19　圆的五等分

（三）画展开图的基本方法

在通风工程中，用金属和非金属板料制成的管道和零部件，都具有一定的几何形状和外形尺寸，必须用展开图的方法求出各部分的尺寸后，才能进行制作加工。

所谓展开图法，是用作图的方法将需要用金属板料所制作的通风管道、管件和部件，按其表面的真实形状和大小，依次展开并摊在金属或非金属的平面上画成图形，亦称放样。

但在实际工作中并不是以物求形，而是以图求物。为了画好展开图，应该掌握直线、平面投影的规律，能够求出一般位置直线的实长、平面的实形及两面之间的夹角。会求一般位置直线的实长是作展开图的关键问题，会求平面的实形是作展开图的基本问题。画展开图的方法有：平行线法、放射线法、三角形法以及不可展开曲面的近似画法。

展开图法是通风工下料加工的技术基础，是通风工必须掌握的基本技能。展开图是否正确，直接影响到通风管件质量和材料的利用率。

1. 画展开图的步骤

画展开图的基本步骤是，熟悉图纸，形体分析，求任意直线的实长和求平面的实形，确定展开方法及工艺处理。

在画展开图前，首先要认真熟悉施工图，了解需要画展开图的管件或部件的名称，几何形状及尺寸，它在通风系统的具体部位，与它相连接的又是什么，用哪种材料制作等等。

（1）形体分析

通风管件和部件的形状虽然种类繁多，但多是一些几何图形的组合。需要展开的板材构件多属壳体。由于壳体的类型不同，其展开方法也不同。因此，对形体的分析，便是一个把复杂几何图形分解成简单几何图形的过程，通过分解，便能找到正确的展开方法。

形成物体外形最基本的线条，叫素线。有什么样形状和规律的素线，就形成什么样的物体，如球体的素线是个半圆线条，绕轴旋转一周即形成一个球体；圆柱和棱柱的素线是互相平行的直线，按照其端口形状，平行线平行移动就形成圆柱体和棱柱体；圆锥体和棱锥体的素线是由锥顶向端口放射的直线。

壳体主要有平面壳体和曲面壳体两种。

1）平面壳体

表面由一组平面组成的壳体称为平面壳体。平面壳体主要有棱柱形壳体和棱锥形壳体。棱柱形壳体的棱线彼此平行，棱锥形壳体的棱线如果延长则会交于一点。见图4-20。根据棱的多少，棱柱形壳体又分为三棱柱形、四棱柱形……，棱锥形壳体又分为三棱锥形、四棱锥形……等壳体。

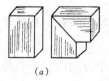
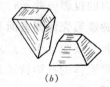

图 4-20　平面壳体

（a）棱柱形壳体；（b）棱锥形壳体

底口为正多边形，棱垂直于底口平面的棱柱形壳体，称为正棱柱壳体。

底口为正多边形，且锥顶点投影与底口正多边形中心重合的棱锥形壳体，称为正棱锥形壳体，锥顶点投影与底口正多边形不重合的棱锥形壳体，称为斜锥形壳体。

实际工程中，四棱柱体、四棱锥体，尤其是正四棱柱体、正四棱锥体等壳体及其截体应用较广。

2）曲面壳体

表面为曲面或曲面、平面兼有的壳体称为曲面壳体。曲面壳体可分为旋转壳体和非旋转壳体。旋转壳体又可分为圆柱形、球形、正圆锥形壳体，见图4-21。非旋转体可分为斜圆锥形、椭圆形、不规则曲面壳体。

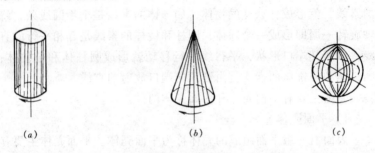

(a) (b) (c)

图 4-21 旋转壳体

(a) 圆柱形表面壳体；(b) 正圆锥形表面壳体；(c) 球形壳体

圆柱形壳体侧表面及其截体的投影特征，是各素线在不同投影面内的投影彼此平行或积聚成圆。

正圆锥形壳体侧表面及其截体的投影特征，是各素线的投影或投影延长线交汇于一点。

球形壳体的投影特征是，它在各个方向的投影是与球的直径相等的圆。

斜圆锥形壳体的特征，是所有素线都与中心线保持一定的夹角，除对称位置的素线外，其他长度都不一致，它的素线与中心线的夹角随着位置的变化而变化，但所有的素线都交汇于一点。

斜圆锥侧表面被一个平行于底圆面平面所切时，其截口形状都是圆。

不规则锥形壳体侧表面的相邻两素线为交叉直线，所有素线不汇交于一点，两个视图中的轮廓线交点高度也不同。如图 4-22 所示。

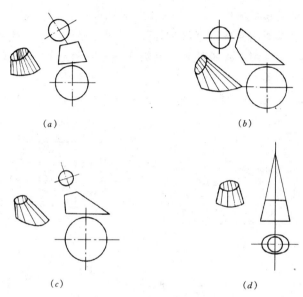

(a)   (b)

(c)   (d)

图 4-22　不规则锥体

（2）结合线的确定

两个或两个以上的形体在空间相交，叫相交形体。由相交形体组成的构件，叫相交构件。

两形体相交后，在相交部位的表面存在着一系列公共点，叫相交形体的结合点。将一系列结合点连接成一条或两条空间曲线或折线，就叫相交形体的结合线。结合线也叫相贯线。例如三通、多节弯头都是由两个或两个以上形体相交而成的构件。结合线是相交形体的公共线，也是分界线。在画展开图之前，对于相交构件必须先确定结合线，然后才能完成展开图。

(3) 求倾斜线的实长

求倾斜线的实长是作展开图的关键问题。在前面学习了直线、平面的投影规律后，再来求倾斜线（即一般位置直线）的实长，就比较容易了。求倾斜线的实长的常用方法有直角三角形法、直角梯形法、旋转法及换面法等。在实际工作中，用直角三角形法求实长最简单。

按照投影的原理，直角三角形法求实长的作法为，俯视图上线段长与主视图上线段的垂直高组成直角三角形的两个直角边，其斜边即为实长。图 4-23 所示的直线在不同位置的实长。

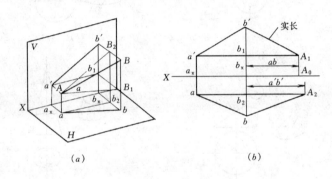

图 4-23　直角三角形法求实长
(a) 直观图；(b) 投影图与实长线

图 4-23 (a) 中的 AB 线倾斜于两投影面；ab 和 a'b'，分别是该线二投影面上的投影。如过 A 点作 AB_1 平行于投影 ab，则得一直角三角形 ABB_1，它的斜边 AB 即为其实长。由此可见，根据倾斜线 AB 的投影实长，可归结求直角三角形 ABB_1 的实形。从图 4-23 (a) 中可以看出，直角三角形 ABB_1 的一直角边 AB_1 等于水平投影 ab，另一直角边，为点 B 和点 A（点 A 可视为等高的点 B_1）正面投影的高度差 $b'b_1$。因此在投影图 4-23 (b) 中，以 $b'b_1$ 为一直角边，以 ab 为另一直角边作直角三角形 $b'b_1A_1$，则斜边 $b'A_1$ 即为倾斜线 AB 的实长。

同理，如以正面投影 a'b' 为一直角边，以点 B 和点 A 水平

投影的宽度差 bb_2 为另一直角边作直角三角形 bb_2A_2，则斜边 bA_2 也为斜线 AB 的实长。

2. 画展开图的基本要求

画展开图一般在平台上进行，对于较常用的管件和部件，可用薄钢板或油毛毡制成样板，样板制出后，必须在上面注明名称、规格及其他有关标记，以防止在使用中发生差错。对于单一的管件或部件，可以直接在所需厚度的板材上画展开图并进行下料，而不必在平台上根据展开图制作样板。

通风管件和部件在制作过程中，必然要涉及对展开时的板厚和咬口裕量、装设法兰的裕量如何处理的问题。这些问题在展开下料时处理不当，就会造成零件外形尺寸不准确，甚至无法使用。

（1）板厚的处理

通风管道和管件尺寸的标注，矩形风管以外边尺寸计算，圆形风管以外径尺寸计算。通风管道采用的薄钢板、镀锌钢板或铝板、不锈钢板，厚度一般在 $0.5 \sim 2\text{mm}$ 范围内，展开后对尺寸影响很小，因此展开放样时可以忽略不计。但对于有特殊要求的厚壁风管和部件，其板壁厚度大于 2mm 时，必须考虑板壁厚度的影响。即对于圆形风管的展开下料，计算直径时应以中径（外径减壁厚或内径加壁厚）为准。对于矩形风管，仍按风管外边尺寸计算展开。

（2）展开下料中如何预留咬口裕量和装配法兰的裕量

在进行薄板风管、管件及部件的展开下料时，必须考虑薄板的连接方式和风管、管件及部件的接口是否装配法兰，以便展开下料时留出一定的裕量。

风管和管件如采用咬口连接，应根据咬口加工方式（手工加工或机械加工）和咬口形式来考虑预留咬口裕量。机械咬口比手工操作咬口的预留量要大一些，咬口裕量分别留在板料的两边，而且两边的裕量是不一样的，见表 4-1。

板材厚度	手 工 咬 口						机 械 咬 口					
	平咬口		角咬口		联 合 角咬口		平咬口		按口式 咬 口		联 合 角咬口	
0.5~0.7	12	6	12	6	21	7	24	10	31	12	30	7
0.8	14	7	14	7	24	8	24	10	31	12	30	7
1~1.2	18	9	18	9	28	9	24	10	31	12	30	7

对于预留咬口裕量没有把握时，可按咬口形式进行试验，以确定适当的咬口裕量。

金属薄板风管接合处采用焊接时，应根据焊缝形式，留出搭接量和扳边量。

风管、管件采用法兰时，应在管端留出相当于法兰所用角钢的宽度与翻边量（约 10mm）之和的裕量。

（四）平行线展开法

平行线展开法是利用足够多的平行素线，将其需要展开的物体表面划成足够多的小平面梯形或小平面矩形（近似平面），当把这些小梯形或小矩形依次地摊平开来，物体表面就被展开了。平行线展开法常用于展开柱体管件的侧表面，如圆形或矩形管件。

现举例说明平行线展开法的步骤：

1. 方形、矩形风管弯头的展开

图 4-24（a）是一个直角方管弯头。只要截取展开图上 1、2、3、4、1 的底边长度等于下口断面 1、2、3、4、1 的周长，展开图上 1—1，2—2，3—3，4—4 的高度等于主视图上 1—1，2—2，3—3，4—4 各棱的高度，展开图即可作出，见图 4-24（b）。另一部分也是一样的。

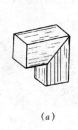

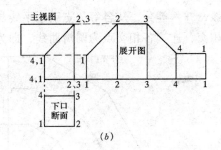

（a）   （b）

图 4-24　直角方管弯头的展开

（a）直角方管弯头；（b）展开图

2. 圆形直角弯头的展开

（1）先画出圆形直角弯头的主视图和俯视图，俯视图可以只画成半圆，见图 4-25。

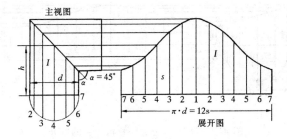

图 4-25　圆形直角弯头的展开

（2）将俯视图的圆周 12 等分，即半圆 6 等分（等分越多越精确），得分点 1、2、3 ……7。

（3）通过等分点向上引主视图中心线的平行线，并与斜口线相交于。

（4）将主视图的圆周展开，也分为 12 等分，并通过等分点作垂直线，与主视图斜口各点引出的平行线相交，用圆滑曲线连接各相交点，就完成了展开图。

多节圆形弯头的展开，也可称为一种大小圆的简单方法，划展开图。如图 4-26 所示，采用弯头里、背的高差为直径划小半圆弧，并六等分，从各等分点引水平线与展开图底边各垂直等分线相交，连接各相交点为圆滑曲线，即为展开图。

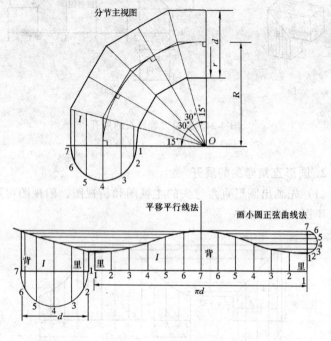

图 4-26　大小圆法对任意角弯头的展开

3. 等径圆三通管的展开

图 4-27 (1) 是等径圆三通管的实形，其展开步骤如下：

(1) 按实形 (1) 作主视图 (2)。

(2) 作结合线。因甲、乙两圆管是等径的，可用内切球体法求得它们的结合线是两条平面曲线，在主视图 (2) 上是一条折线。

(3) 作甲圆管的展开图。第一，将甲圆管的圆周 16 等分，图 4-27 (2) 上是 8 等分，过每一等分点向相贯线引平行素线，并与它相交。第二，将甲圆管沿一素线切开平摊在主视图右侧，并按圆周的等分划平行素线。第三，过结合线上的交点向图 4-27

（4）引平行素线分别与它上面的平行素线相交。第四，用平滑曲线依次连接图 4-27（4）的交点，即得到甲圆管的展开图 4-27（4）。

（4）作乙圆管的展开图。第一，作乙圆管的右视图 4-27（3），同样将其圆周 16 等分。第二，将乙圆管沿一条素线切开摊平在主视图下，如图 4-27（5）所示，并用平行线将其 16 等分。第三，过结合线上的交点向图 4-27（5）引平行素线，并与其上的平行素线分别相交。第四、在图 4-27（5）上用平滑曲线依次连接各交点，便得到乙圆管的展开图，即图 4-27（5）。

按上述方法也可以进行等径圆四通管的展开。

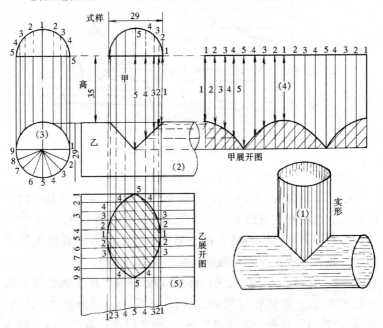

图 4-27 等径圆三通管的展开

4. 等径斜三通管的展开

图 4-28（a）是等径斜三通管的实形，画展开图的步骤如下：

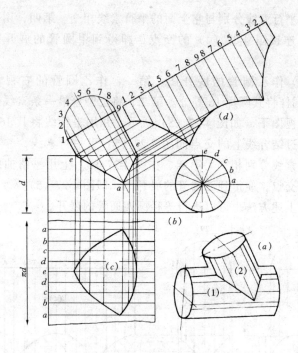

图 4-28　等径斜三通管的展开

（1）根据实体如图 4-28（a）作其投影图（b）。

（2）求结合线。因为是两个等径圆管相交，相贯线是两段平面曲线，反映在主视图上是一条折线，如图 4-28（b）。

（3）作上部圆管的展开图。第一，以上部管的直径上作半圆，并将其分成 8 等分（则整圆均分成 16 等分），等分点分别为 1、2、3、4、5、6、7、8、9，延长线段 1—9，并在延长线上取一线段等于上部圆管的周长，将其 16 等分，得分点 1、2、3、……3、2、1，过每一等分点作 9—e 的平行线。第二，过上部圆管半圆上的等分点作 9—e 的平行线分别与相贯线 e—a—e 相交，再过每一交点作 1—9 的平行线，分别与图 4-28（d）的平行线相交，用平滑曲线依次连接各交点，则得到上部圆管的展开图，如图 4-28（d）。

（4）作下部圆管的展开图。第一、下部圆管的左视图是一个圆，如图 4-28（b）所示。将它分成 16 等份，用 a、b、c、d、e 分别代表各等分点。将圆管水平切开平铺在主视图下，分别过 a、b，c、d、e 等作平行线。第二，在下部圆管左视图上，分别过 a、b，c、d、e 作 e—e 的平行线与 V 形相贯线 e—a—e 的两侧相交，再过每一交点向下引平行线分别与图 4-28（c）上的水平平行线相交，用平滑曲线依次连接各交点，便得到下部圆管的展开图。

5．异径斜三通的展开

图 4-29（a）是异径斜三通的实形，从图中可知主管外径为 D、支管外径为 D_1，支管与主管轴线的交角为 α。

要画出支管的展开图和主管上开孔的展开图，要先求出支管与主管的结合线。结合线用图 4-29（b）所示的作图步骤求得：

（1）先画出异径斜三通的立面图与侧面图，在该两图的支管端部各画半个圆并六等分之，等分点标号为 1、2、3、4、3、2、1。然后在立面图上通过各等分点作平行于支管中心线的斜直线，同时在侧面图上通过各等分点向下作垂线，这组垂线与主管圆周相交，得交点 1°、2°、3°、4°、3°、2°、1°。

（2）过点 1°、2°、3°、4°、3°、2°、1°向左分别引水平线，使之与立面图上支管斜平行线相交，得交点 1′、2′、3′、4′、5′、6′、7′。将这些点用光滑曲线连接起来，即为异径三通的接合线。

求出异径斜三通的接合线后，再按照图 4-29（b）所示的方法，即可画出支管和主管（开孔）的展开图。

6．矩形来回弯的展开

图 4-30（1）、（2）是矩形来回弯的主视图和俯视图，它由三节组成：Ⅰ 和 Ⅲ 节完全相同，由四个平面组成；左右两面是大小不等的两个长方形，长方形的长和宽在两个视图上均反映实长；前后两面是形状相同的两个直角梯形，在主视图上反映实形。

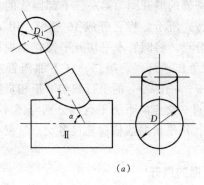

(a)

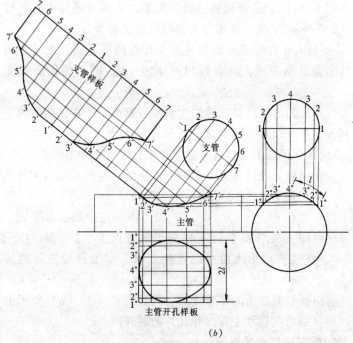

(b)

图 4-29　异径斜三通的展开

(a) 异径斜三通实形；(b) 展开图

中间一节Ⅱ也由四个平面组成：前后两面是形状相同的平行

四边形，主视图上反映其实形；左右两面是形状相等的矩形，边长在两个视图上均反映实长。

因为矩形来回弯的Ⅰ、Ⅱ、Ⅲ三节表面上的棱线都是互相平行的，因此可以用平行线法进行展开。实际上如果将前后两面的位置互相调换，则成为一个矩形直管。因此，可以把三节的展开图拼合成一个长方形。这样做可以节约材料。只是在实际工作中要注意留裕量。

图 4-30 所示得矩形来回弯的展开步骤如下：

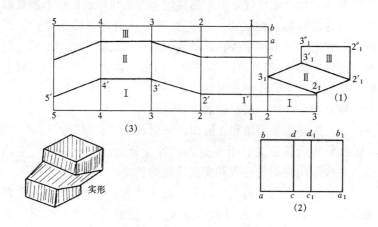

图 4-30　矩形来回弯的展开

（1）根据实形画主视图和俯视图（1）、（2）。

（2）在主视图上延长 3—3_1 至 b，截取 3_1—a 等于 3_1—$3_1'$，a—b 等于 $3_1'$—$3_1''$，c—b 等于 $2_1'$—$2_1''$。

（3）在主视图上延长 2—3，在延长线上分别截取 1—2，2—3，3—4，4—5 等于俯视图（2）上的 d_1—c_1，c_1—a，a—b，b—d_1，过 1、2、3、4、5 各点作铅垂线，铅垂线 1—1，2—2，3—3，4—4，5—5 则是矩形来回弯的棱线如图（3）。

（4）作Ⅰ节的展开图。根据上面的分析，过主视图（1）上的 2_1、3_1 点分别引水平线与图（3）上的 5 条棱线相交于 $1'$、$2'$、$3'$、$4'$、$5'$，依次连接各交点，则得到Ⅰ节的展开图 1—$1'$—$5'$—

113

5，如图 4-30（3）。

（5）Ⅱ、Ⅲ节展开图的作法与上述Ⅰ节展开图的作法相同。

（五）放射线展开法

如果制件表面是由交于一点无数条斜素线构成的，可以采用放射线法进行展开。放射线展开法主要适用于锥体侧表面及其截体的展开，如伞形吸气罩、伞形风帽和锥形风帽、圆锥形散流器等。因为锥体侧表面是由一组汇交于一点的直素线构成的，因此，可利用足够多的素线将其侧表面划分为足够多的小平面三角形（近似平面），当把这些小平面三角形依次摊平在一个平面上时，则得到这个壳体侧表面的展开图。

放射线展开的一般步骤如下：

（1）先画出平面图和立面图，分别表示周长和高。

（2）将周长分为若干等分，从各等分点向立面图底边引垂线，并表示出它们的位置和交点连接的长度。

（3）再以交点为圆心，以斜线的长度为半径，作出与平面图周长等长的弧，在弧上划出各等分点，把各等分点与交点（圆心）相连接。再根据各等分点在立面图上的实长为半径，在其对应的连线上截取，连接各截点即构成展开图。

1. 正圆锥体的展开

图 4-31 所示为正圆锥体的放射线法展开，作展开图的步骤是：

（1）在俯视图上将圆锥的底部圆周分成 12 等分。

（2）过圆锥底部圆周各分点向主视图引垂线，与底部圆周投影相交，将各交点与正圆锥顶点"O"连接。这样，在主视图和展开图上都相应地出现了一组放射线，$O—1$，$O—2$……，$O—12$，见图 4-31（b）。正圆锥的展开图是一个扇形。

展开图上的各弧 12，23，……的长度等于俯视图上相应的 12，23，……的弧长。展开图上的 $O—1$，$O—2$……$O—12$ 各线段长相等，即等于主视图上的斜边 O—7 或 O—1 线段的长度。主视图上 O—2，O—3，…O—6 未反映圆锥体侧面上相应线段的实长，而比实长短了，这是因为倾斜线投影的缘故。

实际工作中，对于正圆锥壳体的展开，可以省略俯视图，只要以任一点 O 为圆心，以主视图上轮廓线为半径作扇形，扇形的弧长等于圆锥底面圆周长。这个扇形则是圆锥体的展开图。扇形圆心角 α 的计算公式如下：

$$\alpha = 180° \frac{D}{R}$$

式中　　D——圆锥底圆直径；

　　　　R——主视图上的轮廓线。

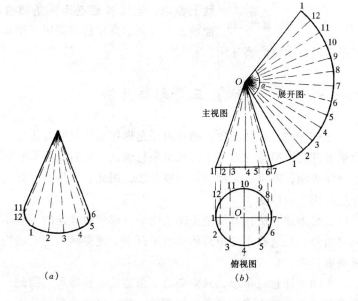

图 4-31　正圆锥的放射线法展开

（a）正圆锥；（b）展开图

2. 斜口圆锥的展开

图 4-32 所示为斜口圆锥的展开图，其展开步骤是：

115

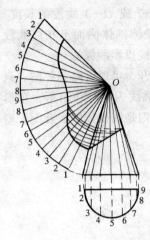

图 4-32 斜口圆锥展开图

(1) 先画出斜口圆锥的主视图和俯视图，以表示出高和周长。

(2) 将周长分为若干等分，并将各分点向主视图底边引垂线，示出它们的位置和交点连接的长度。

(3) 将主视图两边向上延长，得交点 O，再以交点 O 为圆心，以斜边长度为半径，作出与底部周长等长的圆弧。同时，划出各分点，把各分点与交点相连接。再根据各分点在主视图上实长为半径，在各分点对应的连线上截取，连接各截点为一条圆滑的曲线，即为斜口圆锥的展开图。图 4-32 所示为斜口圆锥的展开图。

（六）三角形展开法

用毗连的且无共同顶点的一组三角形作展开图的方法称为三角形展开法，简称三角形法。凡是平行线法、放射线法不能展开的物体表面，都可以采用三角形展开法，因此，三角形展开法的应用范围比较广泛。

三角形展开法，就是把壳体表面划分成依次毗连的一组小平面三角形，把这些小三角形依次铺平开来，便得到所需要的物体表面展开图。

要画出任意三角形，只要知道三条边的实长即可。因此三角形展开法必须首先求出三条边的实长，然后才能做出展开图。求实长的方法，可以采用直角三角形法和直角梯形法两种。

当零件的中心（轴）线与水平投影面相垂直时可采用直角三角形法；当零件的中心（轴）线与水平投影面相互倾斜时则采用直角梯形法。

1. 矩形管大小头的展开

图 4-33（a）所示为方管过渡接头的立体图，（b）为主视图

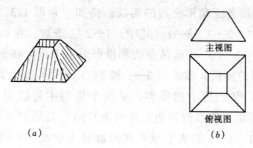

（a）　　　　　　　　（b）

图 4-33　方管过渡接头

（a）立体图；（b）主视图、俯视图

和俯视图。从图中可知，该接头的表面由四个等腰梯形组成，这四个等腰梯形与基本投影面都不平行，所以在主视图和俯视图上，都没有反映出它们的真实形状。为了求得等腰梯形的真实形状，可以采用如图 4-34 所示的展开法：

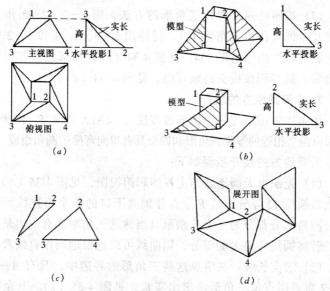

（a）　　　　　　　　（b）

（c）　　　　　　　　（d）

图 4-34　直角三角形求实长的方法与展开

（a）主、俯视图；（b）、（c）用三角形法求实长；（d）展开图

117

（1）作四面等腰梯形的对角线，使一个梯形变成两个三角形，见图 4-34（a）。

（2）求出各三角形三边的实长。例如三角形 123，它的三边分别是 1—2、2—3、3—1。其中，1—2 这条边，在俯视图上为实长，但 2—3 和 3—1 这两条边和投影面不平行，在俯视图上都找不到它们的实长。欲求出 3—1 和 2—3 这两条边的实长，可以参见图 4-34（b）所示的模型，从这个模型中可以看出，3—1，2—3 都是直角三角形的斜边，这两个直角三角形的两个直角边，分别为 3—1，2—3 的水平投影和过渡接头的高，3—1，2—3 的水平投影，可以从俯视图上找到，而 3—1，2—3 的投影高度又能从主视图上找到。因此模型右面的两个直角三角形就很容易作出，则 3—1、2—3 的实长即可求出，见图 4-34（a）。

另一个三角形 234 的三条边 2—3、3—4 和 4—2，从图 4-34（b）可以看出，4—2 和 3—1 相等，3—4 在俯视图上已反映实长，而 2—3 的实长在上面已经用直角三角形法求得。

（3）按照已知三边作三角形的方法，用 1—2、2—3 和 3—1 的实长，即可作出三角形 123。同样用 2—3、3—4 和 4—2 的实长，就可以作出三角形 234，见图 4-34（c）。如果连续作出全部三角形，就得到该接头的展开图，见图 4-34（d）。

2. 正天圆地方的展开

图 4-35（a）所示是一个圆方过渡接头，又叫天圆地方。该接头的表面由四个相等的等腰三角形和四个具有单向弯度的圆角组成。

天圆地方的展开步骤如下：

（1）先画出天圆地方的主视图和俯视图，见图 4-35（b），将其上口圆周 12 等分，过等分点分别向下口的四个角连线，致使每一圆角部分都分为三个三角形（当然这三角形都有一边是曲线的，若将圆周作更多的等分，则曲线可以近似地当作直线看待）。

（2）求实长线。在组成这些三角形的各边中，只有 A—1 和 A—2 需要用直角三角形法求出实长，见图 4-35（c）。其余各边均在俯视图上反映实长。

（3）作展开图，按照上述已知三角形三边实长作三角形的方法，就能得到天圆地方的展开图，见图4-35（d）。

（4）同理，若在这个接头等腰三角形的表面中部作一条 a—4 接缝线，则主视图上斜边 A—1 长也就反映了 a—4 的实长，故这个接头的展开只需要求出 A—2 一根线的实长。

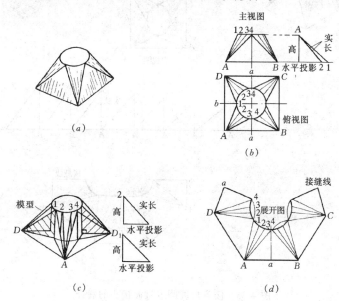

图 4-35　天圆地方的展开

（a）立体图；（b）主视图、俯视图；（c）求实长；（d）作展开图

3．任意角度圆方过渡接头的展开

图 4-36（a）所示是一个上底面斜截的圆方过渡接头。现按图 4-36（b）作出它的主视图、俯视图及上口圆周断面图，同样将其表面分成 12 个三角形。可以看出 A—1，A—2，…，B—6，B—7 各线的长度均不相等，要采用直角三角形法分别求出它们的实长，见图 4-36（c）。各线实长求出后，图 4-36（b）右面是将 7 个直角形重叠在一起求实长的作图方法，就可按已知三边作三角形的方法，作出这个任意角度圆方过渡接头的展开图，见图 4-36（d）。

同理，主视图上的 A—1 反映了俯视图上 b—1 的实长，B—

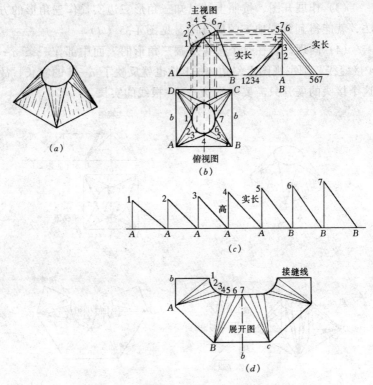

图 4-36　任意角度圆方过渡接头的展开

(a) 立体图; (b) 主视图、俯视图; (c) 求实长; (d) 展开图

7反映了 b—7 的实长。故作该接头的展开图时，主视图上的 A—1 与 B—7 的实长就可不必求出。

4. 正圆锥台的展开

图 4-37 (a) 所示是一个正圆锥台，由于其锥度小，下口直径大，如采用放射法展开则受到工作条件限制，可采用三角形展开法。

画展开图的步骤是:

(1) 作出主视图 (b) 和俯视图 (c)，将其上下口分成12等分，使表面组成 24 个三角形，见图 4-37 (b)、(c)。

(2) 采用直角三角形法求 1—2 线的实长。如图 4-37 (b) 主

120

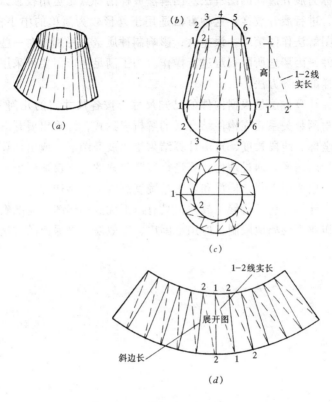

图 4-37　正圆锥台的展开

（a）正圆锥台；（b）主视图；（c）俯视图；（d）展开图

视图右，作正圆锥台的高 1—1′，在下口延长线上取 1′—2′ 等于水平投影中的 1—2，连接 1—2′，即为 1—2 线的实长。

（3）按照已知三边作三角形的方法，依次作三角形，即可得到正圆锥台的展开图，见图 4-37（d）。

（七）放样下料计算方法简介

前面所介绍的平行线法、放射线法、三角形法、直角梯形法统称为展开放样的图解法。图解法放样的特点是运用投影原理作图，进行展开放样。这种方法适用于外形较为简单的中小构件。但图解法作图繁琐，误差大，影响制件质量。特别是对一些大型构件，因场地所限很难进行操作。为了满足生产需要可采用展开放样的计算方法。

计算方法是根据构件的已知尺寸，按各尺寸间的几何关系、三角函数关系建立构件结合线的解析表达式，计算出展开图中点的坐标、线段长度，再由计算结果绘出展开图形，或由计算机直接绘出图形。通过理论计算进行展开放样的，不仅适用于一般构件，也适用于复杂构件和要求精确度高的大中型构件。

计算方法进行展开放样，具有以下优点：作图迅速准确，放样作业不受场地限制，应用范围广，工效高，确保产品质量。

五、金属风管及配件、部件的制作

(一) 风管系统加工草图的绘制

通风工程施工图是进行风管及配件、部件制作以及现场安装的主要依据。根据《通风与空调工程施工质量验收规范》(GB50243—2002) 的"术语"定义：风管配件是指风管系统中的弯管、三通、四通、各类变径管及异径管、导流叶片和法兰等；风管部件是指风管系统中的各类风口、阀门、排气罩、风帽、检查门和测定孔等。

在通风空调工程施工图中，虽然标明了通风系统的位置、标高、风管形状和管径（或边长），除了部件如阀门、送风口、回风口等，可按标准图制作外，风管及管件的具体尺寸，如风管的长度、三通或四通的高度及夹角，弯头的曲率半径等，均不能在施工图上确切地表达出来。因此，为了将设计变为现实，还需要根据施工图提供的已知条件，进行计算分析，在施工现场进行实际测量，绘制出草图，以确定出管道、配件的具体加工尺寸和安装尺寸，以供加工制作和现场安装使用。

1. 现场实测的内容

实测就是在建筑物中测量与安装通风系统有关的建筑结构尺寸，通风管道预留孔洞的位置和尺寸，通风设备进出口的位置、高度、尺寸等。具体的内容如下：

(1) 安装通风系统部位的柱子之间、隔墙与隔墙之间、预留孔洞之间、隔墙与外墙之间的距离以及楼层高度、地面到屋顶的高度等。

（2）与通风系统有关的外墙厚度、窗子的高度和宽度、隔墙厚度、柱子的断面尺寸，梁的底面与平顶的距离、平台高度等。

（3）预留孔洞的尺寸和相对位置，离墙的距离和标高。

（4）通风、空调系统设备与风管连接口的高度、位置及尺寸，如风机出风口离地面的高度及平面位置、尺寸等。

（5）通风、空调系统设备的基础或支架的尺寸，高度以及离墙的距离等。

（6）空调器内过滤器、空气加热器以及通风机吸风口的位置、尺寸。

（7）与通风管道系统相连接的工艺设备的连接口的位置、高度、尺寸及其与风管的相对位置。

现场实测时，应注意风管是否与建筑物或其他管道相碰。如发生相碰应向建设单位或设计单位提出解决。

将实测所得的尺寸分别记在草图上，即图中加字母 X 的数据。

2．实测草图的绘制

现场实测的具体内容应根据工程施工图和实际需要确定。如图 5-1 所示的排风系统绘制草图，步骤如下：

（1）先根据图纸设计和实测结果确定风管的标高。

（2）确定干管及支管中心线离墙和柱子的距离。为了便于组装风管法兰，风管离墙面要有 150mm 的距离。

（3）按规范或其他有关规定确定三通、四通的高度及夹角，确定弯头角度及弯头的弯曲半径。

（4）按照支管之间的距离和上项风管配件的尺寸，算出直风管的长度。

（5）按图纸确定的空气分布器、排气罩等离地坪的高度和干管的标高，扣除三通和弯头的位置和尺寸，标出支管的长度。

（6）按照通风机标高及风帽的标高，标出排气竖管的长度。

（7）按照施工规范和通风支吊架标准图集和现场情况，确定支架安装的数量、位置、结构形式和安装所需要的加工件。

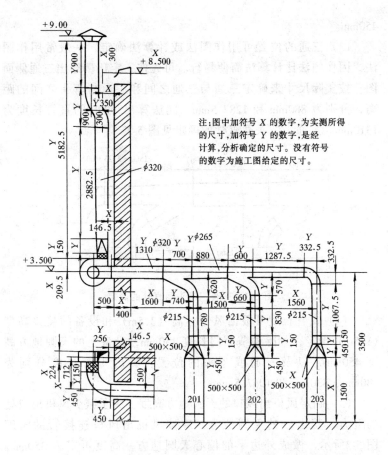

图 5-1 排风系统绘制草图

通过以上实测和草图的绘制，明确解决了以下问题：

（1）经实测，可以按图纸标高 3.5m 安装风管，干管中心线离墙的距离，可按设计给定的距离 500mm。

（2）按施工规范的规定把三通夹角确定为 30°，并定出高度分别为 700mm 和 600mm。弯头的弯曲半径为直径的 1.5 倍，即直径 215mm 的弯头为 332.5mm（可取整数 350mm），直径 320 mm 的弯头为 480mm。因考虑通风机离墙距离为 500mm，为了便于法兰盘上紧螺栓，直风管应伸出墙外 50mm，所以曲率半径定为

125

450mm。

（3）三通的位置可用作图法或计算法确定，一般常用作图法，因作图法比计算法简便易行。可先按一定比例绘出三通侧面图，按实际尺寸来确定三通与三通之间和三通与弯头之间的距离，分别为 880mm 和 1287.5mm。同法算出 $\phi320$ 的直管长度为 1310mm。三通、弯头间直管的确定见图 5-2。

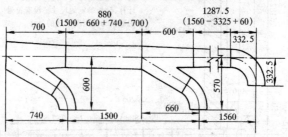

图 5-2　三通、弯头间直管的确定

（4）支管长度可根据风管标高（3.5m）和设备的接口高度（1.5m）确定，扣除调节阀门长度150mm，设备上的天圆地方高度450mm，以及三通或弯头的位置，算出支管长度分别为780mm、830mm 和1067.5mm。

（5）确定风机出风口的天圆地方高度。为了减少风机出口处的阻力，其出口的天圆地方，应按风机出风口连接管的角度图 5-3所示，做成外边平的偏心天圆地方，高度可定为 350mm。天圆地方与风机出风口之间的帆布短管长度确定为 150mm。

（6）根据檐口突出墙面的距离和风机出风口天圆地方离墙的距离，确定室外竖管来回弯的偏心距为300mm，来回弯长度为900mm。

（7）根据风帽的标高和风机的标高，并考虑到檐口的标高，确定风帽到来回弯的直管长度为900mm，来回弯至天圆地方的直管长度为2882.5mm。

为了弥补加工或测量时的误差，一般直管长度应比上述计算的长度放长 30～50mm。

把以上经计算分析得出的尺寸，分别填写在图 5-1 上（图中加字母 Y 的数字），图 5-1 即可作为该排风系统的加工和组装的草图了。

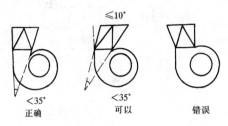

图 5-3　风机出风口连接管的角度

为了便于送交加工，可以如表 5-1 所示把风管、配件分别绘制成单件加工草图，并列出工程量，注明所用材料。对于可以采用标准图加工的部件和阀件，如伞形风帽、圆形蝶阀等，应列明规格和数量，并注明标准图号。

风管及配件加工表　　　　　　　　　　　　　表 5-1

序号	名称	简　图	规　格　及　数　量			加工及材料要求
			尺寸（mm）		数量	
			D	l		
1	直风管		320	900	1	加工： 1. 咬口连接 2. 扁钢法兰 3. 风管内表面刷红丹漆一道；外表面刷红丹漆、灰调合漆各两道 材料：薄钢板，δ = 0.7 mm
			320	2882.5	1	
			320	1310	1	
			265	880	1	
			215	1287.5	1	
			215	780	1	
			215	830	1	
			215	1067.5	1	

序号	名称	简图	尺寸（mm）						加工及材料要求
2	三通		D	D'	d	α	H	H'	加工及材料要求与直管同 数量：各一个
			320	265	215	30°	700	670	
			265	215	215	30°	600	580	

127

序号	名称	简图	规格及数量					加工及材料要求

序号 3 弯头

			尺寸（mm）			数量	
			D	R	a		
3	弯头		320	450	90°	1	加工及材料要求与直管同
			215	332.5	90°	1	
			215	332.5	60°	2	

序号 4 天圆地方

			尺寸（mm）				数量	
			D	A×B	H	C		
4	天圆地方		265	500×500	450	—	3	加工及材料要求与直管同；矩形法兰采用角钢制作
			320	356×224	350	32	1	

序号 5 帆布软管

			尺寸（mm）			数量	
			D	A×B	l		
5	帆布软管		320		150	1	加工：1. 角钢法兰并与帆布软管连接紧密 2. 帆布刷干性油漆两道 材料：16号帆布
			—	256×224	150	1	

序号 6 来回弯

			尺寸（mm）			数量	
			D	A	C		
6	来回弯		320	900	300	1	加工及材料要求与直管同

序号 7 部件

		名称	规格	数量	图号
7	部件	伞形风帽	No 6	1	（现行标准图号）
		圆形蝶阀	No 8	3	（现行标准图号）

（二）风管制作

根据具体使用条件，金属风管的常用板材有普通薄钢板、镀锌薄钢板、不锈钢板和铝板等。

风管的连接方式大致分为法兰连接和无法兰连接两种。法兰连接是传统的连接方式，其优点是牢固可靠，使风管和法兰具有较好的强度和刚度，缺点是耗用钢材多，工程成本高；无法兰连接的优点是可以节省法兰连接所用的角钢和螺栓，有利于制作实现更高程度的机械化，减轻风管自重，施工方便，加快工程进度等优点。在无法兰连接接头严密性方面，只要操作正确，所用零件质量可靠，并且与制作工艺要求相一致，按规定涂密封胶，其漏风量远比角钢法兰连接要小。

1．风管直径系列、工作压力及板材厚度

金属风管的断面有圆形和矩形两种。风管的直径尺寸已经系列化了，根据现行《通风与空调工程施工质量验收规范》（GB50243—2002）的规定，圆形风管的直径规格系列见表 5-2，矩形风管的直径规格系列见表 5-3。

圆形风管的断面尺寸是指风管的外径；矩形风管的断面尺寸是指风管的外边长，以宽度乘以高度标注，表 5-3 中的尺寸系列可以组合出许多矩形风管断面规格，一般宽度大于高度，宽度与高度之比越接近 1，越经济；宽度与高度之比不宜超过 3，最大不宜超过 8。矩形风管断面宽度与高度之比从 1:1 到 8:1，风管表面积要增加 60%，阻力也大大增加，是非常不经济的。通风空调工程施工图纸中如果有风道（一般用砖砌筑或混凝土浇筑），则上述规格分别指圆风道的内径和矩形风道的内边长。

圆形风管的直径规格系列（mm）　　　　　　表 5-2

风 管 直 径 D			
基本系列	辅助系列	基本系列	辅助系列
100	80	500	480
	90	560	530
120	110	630	600
140	130	700	670
160	150	800	750
180	170	900	850
200	190	1000	950
220	210	1120	1060
250	240	1250	1180
280	260	1400	1320
320	300	1600	1500
360	340	1800	1700
400	380	2000	1900
450	420		

矩形风管的直径规格系列（mm） 表 5-3

风 管 边 长				
120	320	800	2000	4000
160	400	1000	2500	—
200	500	1250	3000	—
250	630	1600	3500	—

风管系统的类别按其系统的工作压力划分为如表5-4所列的三个类别。

金属风管的材料品种、规格、性能与厚度等应符合设计的规定。当设计无规定时，应按现行规范执行：即钢板或镀锌钢板的厚度不得小于表5-5的规定；不锈钢板的厚度不得小于表5-6的规定；铝板的厚度不得小于表5-7的规定。

风管系统的类别 表 5-4

系统类别	系统工作压力 P（Pa）	强度要求	密封性要求	使用范围
低压系统	$P \geqslant 500$	一般	接缝和接管连接处要严密	一般空调及排气等系统
中压系统	$500 < P \leqslant 1500$	局部增强	接缝和接管连接处增加密封措施	空气洁净新标准6（N）级（相当于旧标准1000级）及以下空气洁净、排烟、除尘等系统
高压系统	$P > 1500$	特殊加固不得用按扣式接缝	所有的拼接缝和接管连接处均应采取密封措施	空气洁净新标准6（N）级（相当于旧标准1000级）以上空气洁净、气力输送、生物工程等系统

用金属薄板制作风管，可根据板材厚度和系统的严密要求，来选用咬口连接、铆钉连接及焊接等。金属风管的一般连接方式已在表3-2中介绍过，其中，镀锌钢板及各类含有复合保护层的钢板，应采用咬口连接或铆接，不得采用影响镀锌层和复合保护

层防腐性能的连接方法。

钢板或镀锌钢板风管的板材厚度（mm） 表 5-5

| 风管直径 D 或长边尺寸 b | 圆形风管 | 矩形风管 | | 除尘系统风管 |
		中、低压系统	高压系统	
D（b）≤320	0.5	0.5	0.75	1.5
320＜D（b）≤450	0.6	0.6	0.75	1.5
450＜D（b）≤630	0.75	0.6	0.75	2.0
630＜D（b）≤1000	0.75	0.75	1.0	2.0
1000＜D（b）≤1250	1.0	1.0	1.0	2.0
1250＜D（b）≤2000	1.2	1.0	1.2	按设计
2000＜D（b）≤4000	按设计	1.2	按设计	

注：（1）螺旋风管的钢板厚度可适当减小 10%～15%。
（2）排烟系统风管钢板厚度可按高压系统。
（3）特殊除尘系统风管钢板厚度应符合设计要求。
（4）不适用于地下人防与防火隔墙的预埋管。

高、中、低压系统不锈钢板风管的板材厚度（mm） 表 5-6

风管直径 D 或长边尺寸 b	不锈钢板厚度
D（b）≤500	0.5
500＜D（b）≤1120	0.75
1120＜D（b）≤2000	1.0
2000＜D（b）≤4000	1.2

中、低压系统铝板风管板材厚度（mm） 表 5-7

风管直径 D 或长边尺寸 b	铝板厚度
D（b）≤320	1.0
320＜D（b）≤630	1.5
630＜D（b）≤2000	2.0
2000＜D（b）≤4000	按设计

2. 风管制作的一般要求

咬口接缝对风管起加强作用，风管的变形较小。薄钢板风管的厚度一般小于或等于 1.2mm 的应采用咬口连接；板厚大于 1.2mm 的，可采用焊接。用镀锌钢板制作的风管，板厚小于或等于 1.2mm，采用咬口连接；板厚大于 1.2mm 的，采用铆钉连接，以避免采用焊接而破坏镀锌层。

不锈钢板风管制作，板厚小于或等于 1mm，采用咬口连接，板厚大于 1mm，采用焊接。

铝板风管制作，板厚小于或等于 1.5mm，采用咬口连接；板厚大于 1.5mm，其咬口缝宽度较大，不利于机械加工，应采用焊接。

风管的密封，主要靠板材连接时的密封来实现，只有当密封要求较高时，才采用密封胶嵌缝的方法。

制作金属风管时，板材的拼接咬口和圆形风管的闭合咬口可采用单咬口；矩形风管或配件的四角组合可采用转角咬口、联合角咬口、按扣式咬口；圆形弯管的组合可采用立咬口。制作风管时，板面应保持平整，应严格控制四边的角度，防止咬口后产生扭曲、翘角等现象。咬口缝应紧密，宽度均匀，纵面接缝应错开一定距离。

空气洁净系统的风管咬口缝不但要严密，而且板材应减少拼接。矩形风管大边超过 800mm，应尽量减少纵向接缝，800mm 以内的不应有拼接缝，以减少风管内集尘。在加工制作过程中，应保持风管内的清洁，尽可能使风管内面的镀锌层不被破坏，选择远离尘源的清洁加工场地；制作好的风管两端在安装前应进行临时封口，防止灰尘进入管内。

圆形和矩形风管的管段长度，应根据实际需要和板材的规格而定，一般管段长度为 1.8 ~ 4.0m。风管的加工长度应比实测时的计算长度放长 30 ~ 50mm。

风管外径或外边长的允许偏差应按负偏差控制：当外径或外边长小于或等于 300mm 时为 − 2 ~ 0mm；当外径或外边长大于 300mm 为 − 3 ~ 0mm。管口平面度的允许偏差均为 2mm，矩形风管两条对角线长度之差不应大于 3mm；圆形法兰任意正交两直径之差不应大于 2mm。

焊接风管的焊缝应平整，不应有裂缝、凸瘤、穿透的夹渣、气孔及其他缺陷，焊接后板材的变形应矫正，并将焊渣及飞溅物清除干净。

金属法兰连接风管的制作还应符合下列规定：

（1）法兰平面度的允许偏差为2mm，同一规格法兰的螺孔排列应一致，并具有互换性。法兰的制作焊缝应熔合良好。

（2）风管与法兰采用铆接连接时，每个铆钉都要铆接牢固、不应有脱铆和漏铆；风管翻边应平整、紧贴法兰，宽度应一致，且不应小于6 mm，咬缝与四角处不应有开裂与孔洞。

（3）风管与法兰采用焊接连接时，风管端面不得高于法兰接口平面。除尘系统的风管，宜采用内侧满焊、外侧间断焊形式，风管端面距法兰接口平面不应小于5mm。

当风管与法兰采用点焊固定连接时，焊点应融合良好，间距不应大于100mm；法兰与风管应紧贴，不应有缝隙或孔洞。

（4）当不锈钢板或铝板风管的法兰采用碳素钢时，其规格应符合表5-12的规定，并应根据设计要求作防腐处理；铆钉应采用与风管材质相同或不起电化学腐蚀的材料。

3. 圆形风管制作和无法兰连接

圆形风管刚度较大，用料省，多用于工业送排风工程。圆形风管的制作尺寸应以外径为准，并用 ϕ 表示直径。圆形风管的展开可直接在板材上划线，在展开划线之前，应对板材的四边严格角方，根据图纸给定的直径 D，管节长度 L，然后按风管的圆周长 πD 及 L 的尺寸作矩形，并应根据板厚留出咬口留量 M 和法兰翻边量（翻边量一般为 8 ~ 10mm）。风管如采用对接焊时，可不放咬口留量。法兰与风管采用焊接时，也不再放翻边量。

制作直径较小的风管时，可用板宽 750mm （或 900mm、1000mm）来展开圆周长 πD。当直径较大，板宽不够展开圆周长加咬口留量时，可用板长来展开圆周长。当直径很大，板长仍不够展圆周长时，可用板长方向再拼接一块板材来展开圆周长，但纵向咬口缝应交错设置。展开好的板材，可用手工或机械进行剪切、咬口，在拍制圆形风管闭合缝时，应注意两边的咬口，应一正一反，如图 5-4 所示，拍制好咬口，可进行卷圆并把咬口压实，就成风管。风管的管段长度，应按对现场的实测需要和板材规格来决定，一般可接至 3～4m 设一副法兰。

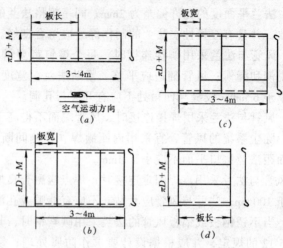

图 5-4 圆形风管下料形式

当风管采用焊接或横向缝采用焊接时，也以板长或板宽来展开圆周长，加工卷制后，再焊成 3～4m 长的管段。风管展开时，应注意图形排列，纵向焊缝应交错设置，尽量节省板料或减少板料接缝长度。当拼接板材纵向和横向咬口时，应把咬口端部切出斜角，避免咬口处出现凸瘤。

关于风管的卷圆已经在"三、（四）2"中介绍过。

圆形风管的无法兰连接主要用于一般送排风系统的钢板圆风管和螺旋缝圆风管的连接。圆形风管的无法兰连接有承插连接、芯管连接（有的资料中称为插接式连接）、抱箍连接等多种形式，

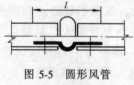

图 5-5 圆形风管
的芯管连接

见表 5-8。各种无法兰连接工艺一般都是在车间集中加工制作，现场对号组装的施工方法。圆形风管的无法兰连接最常用最简单的芯管连接应符合图 5-5 及表 5-9 的要求。

圆形风管无法兰连接形式　　　　　　　　　表 5-8

无法兰连接形式		附件板厚（mm）	接口要求	使用范围
承插连接		—	插入深度≥30mm，有密封要求	低压风管，直径＜700mm
带加强筋承插		—	插入深度≥20mm，有密封要求	中、低压风管
角钢加固承插		—	插入深度≥20mm，有密封要求	中、低压风管
芯管连接		≥管板厚	插入深度≥20mm，有密封要求	中、低压风管
立筋抱箍连接		≥管板厚	翻边与楞筋匹配一致，紧固严密	中、低压风管
抱箍连接		≥管板厚	对口尽量靠近不重叠，抱箍应居中	中、低压风管、宽度≥100mm

圆形风管的芯管连接要求　　　　　　　　　表 5-9

风管直径 D（mm）	芯管长度 l（mm）	自攻螺钉或抽芯铆钉数量（个）	外径允许偏差（mm）	
			圆 管	芯 管
120	120	3×2	−1～0	−3～−4
300	160	4×2		
400	200	4×2	−2～0	−4～−5
700	200	6×2		
900	200	8×2		
1000	200	8×2		

135

承插连接大致分为直接承插连接和带加强的承插连接，具体做法是将风管的一头比另一头尺寸做得稍大点，然后插入连接，用拉铆钉或自攻螺钉固定两节风管连接位置，在接口缝内、外涂抹密封胶，完成风管段的连接。这种连接形式结构简单，用料也最省，但接头刚度较差，所以仅用在断面较小的圆形风管上。

　　芯管连接是利用中间连接件（芯管）两头分别插入两节风管相连接，然后用拉铆钉或自攻螺钉将芯管和风管连接端固定，并用密封胶将接缝密封。这种连接方式一般都用在圆形风管和椭圆形风管上。由于采用中间件芯管，芯管中间又有一个半圆压筋，使两边接头刚度增强。

　　4. 矩形风管制作

　　（1）一般矩形风管制作

　　一般矩形风管的制作方法与圆形风管大致相同。

　　过去采用手工制作风管时，一般当风管周长加咬口裕量总长小于板宽时，设一个角咬口连接；板材宽度小于风管周长、大于1/2周长时，可设两个转角咬口连接；当风管周长更大时，可在风管四个边角，分别设四个角咬口连接。现在机械咬口在全国已经广泛采用，矩形风管的纵向闭合缝，均设在风管的四个边角上。矩形风管的纵向闭合缝设在边角上，可使风管有较高的机械强度。

　　矩形风管下料并制作咬口后，可用手工或机械方法折方。手工折方时，应先在板材上划好折弯线，将板材放在工作台上，使折弯线和槽钢边对齐。较长的风管一般由两人操作，分别站在板材两端，一手把板材压在工作台上，不使板材移动，一手将板材向下压，弯成90°角。然后用木拍板修整，打出棱角，并使板材平整。当机械折方时，其操作和扳制角咬口立折边相同。

　　矩形风管的管段长度一般以板长1800mm、2000mm作为管段长度。如采用卷板，其管段根据实际情况可以加长。

　　（2）无法兰连接的矩形风管制作

矩形风管的无法兰连接，可按不同情况采用承插式连接（见图 5-6）以及表 5-10 中所列的 9 种连接形式，这 9 种连接形式都载于《通风与空调施工及验收规范》1997 年版本和 2002 年版本中，按其结构可分为以下插条、咬合、薄钢板法兰和混合式连接 4 种类型：

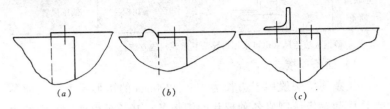

图 5-6　矩形风管的承插式连接

（a）承插连接；（b）带加强筋承插；（c）角钢加强承插

矩形风管无法兰连接形式　　　　　　　　　　　表 5-10

无法兰连接形式		附件板厚（mm）	使用范围
S形插条		≥0.7	低压风管单独使用，连接处必须有固定措施
C形插条		≥0.7	中、低压风管
立插条		≥0.7	中、低压风管
立咬口		≥0.7	中、低压风管
包边立咬口		≥0.7	中、低压风管
薄钢板法兰插条		≥1.0	中、低压风管
薄钢板法兰弹簧夹		≥1.0	中、低压风管

137

无法兰连接形式		附件板厚（mm）	使用范围
直角形 平插条		≥0.7	低压风管
立联角 插条		≥0.8	低压风管

注：薄钢板法兰风管也可采用铆接法兰条连接的方法。

1）插条连接

插条连接一般用于边长为 120～800mm 的矩形风管上。插条就是用薄钢板压制成各种形状的钢板条，其长短由连接风管的边长而定。

（A）C 形插条连接

C 形插条连接是利用 C 形插条插入端头翻边 180°的两风管连接部位，牢固地将风管扣咬住，达到连接目的，其中插条插入风管两对边和风管接口相等，另两对边各长 50mm 左右，使这两长边每头翻压 90°，盖压在另一插条端头上，完成矩形风管的四个直角定位，并用密封胶将接缝处密封。这种连接方式多用于长边 630mm 以内的风管。

有的资料中把 C 形插条连接称为平插条连接，主张用于边长 460mm 以内的矩形风管连接。此种连接方式的适用范围，施工验收规范未作规定，实际工作中应保证风管有足够的强度和刚度，并应取得设计和监理单位的同意。

（B）S 形插条连接

S 形插条连接是利用中间连接件 S 形插条，将要连接的两根风管的管端，分别插入插条的两面槽内，四角处理方法同"C 形插条连接"。由于 S 形插条风管是轴向插入槽内，故必须采取预防风管与插条轴向分离的措施，一般采用拉铆钉、自攻螺钉固定，或两对边分别采用 C、S 形插条混用方法。

（C）立插条连接

立插条连接是一种比较简单的连接方式，适用于边长为 500 ~ 1000mm 的矩形风管连接。

（D）直角形插条连接

直角形插条连接是一种利用 C 形插条从中间外弯 90°作连接件，插入矩形风管主管平面与支管管端的连接。将主管平面开洞，洞边四周翻边 180°，翻边后净留孔尺寸恰好等于所连接支管断面尺寸，支管管端翻边 180°，与连接口对合后，四边分别插入已折成 90°的 C 形插条，四角处理同"C 形插条连接"。

采用上述各种插条连接的风管系统的适用范围，在表 5-8 中已经明确。至于哪一种连接形式适用于何种风压、何种风速的系统，并没有严格的规定。

风管采用上述各种插条连接后，应使用密封胶对缝隙进行密封处理，以减少风管的漏风量，见图 5-7。

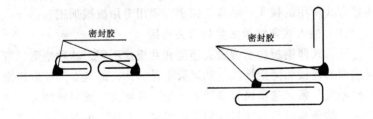

图 5-7　风管插条连接后的密封

2）咬合连接

（A）立咬口连接

立咬口连接是利用风管两头四个面分别折成一个 90°和两个 90°，形成两个折边（即一公一母）。连接时，将一公端插抵到母端，然后将母端外折边翻压到公端翻边背压紧，再每间隔 200mm 左右用铆钉铆固。为了堵严并固定四角，在合口时四角各加上一个 90°贴角。全部咬合完后，在咬口接缝处涂抹密封胶。

立咬口连接方式由于不需要插条，有的资料中也称为直接连接，可用于边长小于 300mm 的风管上。

（B）包边立咬口连接

包边立咬口连接方式和立咬口基本相同，只不过咬口不是完全由自身翻边相互咬合而成。包边立咬口是将风管管端四边均翻一个垂直立边，然后利用一个公用包边将连接管头的两翻边合在一起并用铆钉紧固。风管连接四角和立咬口连接一样，需用贴角以保证风管四角的刚度和密封。全部连接完后，接缝处涂抹密封胶。

3）薄钢板法兰弹簧夹连接

（A）共板式薄钢板法兰弹簧夹连接

共板式薄钢板法兰弹簧夹连接，是利用咬口机在矩形风管的端头四面压出相当于连接法兰面及加固的压紧面，连接时每根风管四角的90°翻边法兰插入压制贴角，法兰间放入密封材料，然后在四角各把上一个螺栓，四边用薄钢板制的弹簧夹卡紧。这种连接方式所用的接头、贴角、弹簧夹要用专用机械加工。

（B）插入式薄钢板法兰弹簧夹连接

插入式薄钢板法兰弹簧夹连接和共板式不同，这种矩形风管管端四面连接的薄钢板法兰和风管不是一体，而是专门压制出来的空心法兰条，连接风管管端四个面，分别插到预制好的法兰插条内，插条和风管本体板的固定可用铆钉连接，也有做成倒刺止退形式的。风管的四角同样需插入90°贴角，以加强矩形风管四角的成型，有较好的密封性能。弹簧夹也是用专用设备压制而成，连接接口密封除插入空心法兰和风管管端平面有密封胶条外，两法兰平面在连接时也应加入密封胶条。

4）混合连接

（A）立联合角形插条连接

立联合角形插条连接是利用一个立咬平插条，将矩形风管连接两个头，分别采用立咬口和平插的方式连在一起。不管是平插和立咬口连接处，均需用铆钉铆固。风管四角立咬口处加90°贴角，在平插处靠一对插条两头长出另两个风管面20mm左右压倒在齐平风管面的插条上，这种连接方式主要是改变平插条接头刚度较低的缺陷。咬后的连接缝需涂抹密封胶。

（B）薄钢板法兰C形平插条连接

这种连接方式是在矩形风管连接管端，利用C形平插条连接时，在风管端部多翻出一个立面，相当于连接法兰，以增大风管连接处的刚度。在接头连接时，四角须加成对贴角，以便插条延伸出角及加固风管四角定型。插条最终仍需在四角一头压另一头上去，并在接缝处涂抹密封胶。

5. 风管的加固

当风管的直径或边长较大时，在系统投入运行后，会因为振动而产生噪声，因此对尺寸较大的风管要进行加固处理。

（1）圆形风管的加固

圆形风管由于本身刚度比矩形风管好，而且风管法兰起到一定的加固作用，故一般不做加固处理。当圆形风管（不包括螺旋风管）直径大于或等于800mm，且其管段长度大于1250mm或管段总表面积大于4m²时，均应采取加固措施，可每隔适当距离加设一个扁钢加固圈，加固圈用铆钉固定在风管上。为了防止咬口在运输或吊装过程中裂开，圆形风管的直径大于500mm时，其纵向咬口的两端用铆钉或点焊固定。

非规则椭圆风管的加固，应参照矩形风管执行。

（2）矩形风管的加固

与圆形风管相比，矩形风管容易变形。施工验收规范规定：矩形风管边长大于630mm、保温风管边长大于800mm，管段长度大于1250mm或低压风管单边平面积大于1.2m²、中、高压风管大于1.0m²，均应采取加固措施；风管的加固方法和加固构造分别见图5-8及图5-9。

矩形风管的加固方法和有关规定如下：

1）接头起高的加固法（即采用立咬口），虽然可节省钢材，但加工工艺复杂，而且接头处易于漏风，目前采用的不多。

2）在风管或弯头中部用角钢框加固，加固的强度大，广泛采用。角钢规格可以略小于法兰的规格，当大边尺寸为630～

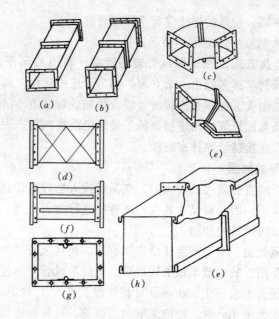

图 5-8 风管的加固方法

（a）角钢加固；（b）角钢框加固；（c）角钢加固弯头；

（d）风管壁棱线；（e）角钢框加固弯头；

（f）风管壁滚槽；（g）风管壁棱线；（h）起高接头

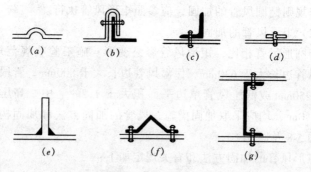

图 5-9 风管的加固构造

（a）楞筋；（b）立筋；（c）角钢加固；（d）扁钢平加固；

（e）扁钢立加固；（f）加固筋；（g）管内支撑

800mm 时，可采用－25×4 的扁钢做加固框；当大边尺寸为

800~1250mm 时，可采用 L25×4 的角钢做加固框；当大边尺寸为 1250~2000mm 时，可采用 L30×4 的角钢做加固框。加固框与风管铆接，铆钉的间距与铆接法兰相同。

3）当风管大边尺寸在加固规定范围，而风管的小边尺寸未在加固规定范围时，可只对风管大边用角钢加固，使用的角钢规格可与法兰相同。

4）风管内壁设置加固筋条。加固筋条由 1.0~1.5mm 的镀锌钢板加工，间断铆接在风管的内壁。在风管内部的适当点位，也可以设置支撑加固，支撑件和风管壁用铆钉或自攻螺钉紧固，各支撑点之间、各支撑点与风管的边沿或法兰的间距应均匀，不应大于 950mm。支撑件的形状对气流的流动影响要尽可能的小。

5）风管壁板上滚槽加固（亦称楞筋或楞线加固）。风管展开下料后，先将壁板放到滚槽机械上进行十字线或直线形滚槽，然后咬口、合缝，但在风管展开下料时要考虑到滚槽对尺寸的影响。由于有专用机械，其工艺简单，并能节省人工和钢材。滚槽加固排列应规则，间隔应均匀，板面不应有明显变形。

6）高压和中压风管系统的管段，当长度大于 1250 mm 时，还要有加固框补强。高压风管系统的单咬口缝，还应有防止咬口缝胀裂的加固或补强措施。

6. 不锈钢风管制作

（1）制作方法

不锈钢板风管的制作方法与普通碳钢板风管制作基本相同。但因不锈钢材料的性质较为特殊，所以制作时有一定的特殊要求。

不锈钢表面的钝化膜对材料本身起保护作用，它一旦受到局部破坏，会形成腐蚀，这种腐蚀称为点腐蚀。因此在加工不锈钢板风管过程中，必须对不锈钢板表面的钝化膜采取以下保护措施：

1）工作平台最好铺设木板或橡胶板，并保持环境清洁。

2）不得在板材表面上用金属划针划线，应尽量避免出现划伤表面的现象。

3）制作时，可先制好样板，再在不锈钢板表面上划线落料。

4）尽量采用机械加工，做到一次成型，减少手工操作。因经敲击后会造成不均匀变形，使板材更加硬化，耐腐蚀性能降低。

5）加工前，应除去加工机械设备上的铁锈和杂物，以免铁锈和氧化物对不锈钢表面产生腐蚀。

6）需要手工锤击时，应使用木锤、铜锤、木拍板和不锈钢制工具等，尽量不用碳素钢制工具。

7）堆放不锈钢板时，最好竖靠在木架上，不得与碳钢板混放。

（2）板材厚度

不锈钢板风管的板材厚度如无设计规定时，高、中、低压系统风管的板材厚度见表5-6。

（3）板材连接

当板材厚度小于或等于 1mm 时，采用咬接，大于 1mm 时，采用电焊或氩弧焊焊接。不得采用气焊。不锈钢板焊接时，可采用非熔化极氩弧焊。电焊或氩弧焊应选用与母材相匹配的焊条或焊丝。

不锈钢板焊接前，应用汽油、丙酮等溶剂将焊缝区域的油脂清除干净。采用直流电弧焊时，应使用反极法进行焊接。在焊接过程中，一般在焊缝的两侧涂上白垩粉，以免焊渣粘附在表面上。不锈钢板焊接后，应对焊缝及其影响区内的焊渣及飞溅物清除干净。

7. 铝板风管制作

铝板风管制作应采用纯铝板或防锈铝合金板。

（1）铝板风管的壁厚

铝板风管的板材厚度如无设计规定时，中、低压系统铝板风管板材厚度应符合表5-7的规定。

（2）保护铝板表面氧化膜的措施

铝板风管制作过程中，因采取保护铝板表面氧化铝薄膜的措施，如在划线下料的平台上应铺设橡胶板，放样划线时不用硬质金属划针，铝板咬口尽量采用机械成型，手工咬口时使用木拍板或木锤。

风管法兰和铆钉应采用铝质的，以避免铝材与碳钢接触而受腐蚀。

铝板风管和配件的连接方法：铝板厚度小于或等于 1.5mm 时，采用咬接；大于 1.5mm 时采用气焊或氩弧焊。应采用与母材材质相匹配的焊丝。焊接前应清除焊口处和焊丝上的氧化皮及污物。焊接后应用热水清洗除去焊缝表面残留的焊渣、焊药等。焊缝应牢固，不得有虚焊和烧穿等缺陷。铝板风管的连接不宜采用插条形式的无法兰连接方法。

铝板风管的法兰材料规格应符合表 5-11 的规定。

铝板风管的法兰材料规格（mm）   表 5-11

风管直径或长边尺寸	法兰材料规格	
	扁　　铝	角　　铝
≤280	30×6	30×4
300～560	35×8	35×4
600～1000	40×10	40×4
1060～2000	40×12	—

铝板风管的法兰如采用碳素钢材时，材料规格应符合表 5-12的规定，并应根据设计要求作防腐处理（一般碳钢法兰表面须镀锌或喷涂绝缘漆）。铆接应采用铝铆钉。

8. 塑料复合钢板风管制作

采用塑料复合钢板制作风管，其加工方法与普通碳钢板风管制作方法相同。复合钢板表面有一层使钢板不易锈蚀的塑料保护层，加工时必须采取措施加以保护。应尽量采用咬接或铆接。机械咬口时，咬口机上不许有尖锐的杂物和棱边，以免划破塑料层；若保护层有局部破损，则应涂漆加以保护。

（三）法　兰　制　作

法兰用于风管与风管及风管与配件的延长连接，是一种可靠的传统连接方式。法兰连接便于安装和维修，但耗用钢材多，成本较高。采用插条对风管进行连接或用薄钢板压制的组合法兰，能够节省钢材，但使用范围有一定的局限性。

制作风管法兰使用的材料规格应根据圆形风管的直径或矩形风管的大边长度确定。风管法兰用角钢或扁钢制成。金属风管法兰用料规格见表 5-12。

法兰连接螺栓和风管与法兰连接的铆钉间距，根据风管系统的性质有不同的规定。对于高速通风空调系统和空气洁净系统，间距要求较小，以防止空气渗漏影响使用效果；一般中、低压风管系统的法兰螺栓和铆钉的间距不应大于 150mm；高压风管系统不应大于 100mm。空气洁净系统法兰螺栓的间距不应大于 120mm，法兰铆钉间距不应大于 100mm。

金属风管法兰用料规格（mm）　　　　表 5-12

风管种类	圆形风管直径 D 或矩形风管大边长 b	法 兰 材 料		
		扁　钢	角　　钢	连接螺栓
圆形薄钢板风管	$D \leqslant 140$	—20×4	—	
	$140 < D \leqslant 280$	—25×4	—	M6
	$280 < D \leqslant 630$	—	L25×3	
	$630 < D \leqslant 1250$	—	L30×3	M8
	$1250 < D \leqslant 2000$	—	L40×4	
矩形薄钢板风管	$b \leqslant 630$	—	L25×3	M6
	$630 < b \leqslant 1500$	—	L30×3	M8
	$1500 < b \leqslant 2500$	—	L40×4	
	$2500 < b \leqslant 4000$	—	L50×5	M10

法兰加工时应注意以下几点：

为了使法兰与风管组合时松紧适度，应保证法兰内径尺寸不超过偏差值。圆形法兰、矩形法兰的内径、内边尺寸允许偏差均为正偏差，即比设计的风管外径尺寸大 2 ~ 3mm。

法兰表面应平整，不平整度不应大于 2mm，以防漏风。

一般中、低压风管系统法兰螺栓孔和铆钉的间距应不大于150mm。钻螺栓孔时必须注意使孔的位置处于角钢（减去厚度）或扁钢的中心。螺栓孔的排列要使正方形、圆形法兰任意旋转时，任意两只法兰的螺栓孔均能对准，矩形法兰则大、小两对应边的螺栓孔能对准，即旋转 180°后各螺栓孔也能对准。矩形法兰的四角必须设螺栓孔。

角钢法兰的立面与平面应保持 90°，法兰连接用的螺栓和铆钉应分别采用同样规格。

风管与角钢法兰连接，管壁厚度小于或等于 1.5mm，可采用翻边铆接，铆接部位应在法兰外侧；管壁厚度大于 1.5mm，可采用翻边点焊或沿风管的周边满焊。风管与扁钢法兰连接，可采用翻边连接。风管与法兰连接，如采用翻边，翻边尺寸应为 6 ~ 9mm，翻边应平整。

1. 圆形法兰的制作

圆形法兰制作可分为人工和机械加工两种，目前多采用机械进行弯制，如施工现场受条件限制，也可以采用手工加工。

（1）手工弯制

手工弯制可分为冷弯和热弯两种。

冷弯法。按所需要的直径和扁钢或角钢的大小，确定下料长度。以 S 表示角钢的下料长度，以 D 表示法兰内径，以 B 表示角钢的宽度。可用公式 $S = \pi \left(D + \dfrac{B}{2} \right)$ 进行计算后，把扁钢或角钢切断，放在如图 5-10 所示冷弯法兰有凹槽的下模中，下模下端的方杆可插在铁镦的方孔内，然后用手锤一点一点的把扁钢或角钢打弯，

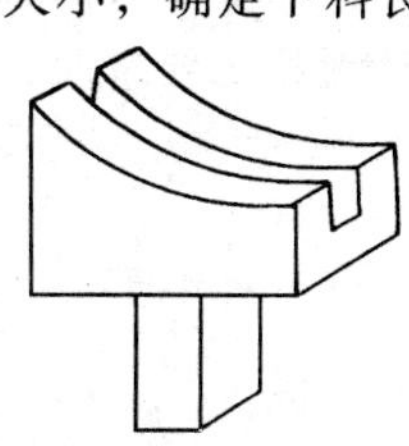

图 5-10　冷弯法兰有凹槽的下模

并用外圆弧度等于法兰内圆弧度的薄钢板样板进行卡圆，使整个扁钢或角钢的圆周和样板一致，直到圆弧均匀，并成为一个整圆后，截去多余部分或补上角钢的缺角，用电焊焊牢，焊好以后再稍加平整找圆，即可进行钻孔，钻孔方法和要求与矩形法兰相同。

热弯法。采用热弯法时，应按需要的法兰直径先做好胎具，把切断的角钢或扁钢放在炉子上加热到红黄色，然后取出放在胎具上弯制。直径较大的法兰可分段多次弯成。见图 5-11。

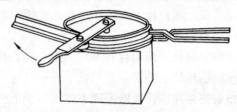

图 5-11　热弯法兰示意图

（2）机械弯制

圆形法兰可用法兰弯制机进行弯制。一般法兰弯制机适用于弯制角钢 L40×40×4 和扁钢 −40×4 以内、直径 200mm 以上的圆形法兰。

热弯不锈钢法兰时，必须注意加热温度要控制在 1100 ~ 1200℃范围内，并在弯制后立即浇水急速冷却，以防止不锈钢产生晶间腐蚀。

圆形法兰的螺孔、铆钉孔的数量及螺栓、铆钉的直径，如设计无特殊要求时，应按图 5-12 和表 5-13 的要求制作。

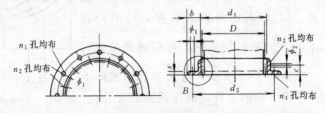

图 5-12　圆形法兰

圆形风管（基本系列）法兰规格　　　表 5-13

序号	风管外径 D (mm)	螺栓孔		铆钉孔		螺栓规格	铆钉规格
		ϕ_1 (mm)	n_1 (个)	ϕ_2 (mm)	n_2 (个)		
1	100~140		6			M6×20	
2	160~200		8		8		
3	220~280	7.5	8	4.5	10	M6×20	$\phi4×8$
4	320~360		10		12		
5	400~500		12		14		
6	560~630		16		16		
7	700~800		20		20		
8	900		22		22		
9	1000		24		24		
10	1120	9.5	26	5.5	26	M8×25	$\phi5×10$
11	1250		28		28		
12	1400		32		32		
13	1600		36		36		
14	1800		40		40		
15	2000		44		44		

2. 矩形法兰的制作

矩形法兰是由四根角钢组成，其中两根等于风管的小边长，另两根均等于风管的大边长加两个角钢宽度。划线时，应注意使焊成后的法兰内径，不能小于风管的外径。划线后，可用手锯、电动切割机或角钢切断机进行切断，有条件时最好用联合冲剪机切断。切断后，把角钢调直，并端头的毛刺用砂轮磨掉，然后在钻床上钻出铆钉孔，即可进行焊接。

为了保证法兰的平整，焊接应在平台上进行。焊接前应复核角钢长度，使焊成的法兰内径不大于允许误差，否则法兰不能很好地套接在风管上。边长 500mm 以内的风管，法兰允许大 2mm，500mm 以上的风管，法兰允许大 3mm。焊接法兰时，先把大边和小边两根角钢靠在角尺边上点焊成直角，然后再拼成一个法兰。用钢板尺量两个对角线的长度来检查法兰四边是否角方，如对角线长度相同，法兰就是角方的，两个对角线的偏差不得大于 3mm。经检查合格后，再用电焊焊牢。焊好的法兰，可按规定的螺栓间距进行划线，并均匀地分出螺孔位置，用样冲定点后钻孔。为了安装方便，螺孔直径应比螺栓直径大 1.5～2mm。为了使同规格的法兰能够通用互换，可用样板或将两个相配套的法兰用夹子固定在一起，在台钻上钻出螺栓孔。

矩形法兰的螺栓孔、铆钉孔的数量及螺栓、铆钉的直径，如设计无特殊要求时，应按图 5-13 和表 5-14 的要求制作。

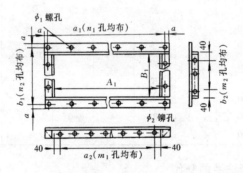

图 5-13　矩形法兰

圆形法兰和矩形法兰制作上的质量通病，主要表现在以下几方面：

法兰表面不平整，互换性差。圆形法兰旋转任何角度、矩形法兰旋转 180°后，与同规格的法兰螺孔不重合。

圆形法兰圆度差。矩形法兰两对角线不相等，超过允许的偏差。

圆形法兰内径、矩形法兰内边尺寸超过允许偏差等。

为了杜绝以上质量通病，在法兰制作时必须达到表 5-15 所列的质量检验评定标准。

表 5-14

矩形法兰规格 (mm)

风管规格 A	风管规格 B	法兰尺寸及材料规格 A₁	B₁	角钢规格	螺栓孔 φ₁	a	a₁	b₁	孔数(个)	铆钉孔 φ₂	a₂	b₂	孔数(个)	法兰个重 (kg)	螺栓规格	铆钉规格
120	120	122	122	L25×3	7.5	10.5	151	151	4	4.5	42	42	8	0.86	M6×20	φ4×8
160	120	162	122				191	151	6		82	42	8	0.98		
	160		162					191	8			82	8	1.09		
200	120	202	122				231	151	6		122	42	8	1.09		
	160		162					191	8			82	8	1.21		
	200		202					231	8			122	10	1.33		
250	120	252	122				281	151	6		172	42	10	1.24		
	160		162					191	8			82	10	1.36		
	200		202					231	8			122	12	1.47		
	250		252					281	8			172	12	1.62		
320	160	322	162				351	191	10		242	82	10	1.56		
	200		202					231	10			122	10	1.68		
	250		252					281	12			172	12	1.82		
	320		322					351	12			242	12	2.03		
400	200	402	202				431	231	10		322	122	14	1.91		
	250		252					281	12			172	14	2.06		
	320		322					351	12			242	16	2.26		
	400		402					431	12			322	16	2.49		

风管规格		A₁	B₁	角钢规格	螺栓孔					铆钉孔				法兰个重(kg)	螺栓规格	铆钉规格
A	B				φ₁	a	a₁	b₁	孔数(个)	φ₂	a₂	b₂	孔数(个)			
500	200	502	202	L25×3	9.5	10.5	531	231	12	4.5	422	122	14	2.20	M8×25	φ4×8
	250		252					281				172	16	2.35		
	320		322					351	14			242	18	2.55		
	400		402					431	16			322	20	2.79		
	500		502					531				422		3.07		
630	250	632	252				661	281			522	172	18	2.73		
	320		322					351	16			242	20	2.93		
	400		402					431	18			322	22	3.17		
	500		502					531	20			422	24	3.46		
	630		632					661				522		3.84		
800	320	802	322	L30×4		13	836	356	18	5.5	722	242	20	4.01		φ5×10
	400		402					436	20			322	22	4.24		
	500		502					536	22			422	24	4.53		
	630		632					666	24			522	26	4.91		
	800		802					836				722	28	5.92		
1000	320	1002	322				1036	356	20		922	242	22	4.72		
	400		402					436				322	24	4.96		

法兰尺寸及材料规格

风管规格				角钢规格	法兰尺寸及材料规格									法兰个重(kg)	螺栓规格	铆钉规格
					螺栓孔					铆钉孔						
A	B	A_1	B_1		ϕ_1	a	a_1	b_1	孔数(个)	ϕ_2	a_2	b_2	孔数(个)			
1000	500	1002	502	L30×4	9.5	13	1036	536	22	5.5	922	422	26	5.25	M8×25	φ5×10
	630		632					666	24			552	28	5.63		
	800		802					836	26			722	30	6.64		
	1000		1002					1036	28			922	32	7.35		
1250	400	1252	402				1286	436	22		1172	322	28	5.85		
	500		502					536	24			422	30	6.14		
	630		632					666	26			552	32	5.52		
	800		802					836	28			722	34	7.53		
	1000		1002					1036	30			922	36	8.24		
1600	500	1602	502	L40×4		18	1646	546	30		1522	422	34	9.61		
	630		632					676	32			552	36	9.99		
	800		802					846	34			722	38	11.0		
	1000		1002					1046	36			922	40	11.7		
	1250		1252					1296	38			1172	44	12.6		
2000	800	2002	802				2046	846	38		1922	722	44	12.9		
	1000		1002					1046	40			922	46	13.6		
	1250		1252					1296	42			1172	50	14.5		

项次	项　　目	允许偏差 （mm）	检验方法
1	圆形法兰直径	+2 0	用尺量互成 90°的直径
2	矩形法兰边长	+2 0	用尺量四边
3	矩形法兰两对角线之差	3	尺量检查
4	法兰平整度	2	法兰放在平台上，用塞尺检查
5	法兰焊缝对接处的平整度	1	法兰放在平台上，用塞尺检查

（四）风管配件的制作

1. 圆形弯头的制作

圆弯头也就是圆弯管，是用来改变通风管道方向的配件。

圆形弯头可按需要的中心角，由若干个带有双斜口的管节和两个带有单斜口的管节组对而成。

以 D 表示弯头的直径，R 表示弯头的曲率半径，把带有双斜口的管节叫"中节"，把分别设在弯头两端带有单斜口的管节叫"端节"。由于圆柱体的横断面是个正圆形，而斜截面是个椭圆形，二者周长不一样，就不能咬合，所以圆形弯头必须在两端各设两个端节，以便与风管相连。

弯头所造成局部阻力的大小，主要取决于弯头转弯的平滑度。弯头的平滑度又决定于弯曲半径的大小和弯头节数的多少，弯曲半径大，中间节数多，阻力就小，但占用空间位置大，而且费工也较多；弯曲半径小，中间节数少，费工虽少，但阻力大。图 5-14 所示为三个中节、两个端节的 90°圆形弯头。现行规范规定，一般通风空调系统的圆形弯头弯曲半径和最少节数见表5-16。

圆形弯头弯曲半径和最少节数

表 5-16

弯头直径 D （mm）	弯曲半径 R	弯头角度和最少节数		
		90°		
		中节数	端节数	简 图
80 ~ 220	≥1.5D	2	2	15° 30°
220 ~ 450	D ~ 1.5D	3	2	11°15′ 22°30′
450 ~ 800	D ~ 1.5D	4	2	9° 18°
800 ~ 1400	D	5	2	7°30′ 15°
1400 ~ 2000	D	8	2	5° 10°

弯头直径 D (mm)	弯曲半径 R	弯头角度和最少节数		
		60°		
		中节数	端节数	简　图
80 ~ 220	≥1.5D	1	2	15°　30°
220 ~ 450	D ~ 1.5D	2	2	10°　20°
450 ~ 800	D ~ 1.5D	2	2	
800 ~ 1400	D	3	2	7°30′　15°
1400 ~ 2000	D	5	2	5°　10°
弯头直径 D (mm)	弯曲半径 R	弯头角度和最少节数		
		45°		
		中节数	端节数	简·图
80 ~ 220	≥1.5D	1	2	22°30′　11°15′
220 ~ 450	D ~ 1.5D	1	2	
450 ~ 800	D ~ 1.5D	1	2	
800 ~ 1400	D	2	2	7°30′　15°

弯头直径 D (mm)	弯曲半径 R	弯头角度和最少节数		
		45°		
		中节数	端节数	简图
1400~2000	D	3	2	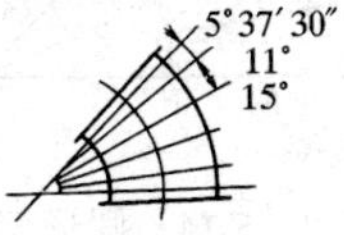 5°37′30″ 11° 15°

弯头直径 D (mm)	弯曲半径 R	弯头角度和最少节数		
		30°		
		中节数	端节数	简图
80~220	≥1.5D	—	2	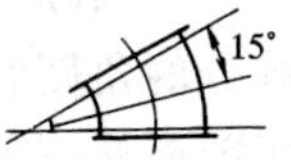 15°
220~450	D~1.5D	—	2	
450~800	D~1.5D	1	2	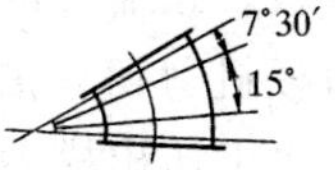 7°30′ 15°
800~1400	D	1	2	
1400~2000	D	2	2	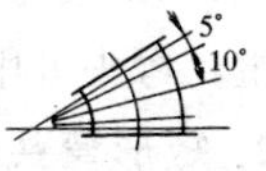 5° 10°

圆形弯头的展开方法是，根据已知的弯头直径、角度及确定的弯曲半径和节数，先划出主视图，例如图 5-14，直径为 320mm，角度为 90°，3 个中节、2 个端节，R 为 1.5D 的圆形弯头。

先划一个 90°直角，以直角的交点为圆心 O，用已知弯曲半

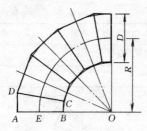

图 5-14　圆形弯头

径 R 为半径，画出弯头的轴线，取轴线和直角边的交点 E 为中点，以已知弯头直径截取 A 和 B 两点，以 O 为圆心，经点 A 和点 B 引出弯头的外弧和内弧。

因 90°弯头由三个中节和两个端节组成，一个中节为两个端节，为了取得端节以便展开，先将 90°圆弧等分为 8 等分，两端的两节即为端节，中间的六节就拼成三个中节。然后再划出各节的外圆切线。切线 AD 为端节的"背高"，BC 为端节的"里高"，由 $ABCD$ 构成的梯形，就是端节。

一般在实际展开操作时，可根据弯头节数、确定 90°的等分，根据等分的角度和弯曲半径及弯头直径，就能直接画出端节。端节可用前面介绍过的平行线法展开。

展开好的端节，应放出咬口留量，然后用剪好的端节或中节做样板，按需要的数量在板材上画出剪切线，用手剪或振动式曲线剪板机剪切，拍好纵咬口，加工成带斜口的短管。然后在弯头咬口机上压出横立咬口，压咬口时，应注意每节压成一端单口，另一端为双口。并应注意把各节的纵向咬口错开。

压好咬口，就可进行弯头的组对装配。装配时，应把短节上的 AD 线及 BC 线与另一短节上的 AD 线及 BC 线对正，以避免弯头发生歪扭。弯头可用弯头合缝机或钢制方锤在工作台上进行合缝。

2. 矩形弯头的制作

矩形弯头有内外弧弯头、内弧形弯头及内斜线弯头，弯头的形状见图 5-15 （a）、（b）、（c）。矩形弯头由两块侧壁、弯头背和弯头里四部分构成。工程上经常采用内外弧形弯头，如受到现场条件的限制，可采用内弧形弯头或内斜线弯头。当内弧形和内斜线弯头的外边长 $A \geqslant 500$mm 时，为使气流分布均匀，弯头内应设导流片。导流片通过连接板用铆钉装配在弯头壁上，连接板铆孔间距约为 200mm。导流片的材质及材料厚度与风管一致，导流片的角度与弯管的角度一致，导流片在弯头内的配置应符合设计规定，当设计无规定时，应按图 5-16 和表 5-17 执行。导流片的迎风侧边缘应圆滑，其两端与风管的固定要牢固，同一弯头内导流片的弧长应一致。

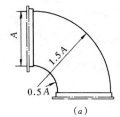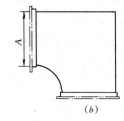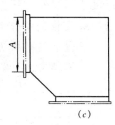

图 5-15　矩形弯头

（*a*）内外弧弯头；（*b*）内弧形弯头；（*c*）内斜线弯头

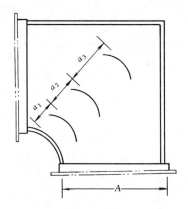

图 5-16　矩形弯头导流片的配置

矩形弯头导流片的配置尺寸（mm）　　　　　　表 5-17

边长	片数	a_1	a_2	a_3	a_4	a_5	a_6	a_7	a_8	a_9	a_{10}	a_{11}	a_{12}
500	4	95	120	140	165	—	—	—	—	—	—	—	—
630	4	115	145	170	200	—	—	—	—	—	—	—	—
800	6	105	125	140	160	175	195	—	—	—	—	—	—
1000	7	115	130	150	165	180	200	215	—	—	—	—	—
1250	8	125	140	155	170	190	205	220	235	—	—	—	—
1600	10	135	150	160	175	190	205	215	230	245	255	—	—
2000	12	145	155	170	180	195	205	215	230	240	255	265	280

矩形弯头可用转角咬口和联合咬口连接。为防止法兰套在弯头的圆弧上，可放出法兰的留量，其留量为法兰角钢的宽度加10mm的翻边量。内弧形矩形弯头与内斜线形矩形弯头，除内侧板尺寸不同外，其余均相同。

3. 三通的制作

三通是风管系统中起分叉或汇集作用的的管件。三通的形式、种类较多，有斜三通、直三通、裤叉三通、弯头组合式三通等。现仅介绍常用的圆形三通和矩形三通。

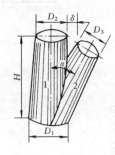

图 5-17　圆形三通
1—风管延续部分；
2—风管分支部分

（1）圆形三通的制作

图 5-17 所示的圆形三通，风管的延续部分 1 称为三通的"主管"，分支部分 2 称为三通的"支管"。D_1 表示大口直径，D_2 表示小口直径，D_3 表示支管直径，H 表示三通的高度，α 表示主管和支管轴线的夹角。

主管和支管轴线的夹角 α，应根据三通直径大小来确定，一般为 15°～60°。α 角较小时，三通的高度较大，α 角较大时，三通的高度较小。加工直径较大的三通时，为避免三通高度过大，应采用较大的交角。一般通风系统三通的夹角为 15°～60°。除尘系统可采用 15°～30°。

主管和支管边缘之间的开挡距离 δ，应能保证便于安装法兰，并紧固法兰螺栓。

三通展开时，应先按三通的已知尺寸划出主视图，见图5-18。

展开时先在板材上画一直线，截取 A-B 等于大口直径，从 A-B 的中点

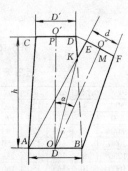

图 5-18　圆形三通主视图

O 画垂直线 $O\text{-}O'$，以三通的高度 $O\text{-}O'$ 线上截取 $O\text{-}P$，经 P 点引 AB 的平行线，并截 $C\text{-}D$ 等于小口管径，以定点 C 和 D。用直线连接 AC 和 BD 即得主管的主视图。再从 O 点以确定的 α 角，引 $O\text{-}O''$ 线，从点 D 作 $O\text{-}O''$ 的垂直线相交于 M 点，以 M 点为中点，在此线上截取 EF 等于支管直径，用直线连接 EA 和 FB，即得到三通的主视图。在得到的三通主视图上引 $K\text{-}O$ 线，$K\text{-}O$ 线即为三通主管和支管的接合线。

三通主管的展开见图 5-19。按主视图上的主管形状将其大口和小口按管径作辅助半圆，将圆周 6 等分，并按顺序编号，做出相应的外形素线，如图 5-19（a）。然后按大小头的展开方法，将主管展开成扇形，如图 5-19（b）。在扇面上截取 $7K$，等于主视图上的 DK，截取 $6M_1$ 等于（a）图上的 $6M$ 实长 $7M_1$，截取 $5N_1$ 等于（a）图上的 $5N$，实长 $7N_1$，最后将 K、M_1、N_1、$4'$ 连成圆滑的曲线，即成三通主管部分的展开图。

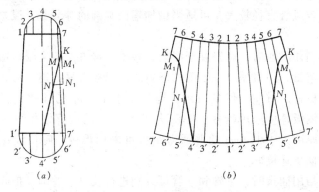

图 5-19　三通主管的展开

三通支管的展开见图 5-20。支管展开时，同样做出辅助半圆，并分为 6 等分，并按顺序编号，划出相应的外形素线。然后按圆形大小头的展开方法，将支管展开成扇面。再在扇面上分别截取 $1K$ 等于主视图上的 DK，$2M_1$ 等于 $2M$ 的实长 $7M_1$，$3N_1$ 等于 $3N$ 的实长 $7N_1$，这样即可定出 K、M_1、N_1 三个点。然后截

取 $5C_2$ 等于 $5C$ 的实长 $7C_1$，$6D_2$ 等于 $6D$ 的实长 $7D_1$，$7B$ 等于 $7B$，定点 C_2、D_2、B，最后连接各点，即得三通支管的展开（一半）。

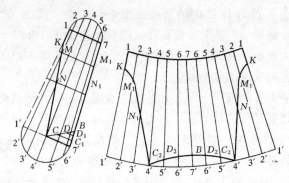

图 5-20 三通支管的展开

这种展开方法比较简单，工地上应用较广，但有一定的误差。若风管直径较大，可适当增加辅助半圆的等分数，误差会小一些。

制作三通时，画好展开图后，根据连接方法留出咬口留量和法兰留量，用机械或手工剪切下料。三通接合缝的连接形式，应根据板材的材质、厚度决定。厚度小于 1.2mm 的镀锌钢板和普通薄钢板，可采用咬接。厚度大于 1.2mm 的镀锌钢板可采用铆接。厚度大于 1.2mm 的普通薄钢板可采用焊接。咬口连接中还包括插条连接。

当用插条时，主管和支管可分别进行咬口、卷圆，把咬口压实，加工成独立的部件，把对口部分放在平钢板上检查是否吻合，然后进行接合缝的折边工作，把支管和主管都折成单平折边，见图 5-21。将加工好的插条，用木锤轻轻插入三通接合缝内，使主管和支管紧密接合，再用小锤和衬铁，将插条打紧打平。

当采用焊接连接时，可用对接缝形式。如果板材较薄，可将接合缝处的板扳起 5mm 的立边，再用气焊焊接。

当采用咬口连接时，可用覆盖法（俗称大咬）进行。在展开时，即将纵向闭合咬口留在侧面。操作时，把剪好的板材，先拍制好纵向闭合咬口，把展开的主管平放在展开的支管上，用图5-22中1和2所示步骤加工接合缝的咬口，然后用手掰开主管和支管，把接合缝打紧、打平，如图5-22中3和4所示。最后把主管和支管卷圆，并打紧打平纵向闭合咬口，再进行三通的找圆和修整工作。

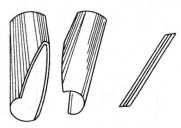

图 5-21　三通的插条连接法

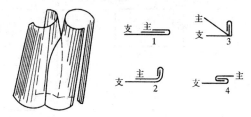

图 5-22　三通覆盖法咬接

　　圆形风管三通采用咬口连接，也可把接合缝处做成单咬口的形式，最后再把立咬口打平，并加以修整。

　　（2）矩形三通的制作

　　1）整体式三通

　　整体式三通有正三通和斜三通两种，可根据风管系统的需要，而确定三通的制作形式。

　　（A）整体式正三通

　　整体式正三通是"全国通用通风管道配件图表"推荐采用

的，它是由两块平面板、一块平侧板、一块斜侧板及一块角形侧板组成，其外形和构造见图 5-23。

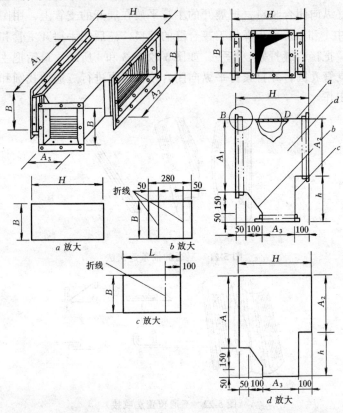

图 5-23　整体式正三通的构造及展开图

（B）整体式斜三通

整体式斜三通由 5 部分组成，即上、下侧壁和前后侧壁及一块夹壁。见图 5-24。

整体式斜三通展开时，先划出其上、下侧壁，即引水平线，并在此线上截取 1-2 等于 A，在 1-2 的中点引垂直线，并在垂直线上截取三通高度 h，并通过 h 点引平行于 1-2 的水平线，并在此线上截取 3-4 等于 A_1。从 4 点以 $\delta + \dfrac{A_2}{2}$ 的距离为半径画一圆弧，并从 1-2 线的中点引其切线。连接切点与点 4，以切点为中点，在该线上截取 5-6 等于 A_2，用直线连接 1、3 和 2、4、1、5 及 2、6。在 4-2 和 1-5 线的交点得点 7。得出上、下侧壁的展开图，然后放出咬口留量和法兰留量 M。

前后侧壁及夹壁的展开见图 5-24 所示。

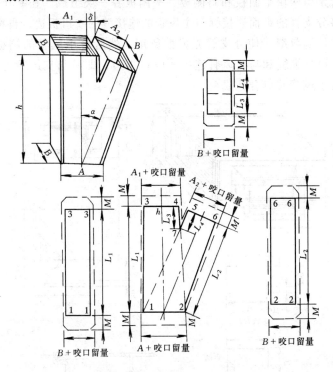

图 5-24 矩形斜三通的展开图

矩形整体式正三通及斜三通的咬口方法，基本与矩形风管相同，可采用单角咬口、联合角咬口或按扣式咬口连接。

2）插管式三通

插管式三通就是在风管的直管段侧面连接一段分支管。插管式三通具有灵活、方便的特点，而且省工省料。

分支管与风管直管段的连接有两种做法：一种是"全国通用通风管道配件图表"推荐的咬口连接，另一种是连接板插入扳边连接。

（A）分支管与风管直管的咬口连接

图5-25所示为插管式三通构造及节点图。插管式三通的分支管是由两块平面板和斜侧板、平侧板各一块组成。在制作时，先将分支管的纵面连接缝与主风管的连接缝的咬口折边，再将纵向连接缝合缝，使分支管先成型待用。然后将主风管的侧板开孔，再将纵缝和与支风管连接的咬口折边，即可与支风管连接，最后主风管咬口合缝成型。

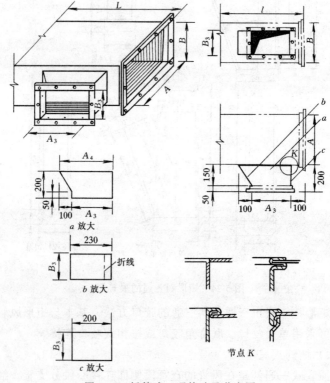

图 5-25　插管式三通构造及节点图

分支管与主风管连接的形式，可采用焊接、单角咬口、联合角咬口等形式。

（B）分支管的连接板插入风管直管段扳边连接

近年来，国内宾馆等民用建筑的空调工程中常用的插管式三通见图 5-26。与咬口连接方式相比，更为简单、灵活。它适合于在风管已安装就位后，开孔连接。这种插管式三通，首先按分支管的外形尺寸，在风管直管段已确定的位置上开孔，然后把分支管连接的管端处，将四角剪开并折成 90°角，与制作好带有锯齿形已折成单立咬口的连接板咬合，再将连接板锯齿形部分插入风管的开孔中，最后把锯齿形板边扳成与风管板壁紧密平齐，使分支管与风管连接牢固。为了保证插入式三通的紧密，应将分支的连接板与风管接触部分，特别是分支管的四个角，使用密封胶带等密封材料进行粘贴，以减少连接处的漏风量。

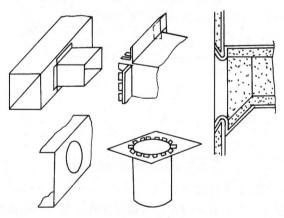

图 5-26　连接板式插管式三通

4. 变径管的制作

通风系统中，变径管用以连接不同断面的风管（圆形或矩形）以及风管尺寸变更的地方。一般情况下，变径管的扩张角应在 25°～35°之间，其长度按现场安装需要而定。变径管的种类有：圆形变径管（圆大小头），矩形变径管（矩形大小头），圆形断面变成矩形断面的变径管（天圆地方）。

（1）圆形变径管的制作

圆形变径管的制作应先按前面介绍的方法画展开图，再按展开图进行划线下料，根据展开图的大小，圆形变径管可用一块板材制成，也可分两块或若干块板材拼成。

圆形变径管的制作方法基本和圆形直管相同。圆形变径管展开后，应放出咬口留量，并根据选用的法兰规格，留出法兰的翻边量。当采用角钢法兰时，如果变径管的大口直径和小口直径相差较大时，就会出现小口端角钢法兰套不进去和大口端角钢法兰不能和风管贴紧的情况，见图5-27。这样就得在小口和大口端各加一段短直管，而加设短直管必将增大变径管的高度。因此，在变径管下料时，就要考虑到上述情况，把短管的尺寸留准确，以免返工。如果变径管的大口直径和小口直径相差较小，则不会出现上述情况，即不必在变径管的两端加短直管。

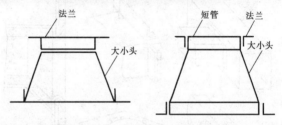

图 5-27 圆形变径管的角钢法兰

（2）矩形变径管的制作

矩形变径管有双面偏和单面偏变径管，这些均根据管路情况而定。图5-28为矩形变径管。矩形变径管制作尺寸已标准化，变径管的长度 H 按下式计算：

$$H = (A_1 - A_2) \times 1.5 + 100$$

矩形变径管下料时，除放出咬口留量外，还应根据选用的法兰留出过渡直管段和法兰翻边量。否则将会产生法兰套不进，或法兰虽然套进去了，但不能与风管贴紧而造成返工。

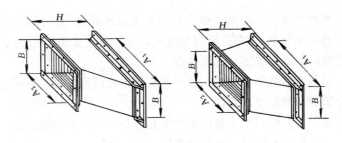

图 5-28 矩形变径管

（3）天圆地方的制作

天圆地方用于圆形断面与矩形断面的连接，例如风管与通风机、空气加热器等设备的连接。其加工步骤与上述两种变径管大致相同。天圆地方的展开方法很多，可用前述的三角形法展开，如偏心天圆地方的展开。也可用近似的锥体展开法来展开。使用这种方法比较简单，圆口和方口尺寸正确，但高度比实际需要高度稍小，一般可在上法兰时加以修正。

天圆地方可用一块板材制成，也可用两块或四块板材拼成。拍好咬口后，应在工作台的槽钢边上凸起相应的棱线以增加强度，然后再把咬口钩挂打实，最后找圆平整。

5．来回弯的制作

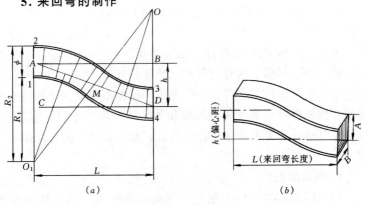

图 5-29　来回弯图

（a）圆形来回弯侧面；（b）矩形来回弯外形

来回弯是用来跨越或避让其他管道或障碍物用的风管配件，是用两个不够90°的弯头转向组成的，弯头角度由偏心距离 h 和来回弯的长度 L 决定，见图 5-29。

　　圆形来回弯制作采用与圆形弯头基本相同的方法对来回弯进行分节展开和加工成形。

　　矩形来回弯由两个相同的侧壁和两个相同的上下壁组成，见图 5-30，加工方法与矩形风管相同。

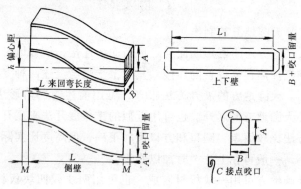

图 5-30　矩形来回弯的展开

（五）风管部件的制作

　　通风、空调系统的部件，包括各类风口、诱导器、各类风阀、排气罩、风帽、柔性短管和变风量装置等。

　　通风空调系统的部件，一般是按国家标准图或设计部门的重复使用图制作。目前，各类风阀和各类风口均有专门厂家生产，仅有少数部件需要在现场制作，因此，对风管部件制作作简单介绍。

1. 风口的制作

　　风口形式较多，按使用对象有通风系统风口和空调系统风口。通风系统中常用圆形风管插板式送风口、旋转吹风口、单面或双面百叶送吸风口、矩形空气分布器等。空调系统中常用侧送风口、散流器、孔板式送风口、喷射式送风口、旋转送风口及网式回风口等。

各类风口制作的基本要求有以下方面：

风口制作外形尺寸与设计尺寸的允许偏差不应大于2mm；对矩形风口应做到四角方正，两对角线之差不应大于3mm；

对圆形风口应做到各部分圆弧均匀一致，任意正交两直径的允许偏差不应大于2mm；

风口的转动调节部分灵活，叶片应平直，叶片与边框不得碰擦。

由于风口一般明露于室内，风口外形严格要求美观，特别在高级民用建筑内，因此采用模具化生产，以达到表面平整，外形美观。

2. 风阀的制作

通风与空调工程常用的阀门有：插板阀、多叶调节阀（平行式、对开式）、蝶阀、止回阀、防火阀、排烟阀、离心式风机启动阀等。各类风阀的制作均有标准图或设计单位的重复使用图作为依据，其中有零部件的详细尺寸。

各类风阀制作的共同要求是牢固、尺寸准确，调节和制动装置灵活、可靠。制作时材料的选用按要求采取防腐措施，轴和轴承应采用铜或铜锡合金制造。用于防爆风机的圆形瓣式启动阀，其轴承用青铜、叶片用铝板制作。多叶阀的叶片应能贴合，且间距均匀、搭接一致。止回阀的转轴和铰链应用不锈蚀材料（如黄铜）制作，止回阀用于防火防爆时，应采用铝板制作。防爆系统的部件必须严格符合设计要求，其材料严禁代用。制作密闭式的斜插板阀，其插板与滑槽间应有一定间隙，且边缘平直光滑。各类风阀的外壳上标出阀门开、闭方向。

（1）蝶阀

这里以如图5-31所示的常见圆形钢制蝶阀为例，介绍其制作要求。蝶阀（手柄式）由短管、阀板、调节装置组成。短管用厚1.2～2mm的钢板制成（一般与风管壁厚相同），长度为150mm。加工时穿轴的孔洞，应在展开时精确划线、钻孔，钻好后再卷圆焊接。短管两端设法兰连接。阀板可用厚度为1.2～2mm的钢板制成。阀板直径 $d \geqslant 280$mm 时，还需用扁钢加固。阀板直径应略小于风管直径，但不宜过小，以免漏风，且阀板边缘靠近轴的地方需用扁钢加固。两个半轴用 $\phi15$ 圆钢经锻打车削而成，较长的一根端部锉方并套丝，两轴上分别钻出两个 $\phi8.5$mm 的孔洞。手柄用 3mm 厚的钢板制成，其扇形部分开出 1/4 圆周圆弧形的月牙槽，圆弧中心开有与轴相配的方孔，使手柄可按需要位置开、关或调节阀板位置。

组装时，应先检查零件尺寸，然后将两根半轴穿入短管的轴孔并放入阀板，用螺栓将阀板固定在两半轴上，当阀板可绕轴灵活转动时，垫好垫圈，固定垫板，套入手柄。蝶阀轴应严格放平，蝶阀应启闭灵活，手柄位置应能正确反映阀门的开关。

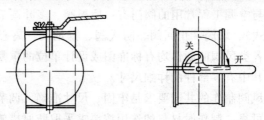

图 5-31　圆形钢制蝶阀（手柄式）

（2）防火阀、排烟阀

老式的防火阀的种类有直滑式、悬吊式和百叶式三种。它们的原理是：用易熔片吊起阀板，使阀门在正常情况下保持开启状态，若发生火灾后，气温升至易熔片的熔点时，易熔片熔化，阀板立即落下而切断风道。制作时应符合下列要求：

1）转动件应采用耐腐蚀材料（如轴套采用青铜、黄铜和不锈钢等）制作，以保证转动部件不锈蚀，无论何时均转动灵活。阀体外框、阀片和阀片轴可采用 Q235A 材料。

2）阀体外框和阀片的材料厚度不应小于 2mm，以免防火阀

172

在火灾状态时受热变形而影响阀片关闭。

3）阀体轴孔必须同心，不同心度的允许偏差为 ±1mm，以保证阀片转动灵活。

4）易熔片必须使用合格产品。易熔片的熔点温度若需检验时，应在水浴中进行，以水温为准，其熔点温度与设计要求的允许偏差为 −2℃。

近年来，施工单位不再自制防火阀。防火阀、排烟阀均由取得公安消防部门审批、具有生产资格的专业厂家制造。施工单位只需按设计和产品说明书安装即可。

（3）调节阀

调节阀除前面介绍过的蝶阀外，还有手动单叶阀、多叶调节阀、三通调节阀等，其作用都是调节总管、干管或支管的风量。其制作要求如下：

1）阀体外框的轴孔应采用样板下料冲孔，以使孔距相等，轴孔同心，阀片与阀体间应留有一定的间隙，以保证调节灵活。

2）为保证调节阀关闭的严密性，应使阀片相互贴合，间距均匀，搭接一致。

3）手动单叶阀或多叶调节阀的手轮或扳手，应以顺时针方向转动为关闭，其调节范围及开启角度指示应与叶片开启角度相一致。

4）各种调节阀组装后，外壳上应有开启程度、全开和全闭的标志。

3. 静压箱的制作

在空调机组出口或送风口（如散流器等）处设置静压箱，可以起到稳定气流的作用。如果在静压箱内壁贴消声材料，还可起消声的作用。

图 5-32 为空调机组出口处的静压箱，图 5-33 为出风口处的静压箱。

静压箱可由金属薄钢板制作或由非金属材料制作。由金属薄钢板制作时，制作方法与金属薄钢板风管制作方法相同。

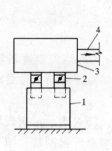

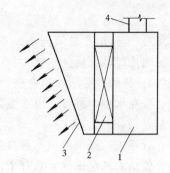

图 5-32　空调机组出口处的静压箱
1—空调机组；2—启动阀；
3—静压箱；4—风管

图 5-33　出风口处的静压箱
1—静压箱；2—过滤器（设计要求时）；
3—风口；4—风管

对洁净空调系统，机房风管上的静压箱宜用 2mm 薄钢板进行焊接，但必须避免焊接变形。支管上的静压箱还应作镀锌处理。静压箱的接缝应尽量减少。静压箱与风管的连接应采用联合咬口、转角咬口的连接方式，静压箱与风管的连接见图 5-34，如采用插接式连接容易造成漏风。

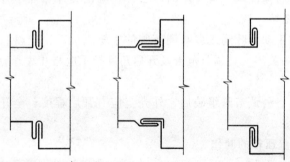

图 5-34　静压箱与风管的连接

4. 风帽的制作

风帽是装在排风系统的末端，利用室内风压的作用，加强排风能力的一种自然通风装置，同时可以防止雨雪流入风管或室内。

风帽形式有筒形、伞形和锥形三种，见图 5-35。筒形风帽适用于自然排风系统；伞形风帽适用于一般机械排风系统；锥形风帽适用于除尘系统和非腐蚀性的有毒系统。

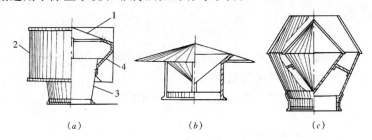

图 5-35　风帽

(a) 筒形风帽；(b) 伞形风帽；(c) 锥形风帽

1—伞形罩；2—筒形风帽的圆筒；3—扩散管；4—支撑

最常用的是筒形风帽。它比伞形风帽多一个外圆筒，在室外风力作用下，风帽外圆筒内形成空气稀薄状态，促使室内空气经扩散管排至大气，风力越大，排气效率就越高。

筒形风帽的圆筒 2 是一个圆形短管，规格较小时，两端可翻边卷铁丝加固；规格较大时，可用扁钢或角钢做箍进行加固。

扩散管 3 可按圆形大小头加工，一端用翻边卷铁丝加固，一端铆上法兰，以便与风管连接。挡风圈也可按圆形大小头加工，大口可用卷边加固，小口用手锤錾出 5mm 的直边和扩散管点焊固定。

伞形罩 1 可按圆锥形展开咬口制成。圆筒为一圆形短管，规格较小时，帽的两端可翻边卷铁丝加固；规格较大时，可用扁钢或角钢做箍进行加固。

支撑 4 用扁钢制成，用以连接扩散管，外圆筒和伞形帽。

风帽各部件加工完毕后，应刷好防锈底漆再进行装配。风帽装配形状应规则、牢固，与建筑物的预留孔应处理好，以免雨水渗漏。

5. 排气罩的制作

排气罩是通风系统中的局部排气装置，在工业生产中应用较多，其形式主要有以下四种基本类型：

（1）密闭罩

密闭罩用于把生产有害物的局部地点完全密闭起来，见图5-36（a）。

（2）外部排气罩

外部排气罩一般安装在产生有害物的附近，见图5-36（b）。

（3）接受式局部排气罩

接受式排气罩须安装在有害物运动的上方或前方，见图5-36（c）。

（4）吹吸式局部排气罩

吹吸式排气罩利用吹气气流将有害物吹向吸气口。制作排气罩应符合设计或标准图集的要求，制作尺寸应准确，连接处应牢固，其外壳不应有尖锐边缘。对于带有回转或升降机构的排气罩，所有活动部件应动作灵活，操作方便，见图5-36（d）。

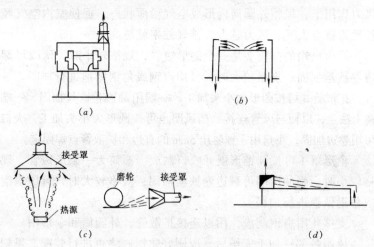

图 5-36　局部排气罩的基本类型

（a）密闭罩；（b）外部排气罩；（c）接受式局部排气罩；（d）吹吸式局部排气罩

6. 止回阀的制作

在通风空调系统中，为防止通风机停止运转后气流倒流，常用止回阀。在正常情况下，通风机开动后，阀板在风压作用下会自动打开，通风机停止运转后，阀板自动关闭。

根据管道形状不同，止回阀可分为圆形和矩形，还可按照止回阀在风管的位置，分为垂直式和水平式。在水平式止回阀的弯轴上装有可调整的坠锤，用来调节阀板，使其启闭灵活。止回阀的轴必须灵活，阀板关闭严密，铰链和转动轴应采用黄铜制作。

7. 柔性短管的制作

柔性短管用于风管与设备（如风机）的连接，以便起伸缩、隔振、防噪声的作用。为了防止风机运转时的振动通过风管传到室内，所以要在通风机的入口和出口处，装设柔性短管，长度一般为 150～250mm。

柔性短管的材质应符合设计要求。一般通风系统的柔性短管都用帆布或人造革制成；输送腐蚀性气体的通风系统应用耐酸橡胶或软聚氯乙烯塑料布制成；输送潮湿空气或装于潮湿环境中时，则应采用涂胶帆布。

制作帆布短管时，先把帆布按管径展开，并留出 20～25mm 的搭接量，用针线或用缝纫机把帆布缝成短管。然后再用 1mm 厚的条形镀锌薄钢板连同帆布短管铆接在风管的角钢法兰盘上。连接应紧密，铆钉距离一般为 60～80mm。铆完帆布短管后，把伸出管端的薄钢板进行翻边，并向法兰平面敲平。

防排烟系统柔性短管的制作必须使用不燃材料。

8. 空气处理设备的制作

空气处理设备的制作包括空气处理室、消声器、除尘和空气过滤器的制作。目前空气处理设备已由专业厂家生产，且大多数为装配式空调箱，需要在施工现场制作的情况已经很少了。为了配合"习题集"的相关内容和特殊情况下现场施工的需要下，这里简单介绍一下空气处理室和消声器的制作。

空气处理室制作是指空调箱内的喷水段制作和表冷段制作，这里只介绍与通风工有关的内容。

喷水段制作主要包括以下四个方面：

(1) 喷水段制作

喷水段有立式和卧式两种，由喷嘴、喷嘴排管、导风板、挡水板、喷水段壳体及底池组成。这里只介绍与通风工有关的导风板与挡水板制作。

喷水室处理空气的流程，是需要处理的空气先通过导风板，使进入喷水室的空气均匀流过喷水室整个断面，使空气进入喷水室后与喷嘴喷出来的细微水滴相接触，进行热、湿交换，处理后的空气经挡水板脱水后送入风道系统。在喷水室中，空气与水滴进行热、湿交换效果的好坏，与导风板、挡水板的制作安装质量有密切的关系。

导风板与挡水板的制作要求如下：

1）导风板起均匀分配进入喷水室的空气和挡住可能返回的水滴的作用，因此，要求导风板与挡水板的片距应均匀，若片距不均，则造成喷水室内空气速度和温度不均，从而影响空气与水滴进行充分的热、湿交换。

挡水板的作用是除去经过喷水室的空气中的水滴，若片距不均，则会增加被处理空气的含湿量。

2）导风板和挡水板的结构尺寸必须符合设计要求。导风板与挡水板的结构尺寸包括其折数、折角、片距、每片的长度和宽度，固定叶片的连接件等。导风板结构尺寸如不合要求，则它起不到应有的作用。挡水板如果折角过大，折数少，片距大，则空气通过挡水板的阻力小，但挡水效果差，即空气通过挡水板时带走的水滴多，也称为过水量大；反之，如果挡水板折角小，折数多，片距小，则挡水效果好，即空气通过挡水板时带走的水滴很少，也称为过水量小，但是空气通过挡水板的阻力会过大。

因此，在实际工程中，导风板一般取 2 ~ 3 折，夹角 90° ~ 150°；挡水板一般取 4 ~ 6 折，夹角 90° ~ 120°，片距 25 ~ 40mm。制作金属挡水板和导风板时，可采用模压成型，以使结构尺寸符合设计要求，其长度和宽度的允许偏差不得大于 2mm。

3）为减少挡水板的过水量，应采取以下措施：挡水板与喷水段壁板交接处的泛水迎风侧；挡水板下端应深入水中或设置挡板；分层组装的挡水板，每层均应设排水装置，使分离出的水滴流入水池；挡水曲板的支架及固定件，应作防腐处理。

（2）喷水段壳体制作

喷水段金属壳体各壁板的接缝应严密和牢固。壳体壁板的拼接，壳体壁饭与水池的装配，均须按顺水流向进行，防止喷淋水向外泄漏。图 5-37 为壁板与水池的连接形式。

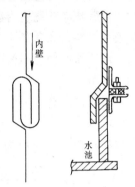

图 5-37　壁板与水池的
连接形式

（3）空调水喷嘴的布置排列应正确，同一排喷水管上的喷嘴方向应一致，分布应均匀，相邻排喷水管上的喷嘴位置应错开。喷水管及喷嘴的安装属于管道工的施工范围，不是通风工的工作。

（4）喷水室密闭门的制作要求平整，不能有翘曲现象。密封门四周镶嵌橡胶密封条的凹槽要规则，宽度和深度均匀一致，橡胶密封条的直径应相同，以保证密闭门的严密。密闭门开闭应灵活。

空气处理室表冷段制作的主要设备是表冷器（即表面式冷却器）。表冷器是由铝排管组成的设备，其内通入的低温空调水，其作用是使被处理的空气通过表冷器时进行热湿交换，以达到所需的温度和湿度。

表冷器工作时，经常有水分从空气中冷凝出来。为避免冷凝水被气流带走，应在表冷器后面设挡水板，并在其下设滴水盘和排水管，使冷凝水能顺畅地排出。

9. 消声器的制作

消声器是一种消声装置，在通风、空调系统中用来降低风机产生的空气动力性噪声，阻止或降低噪声传播到空调房间内。一般安装在风机出口水平总风管上，在空调系统中有的将消声器安装在各个送风口前的弯头内，称为消声弯头。消声弯头的平面大于 800mm 时，应加设导流吸声片。导流吸声片表面应平滑、圆弧均匀，与弯管连接应紧密牢固。

空气洁净系统使用消声器时，应选用不易产尘和积尘的结构及吸声材料，如微穿孔板消声器等。

消声器的种类和构造形式较多，按消声器的原理可分为四种基本类型，即阻式、抗式、共振式及宽频带复合消声器等。

阻式消声器是用多孔松散材料消耗声能来降低噪声的。这类消声器有管式、片式、蜂窝式、折板式、迷宫式及声流式等，其构造形式如图 5-38 所示。它对中高频噪声有良好的消声作用。

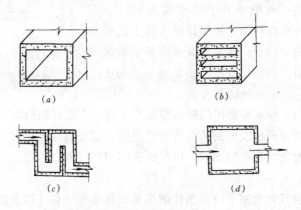

图 5-38　阻式消声器
（a）管式；（b）片式；（c）迷宫式；（d）单室式

抗式消声器又叫膨胀式消声器，是利用管道内截面突变，声能在腔室内来回反射时被消耗来降低噪声的，它的构造是小室与风管相连。对低频噪声有较好的消声效果。这类消声器有单节、多节和外接式，内插式等。

共振式消声器是利用穿孔板小孔的空气柱和空腔（即共振腔）内的空气，构成一个弹性系统，外界噪声将引起小孔处空气柱的强烈共振，空气柱与小孔壁发生剧烈摩擦而消耗声能，从而起到消声作用。

宽频带复合式消声器吸收了阻式、抗式及共振式消声器的优点，从低频到高频都具有良好的消声效果。它是利用管道截面突变的抗性消声原理和腔面构成共振吸声，并利用多孔吸声材料的阻性消声原理，消除高频和大部分中频的噪声。

消声器的制作基本上实现了工厂化，由专业厂家生产，一般不在现场制作。

制作消声器的吸声材料，应选用符合设计规定的防火、防腐、防潮和卫生要求，常用的有超细玻璃棉、卡普隆纤维、玻璃纤维板、聚氨酯泡沫塑料、工业毛毡等。填充吸声材料应按设计规定的密度均匀填置。填充吸声材料的密度，矿棉和玻璃丝为 $170\mathrm{kg/m^3}$，卡普隆纤维为 $38\mathrm{kg/m^3}$。

为保持消声片各部分厚度均匀，消声片的覆面层的玻璃丝布必须拉紧后，在钉距加密的条件下装钉，并按 $100\mathrm{mm} \times 100\mathrm{mm}$ 的间距用尼龙线分别将两面的覆面层拉紧，钉覆面材料的泡钉时，应加垫片，以免覆面层被划破。

消声器的框架必须平整、牢固。在冲、钻消声孔时，穿孔直径，穿孔面积和穿孔分布均应符合设计或国家标准图的要求。对弧形声流式消声器，孔径为 8～9mm，穿孔面积为 22%，孔与孔中心距为 12mm，孔口处的边缘应锉平，以免毛刺划破覆面。

共振腔的隔板尺寸应正确，隔板与壁板结合处应贴紧。

弧形声流式消声器的消声片片距必须相等，如片距不等时，可利用固定拉杆进行调整。

管式消声器及消声弯管的内衬的消声材料应均匀贴紧，不得脱落，拼缝密实，表面平整。

下面以较常用的阻抗复合式消声器为例说明其制作要点。

阻抗复合式消声器的阻抗消声是靠阻性吸声片和抗式消声的内管截面突变、内外管之间膨胀室的作用来实现消声的，对低频及部分中频噪声有较好的消声效果。国家标准图中列有多种规格可供选用，其中 1～4 号消声器有三个膨胀室，5～10 号消声器有两个膨胀室，其膨胀比即为消声器外形断面积与气流通道有效面积的比值。膨胀比越大，则低频消声性能越好，但消声器的体积较大，应合理的选择。一般消声器的膨胀比为 3～4 左右。阻抗复合式消声器的构造如图 5-39 所示。图中所示为 4 号消声器，其阻式吸声片有两条。

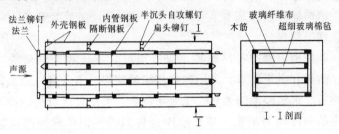

图 5-39　阻抗复合式消声器

制作阻抗复合式消声器时应注意以下几点：

（1）各膨胀室的缝隙要严密，膨胀室的内管和外壳间的隔断钢板要铆接牢固，以保证消声效果。

（2）阻性吸声片是用 50mm×25mm 的木筋制成木框，内填超细玻璃棉，外包玻璃丝布，每个吸声片内填超细玻璃棉时，须按密度 18kg/m³ 铺放均匀，并有防止下沉的措施。消声材料的覆面层不得有破损，搭接时要顺气流，且界面不得有毛边。消声器内直接迎风的布质覆面应有保护措施。

（3）用圆钉将吸声片装成吸声片组，并用铆钉将横隔板与内管分段铆接牢固，再用半圆头木螺丝将各段内管与吸声片组固定，外管与横隔板、外管与消声器两端盖板、盖板与内管分别用半沉头自攻螺钉固定，最后再安装两端法兰。对于尺寸较大的 7～10 号消声器，内管各分段及其与隔板的连接均用半圆头带帽螺钉紧固。

（4）采用多节消声器串联时，只需在串联消声器组的两端吸声片上做三角形导风木条，不需要每节都做三角形导风木条。

除上述几种消声器外，微穿孔板消声器具有良好的消声性能，气流阻力小，再生噪声低。它采用具有微小穿孔的金属板作为消声材料，适用于空气洁净系统及潮湿、高温、高速气流中使用。

　　微穿孔板消声器有直管形和弯头形，且分为单腔和双腔两种，见图5-40。双腔微穿孔板消声器的消声性能更好一些。消声微穿孔板是由厚度为0.75～1.0mm镀锌薄钢板或铝合金板，按设计规定的孔径、间距排列和一定的穿孔率制成。单腔微穿孔板消声器的穿孔率为2.5%，孔径为0.8mm。双腔微穿孔板消声器的穿孔率内层为2.5%，外层为1%，孔径均为0.8mm。微穿孔板的穿孔的孔径必须准确，分布要均匀。一般应使用专用的模具冲孔，穿孔板不应有毛刺。

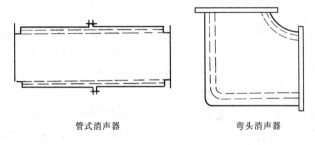

管式消声器　　　　　　　　　　　弯头消声器

图5-40　微穿孔板消声器

六、通风空调系统的安装

(一) 一般通风空调系统的安装

一般通风空调工程系统的安装,应在土建主体工程、地坪完工以后进行。为了给通风系统的安装创造条件,在土建施工时,应派人配合土建做好孔洞预留和预埋件工作,以免安装时再打洞。对于较大的孔洞,会审图纸时应与土建图进行核对,土建图上已经准确标明的孔洞,应由土建单位负责。

1.安装前的准备工作

(1) 认真熟悉图纸,进一步核实标高、轴线、预留孔洞,预埋件等是否符合要求,以及与风管相连接的生产设备安装情况。

(2) 根据现场实际工作量的大小和工期,组织劳动力。

(3) 确定施工方法和相应的安全措施。

(4) 准备好辅助材料。如螺丝、垫料等。

(5) 准备好安装所需要的工具。如活动扳手、螺丝刀、钢锯、手锤、线坠、钢卷尺、水平尺、滑轮、麻绳、倒链、冲击电钻等。

2.支吊架安装

风管的支吊架要根据现场情况和风管的重量,可采用圆钢、扁钢、角钢、槽钢制作,既要节约钢材,又要保证支架的强度、刚度。具体可参照国家标准图。

(1) 支吊架安装的要求

1) 风管支吊架的设置应按国标图集、规范,并结合现场实际情况选用强度和刚度相适应的形式、规格和间距。

2）支吊架不宜设置在风口、阀门、检查门及自控机构处，离风口或插接管的距离不宜小于200mm。

3）风管水平安装，直径或长边尺寸小于等于400mm，支吊架间距不应大于4m；直径或长边大于400mm，支、吊架间距不应大于3m。螺旋风管的支、吊架间距可分别延长至5m和3.75m；对于薄钢板法兰的风管，其支吊架间距不应大于3m。

4）风管垂直安装，支架间距不应大于4m，单根直管至少应有2个固定点。

5）当水平悬吊的主、干风管长度超过20m时，应设置1~2个防止晃动的固定点。

6）对于直径或边长大于2500mm的超宽、超重等特殊风管的支、吊架应按工程设计进行制作和安装。

7）抱箍支架，折角应平直，抱箍应紧贴并箍紧风管。安装在支架上的圆形风管应设托座和抱箍，其圆弧应均匀，且与风管外径相一致。

8）吊架的螺孔应采用机械加工，不得用气割。吊杆应平直，螺纹完好。安装后各支吊架受力应均匀，无明显变形。

风管或空调设备使用的可调隔振支吊架的拉伸或压缩量，应按设计的要求进行调整。

9）风管转弯处两端应加支架。

10）干管上有较长的支管时，则支管上必须设置支吊架，以免干管承受支管的重量而造成损坏。

11）风管与通风机、空调器及其他振动设备的连接处，应设置支架，以免设备承受风管的重量。

12）在风管穿楼板和穿屋面处，应加固定支架，具体做法如设计无要求时，可参照标准图集。

13）不锈钢板、铝板风管与碳素钢支架不能直接接触，应有隔绝或防腐绝缘措施。

14）当风管有保温层时，支吊架上的钢件不能与金属风管直接接触，应在支吊架于风管间加垫与保温层同样厚度的防腐垫木。

(2) 支、吊架的形式

1）砖墙上的支架。砖墙上的支架现在已广泛采用膨胀螺栓固定，也可以用传统的栽埋的方法。栽埋角钢支架要先在砖墙上打出比角钢尺寸略大、比角钢栽埋深度更深一些的方洞，用1:3水泥砂浆与适当浸过水的石块和碎砖块拌和后进行填塞，最后外表面应稍低于墙面，以便于土建对墙面进行处理。砖墙上的支架形式见图6-1。

2）柱上支架。在混凝土柱或砖柱上设置支架，可用柱面预埋有铁件（可将支架型钢焊接在铁件上面）、预埋螺栓（可将支架型钢紧固在上面）和抱箍夹固等方法，将支架固定在柱子上，见图6-2。

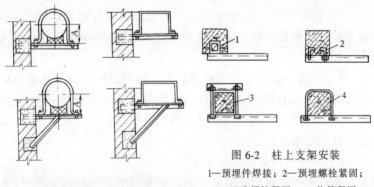

图6-2　柱上支架安装
1—预埋件焊接；2—预埋螺栓紧固；
3—双头螺栓紧固；4—抱箍紧固

图6-1　砖墙支架的形式

3）吊架安装。风管敷设在楼板、屋面、桁架及梁下面并且离墙较远时，一般都采用吊架来固定风管。

矩形风管的吊架由吊杆和托铁组成，圆形风管的吊架由吊杆和抱箍组成，见图6-3。当吊杆（拉杆）较长时，中间可加装花篮螺丝，以便调节各杆段长度。

圆形风管的抱箍可按风管直径用扁钢制成。为了安装方便，抱箍做成两个半边。单吊杆长度较大时，为了避免风管摇晃，应该每隔两个单吊杆，中间加一个双吊杆。矩形风管的托铁一般用

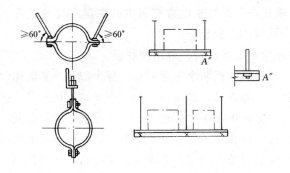

图 6-3　风管吊架

角钢制成，风管较重时也可以采用槽钢。为了便于调节风管的标高，圆钢吊杆可分节，并且在端部套有长度 50～60mm 的丝扣，以便于调节。

3. 风管的连接与安装

（1）风管的连接

将预制好的风管、部件等，按系统送到现场，在安装地点按编号进行排列组对。风管的连接长度，应根据其材质、壁厚、法兰与风管的连接方式、风管配件部件情况和吊装方法等多方面的因素而定。为了安装方便，应尽量在地面上进行组对连接。在风管连接时应避免将法兰接口处装设在穿墙洞或楼板洞内。

风管接口的连接应严密、牢固。风管法兰的垫片材质应符合系统功能的要求，厚度不应小于3mm。垫片不应凹入管内，亦不宜突出法兰外。法兰的垫料选用，如设计无明确规定时，可按下列要求选用：

1）输送空气温度低于 70℃ 的风管，应用橡胶板、闭孔海绵橡胶板等。

2）输送空气或烟气温度高于 70℃ 的风管，应用石棉绳或石棉橡胶板等。

3）输送含有腐蚀性介质气体的风管，应用耐酸橡胶板或软聚氯乙烯板等。

4）输送产生凝结水或含有蒸汽的潮湿空气的风管，应用橡胶板或闭孔海绵橡胶板。

5）除尘系统的风管，应用橡胶板。

法兰连接时，把两个法兰对正，穿上螺丝。紧固螺丝时，不要一个挨一个地拧紧，而应对称交叉逐步均匀地拧紧。拧紧螺丝后的法兰，其厚度差不要超过 2mm。螺帽应在法兰的同一侧。风管连接长度，应根据风管的管壁厚度、法兰、风管的连接方法和吊装方法等具体情况而定。在地坪上进行法兰连接比较方便，一般可组装成 10～12m 左右的管段，进行吊装。

（2）风管的安装

风管安装前，应检查支吊架等固定件的位置是否正确，生根是否牢固。滑轮或倒链一般可挂在梁、柱上。水平风管绑扎牢靠后，就可进行起吊。起吊时，使绳索受力均衡。当风管离地 200～300mm 时，应暂停起吊，再次检查滑轮的受力点和绳索、绳扣是否正常。如没有问题，再继续吊到安装高度，用已安装的支吊架把风管固定后，方可解开绳索。风管可用支吊架上的调节螺丝找正找平。

对于不便悬挂滑轮、倒链或条件限制，不能进行整体吊装时，可将风管分节用麻绳拉到脚手架上，然后再抬到支架上对正法兰逐节进行安装。

水平干管找平后，再进行立支管的安装。

柔性短管的安装，应松紧适度，无明显扭曲。可伸缩性金属或非金属软风管的长度不宜超过 2m，并不应有死弯或塌凹。

地沟内的风管和地上风管连接时，风管伸出地面的接口与地面的距离不要小于 200mm，以便保持风管内部清洁。风管与砖、混凝土风道的连接接口，应顺着气流方向插入，并应采取密封措施。安装过程中断时，露出的敞口应临时封闭，防止杂物落入。风管穿出屋面处应设有防雨装置，见图 6-4。

风管的连接应平直、不扭曲。明装风管水平安装，水平度的允许偏差为 3/1000，总偏差不应大于 20mm。明装风管垂直安装，

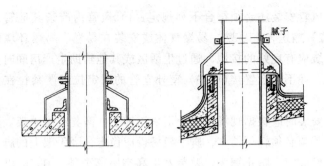

腻子

图 6-4　风管穿出屋面处的防雨装置

垂直度的允许偏差为 2/1000，总偏差不应大于 20mm。暗装风管的位置，应正确、无明显偏差。对含有凝结水或其他液体的风管，坡度应符合设计要求，并在最低处设排水装置。

现行规范规定，在风管穿过防火、防爆的墙体或楼板时，需要封闭处理，具体做法是设预埋管或防护套管，其钢板厚度不应小于 1.6mm。风管与防护套管之间，应用不燃且对人体无危害的柔性材料封堵。

输送空气温度高于 80℃ 的风管，应按设计规定采取防护措施。

固定接口的配管。当风管已经安装，与风管连接的设备已安装好，风管与固定设备之间的连接管称为固定接口配管。固定接口配管往往是不规则的，制作应在现场实侧后，在加工车间初步加工成型，其长度应比实测长度长 30～50mm，且两端的法兰不要铆上。现场预装配时，将此固定接口管段预装在要求的位置上，并将管段两端的活法兰和与相邻风管、设备上的固定法兰用螺栓临时连接，在固定接口管段上，划出法兰所在的理想位置，然后将固定接口管段取下。若用于配管的管段较长，可修剪至符合要求为止，再将法兰与风管铆接起来。若用于配管的管段长度不够，且风管偏位或转弯较大，也可以用软风管连接。若设备接口无法兰，配管时可用自攻螺钉将风管法兰加垫片后，再与设备连接起来。

风管安装还必须符合下列规定：1）风管内严禁其他管线穿越；2）输送含有易燃、易爆气体或安装在易燃、易爆环境的风管系统应有良好的接地，通过生活区或其他辅助生产房间时必须严密，并不得设置接口；3）室外立管的固定拉索严禁拉在避雷针或避雷网上。

安装时应根据现场情况分别采用梯子、高凳或脚手架。高凳和脚手架必须轻便结实，脚手架搭设应稳定，脚手架上的脚手板用钢丝固定，防止翘头，避免发生高空坠落事件。在2m以上高处作业时，应系安全带。

4. 部件安装

（1）一般风阀的安装要求

在送风机的入口，新风管、总回风管和送、回风支管上，均应设调节阀门。对于送、回风系统，应选用调节性能好且漏风量小的阀门，如多叶调节阀或带拉杆的三通调节阀。调节阀会增加风管系统的阻力和噪声，因此，风管上的调节阀应尽可能少设。

对带拉杆的三通调节阀，只宜用于有送、回风的支管上，不宜用于大风管上。因为调节阀阀板承受的压力大，运行时阀门难以调节，且阀板容易变位。

各类风阀应安装在便于操作及检修的部位，安装后的手动或电动操作装置应灵活、可靠，阀板关闭应保持严密。在安装前应检查其结构是否牢固，调节装置是否灵活。安装手动操纵的构件应设在便于操作的位置。安装在高处的风阀，要求距地面或平台1～1.5m，以便操作。阀件的安装应注意阀件的操纵装置要便于操作，阀门的开闭方向及开启程度应在风管壁外，要有明显和准确的标志。

（2）风口安装

各类送、回风口一般是安装在顶棚或墙面上。风口安装常需要与装饰工程密切配合进行。

风口与风管的连接应严密、牢固，与装饰面相紧贴；表面平整、不变形，调节灵活、可靠。条形风口的安装，接缝处应衔接自然，无明显缝隙。同一厅室、房间内的相同风口的安装高度应一致，排列应整齐。

明装无吊顶的风口，安装位置和标高偏差不应大于 10mm。风口水平安装，水平度的偏差不应大于 3/1000；风口垂直安装，垂直度的偏差不应大于 2/1000。

对于装在顶棚上的风口，应与顶棚平齐，并应与顶棚单独固定，不得固定在垂直风管上。风口与顶棚的固定宜用木框或轻质龙骨，顶棚的孔洞不得大于风口的外边尺寸。

（3）排气柜、罩的安装

局部排气的柜、罩、吸气漏斗及连接管的安装，应在相关的生产设备安装好以后进行。安装时位置应正确，排列整齐，固定牢靠，外壳不应有尖锐的边缘。

（4）风帽的安装

风帽安装必须牢固，其连接风管与屋面或墙面的交接处不应渗水。

有风管相连的风帽，可在室外沿墙绕过檐口伸出屋面，或在室内直接穿过屋面板伸出屋顶。风管安好后，应装设防雨罩，防止雨水沿风管漏入室内。风帽安装高度超出屋面 1.5m 时，应用镀锌钢丝或圆钢拉索固定，防止被风吹倒。拉索不应少于 3 根。拉索可在屋面板上预留的拉索座上固定。

无连接风管的筒形风帽，可用法兰固定在屋面板上的混凝土底座上。当排送温度较高的空气时，为避免产生的凝结水滴入室内，应在底座下设滴水盘和排水装置。

5.防火阀、排烟阀的安装

防火阀和排烟阀是由经公安消防部门批准具有制造资格的厂家生产的，施工单位在现场只是负责安装。

（1）防火阀

防火阀是防火阀、防火调节阀、防烟防火阀、防火风口的总称。防火阀与防火调节阀的区别在于后者的叶片开度可在 0 ~ 90° 范围调节风量。

防烟防火阀是在火灾发生时，通过感烟或感温器控制设备电信号联动，在火灾初始阶段，将阀门严密关闭起隔烟阻火作用，阀门关闭同时可输出电信号与控制中心连锁的防火阀。

防火风口是安装在通风空调系统送、回风管道的送风口或回风口处，防火阀的一端带有装饰作用或调节气流方向的铝合金风口。

防火阀的种类较多，可按其控制方式、阀门关闭驱动方式及形状分类。生产防火阀的厂家较多，各厂家对型号的标示不同。常用的防火阀主要有重力式和弹簧式。

重力式防火阀又称自重翻板式防火阀，分圆形和矩形两种。圆形防火阀只有单板式一种，见图 6-5；矩形防火阀有单板式和多叶片式两种，见图 6-6、图 6-7。

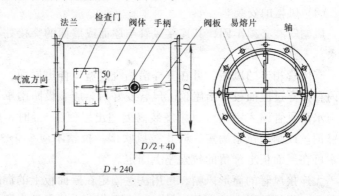

图 6-5　重力式圆形单板防火阀

防火阀的构造主要由阀壳、阀板、转轴、自锁机构、检查门、易熔片等组成。阀门的阀板式叶片由易熔片将其悬吊成水平或水平偏下 5°状态。防火阀平时在风管中处于常开状态。当火灾发生后，并且当流经防火阀的空气温度高于 70℃时，易熔片熔断，阀板或叶片靠重力自行下落，带动自锁簧片动作，使阀门关闭并自锁，即可防止火焰沿风管蔓延，从而起到防火作用。

当需要重新开启阀门时，旋松自锁簧片前的螺栓，用操作杆

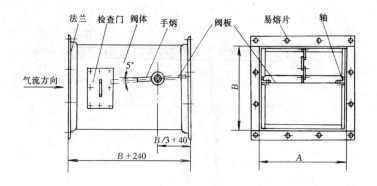

图 6-6　重力式矩形单板防火阀

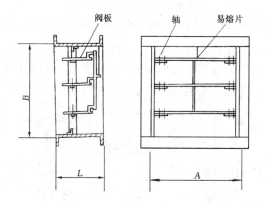

图 6-7　重力式矩形多叶防火阀

摇起阀板或叶片，接好易熔片，摆正自锁簧片，旋紧螺栓，防火阀即恢复正常工作状态。

防火阀、排烟阀（口）的安装方向、位置应正确。防火分区隔墙两侧的防火阀，距墙表面不应大于 200mm。

防火阀在风管中的安装可分别采用吊架和支座，以保证防火阀的稳固。图 6-8 为较常用的防火阀的吊架安装。

风管穿越防火墙时，除防火阀单独设吊架外，穿墙风管的管壁厚度要大于 1.6mm，安装后应在墙洞与防火阀间用水泥砂浆密封。

风管穿越建筑物的变形缝时，在变形缝两侧应各设一个防火

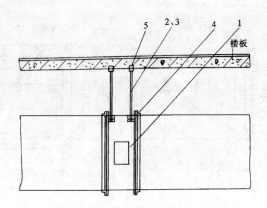

图 6-8　防火阀的吊架安装

1—防火阀；2、3—吊杆和螺母；4—吊耳；5—楼板吊点

阀。穿越变形缝的风管中间设有挡板，穿墙风管一端设有固定挡板；穿墙风管与墙洞之间应保持 50mm 距离，其间用柔性非燃烧材料密封，变形缝处的防火阀安装见图 6-9。

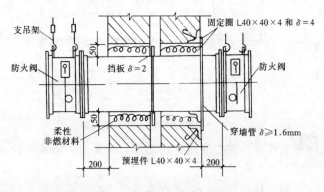

图 6-9　变形缝处的防火阀安装

（2）弹簧式防火阀

弹簧式防火阀有矩形和圆形两种。它是由阀壳、叶片或阀板、轴、弹簧扭转机构、温度熔断器等组成。

弹簧式防火阀安装在通风、空调系统中，平时为常开状态。

当火灾发生并且防火阀中流通的空气温度高于70℃时，易熔片熔断，温度熔断器内的压缩弹簧释放，内芯弹出，手柄脱开，轴后端的扭转弹簧释放，使阀门关闭，防止火焰通过风管而蔓延。

当需要重新开启阀门时，装好易熔片和温度熔断器，摇起叶片或阀板并固定在温度熔断器内芯上，防火阀便恢复正常工作状态。

（3）弹簧式防火调节阀

弹簧式防火调节阀有矩形和圆形两种。防火调节阀与防火阀的主要区别在于其叶片的开度可在0~90°范围进行调节，即可以起到防火和调节风量两方面的作用。

防火调节阀平时为常开状态，并可作为风量调节使用。当火灾发生并且防火阀中流动的空气温度高于70℃时，温度熔断器中的易熔片熔断，内部机构动作，阀门的叶片关闭，防止火焰蔓延。

（4）防烟防火调节阀

防烟防火调节阀有矩形和圆形两种。可应用于有防烟防火要求的空调、通风系统，其构造与防火调节阀基本相同，区别在于除温度熔断器可使阀门瞬时严密关闭外，还有受烟感电信号控制的电磁机构，可使阀门迅速严密关闭，并同时输出连锁电信号。

（5）防火风口

防火风口用于有防火要求的通风、空调系统的送风口、回风口及排风口处。防火风口由铝合金的风口与防火阀组合而成。风口可调节气流方向，防火阀可在0~90°范围内调节风量。发生火灾时，防火阀上的易熔片或易熔环受热达70℃时熔化，使阀门关闭，阻止火势和烟气沿风管蔓延。防火风口的构造见图6-10。

在风管穿过防火、防爆的墙体或楼板时，需要封闭处理，具体做法是设预埋管或防护套管，其钢板厚度不应小于1.6mm。风管与防护套管之间，应用不燃且对人体无危害的柔性材料封堵。

（6）排烟阀

排烟阀常用于高层建筑、地下建筑的排烟管道系统中。当发

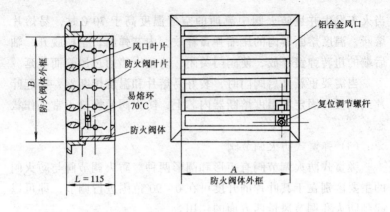

图 6-10　防火风口的构造

生火灾时，人员的伤亡多数不是火焰烧灼，而是烟气引起的窒息和混乱造成的挤压践踏，因此，火灾初期的排烟是至关重要的。

常用的排烟阀的产品包括：排烟阀、排烟防火阀、远控排烟阀、远控排烟防火阀等。

排烟阀一般安装在排烟系统的风管上，平时阀的叶片关闭，当发生火灾时烟感探头发出火警信号时，由控制中心使排烟阀电磁铁的 DC24V 电源接通，叶片迅速打开（也可由人工手动将叶片打开），排烟风机立即启动，进行排烟。排烟阀的构造与排烟防火阀相同，其区别是排烟阀无温度传感器。

排烟防火阀安装的部位及叶片关闭与排烟阀相同，其区别是具有防火功能，当烟气温度达到 280℃时，可通过温度传感器或手动将叶片关闭，切断烟气流动。因为当烟气温度达到 280℃时，说明火焰已经逼近，排烟已没有意义，此时关闭排烟防火阀可以起到阻止火焰蔓延的作用。

总之，安装防火阀、排烟阀，不能掉以轻心，要认真阅读生产厂家的产品说明书，遵守设计、规范和厂家提出的有关安装要求。对于利用烟感器报警，由中央控制室自动发出关闭讯号，执行机构为电动或气动的防火阀、排烟防火阀，安装时要与有关工种密切配合。

6. 无法兰连接风管的安装

关于无法兰连接风管的制作，在第五章已经介绍过了，这里再作一些补充介绍。两段风管之间的连接，传统的连接形式是采用角钢法兰，这种费工费料的做法已延用多年。在 20 世纪 80 年代中、后期，沿海地区开始借鉴国外的技术，采用 TDF 和 TDC 的连接方法。

（1）TDF 连接

TDF 连接是把风管本身两头扳边自成法兰，再用法兰角和法兰夹将两段风管扣接起来，见图 6-11。

这种方法适用于大边长度在 1000 ~ 1500mm 之间的风管连接。其工艺程序如下：

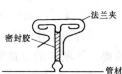

图 6-11　TDF 连接

1）风管的 4 个角插入法兰角。

2）将风管扳边自成的法兰面，四周均匀地填充密封胶。

3）法兰的组合，并从法兰的 4 个角套入法兰夹。

4）4 个法兰角上紧螺栓。

5）用老虎钳将法兰夹连同两个法兰一齐钳紧。

6）法兰夹距离法兰角的尺寸为 150mm 左右，两个法兰夹之间的空位尺寸为 230mm 左右。法兰边长为 1500mm 时，用 4 个法兰夹；法兰边长为 900 ~ 1200mm 时，用 3 个法兰夹；法兰边长为 600mm 时，用 2 个法兰夹；法兰边长在 450mm 以下的，在中间使用 1 个法兰夹。

（2）TDC 连接

TDC 连接是插接式风管法兰连接，见图 6-12。这种连接方法适用于风管大边长度在 1500 ~ 2500mm 之间的连接，其工艺程序如下：

1）根据风管四条边的长度，分别配制 4 根法兰条。

2）风管的四边分别插入 4 个法兰条和 4 个法兰角。

3）检查和调校法兰口的平整。

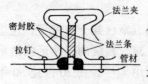

图 6-12　TDC 连接

4）法兰条与风管用空心拉铆钉铆合。

5）两段风管的组合。法兰面均匀地填充密封胶，组合两个法兰并插入法兰夹，4个法兰角上紧螺栓，最后用手虎钳将法兰夹连同两个法兰一起钳紧。

对于较大风管，当风管大边长度超过 2500mm，仍采用角钢法兰连接。

（3）无法兰连接风管的安装的有关规定

现行施工质量验收规范，对各种形式的无法兰连接风管的安装提出了明确的质量要求：

1）风管的连接处，应完整无缺损、表面应平整，无明显扭曲。

2）承插式风管的四周缝隙应一致，无明显的弯曲或褶皱；内涂的密封胶应完整，外粘的密封胶带，应粘贴牢固、完整无缺损。

3）薄钢板法兰形式风管的连接，弹性插条、弹簧夹或紧固螺栓的间隔不应大于 150mm，且分布均匀，无松动现象。

4）插条连接的矩形风管，连接后的板面应平整、无明显弯曲。

（二）洁净空调系统的安装

1. 洁净空调系统

洁净空调系统是指要求空调房间空气洁净度达到一定级别的空调系统。洁净空调系统大致分为集中式和分散式两种类型。集中式洁净空调系统是指空气处理设备集中，送风点分散，就是说在机房内集中处理空气，然后分别送入各洁净室的空调系统，见图 6-13；分散式洁净空调系统则相反，是指将机房、输送系统和洁净室紧密结合在一起而成的空调系统。

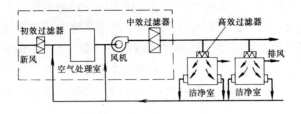

图 6-13　集中式洁净空调系统示意图

　　按洁净室内气流流动形式的不同，又可以分为非单向流洁净室和单向流洁净室。

　　非单向流洁净室的气流流动形式与一般空调系统基本相同，以经过过滤器处理后的空气通过送风口送入洁净室，由于从送风口到回风口之间的流通断面是变化的，洁净室的断面与送、回风口的断面相比要大得多，因此，不能在洁净室断面或工作区断面形成匀速气流，对室内的污染空气先进行稀释，将原来洁净室内含尘浓度较高的空气冲淡，为了排除含尘空气，气流的组织应为垂直向下送风，以减少空气乱流的二次污染。

　　单向流洁净室中，气流流经送风口流经洁净室到回风口的流通断面变化不大，加之风管中的静压箱和高效过滤器起到均压均流作用，因此，洁净室全室断面流速较为均匀。在洁净室内，自上向下的洁净气流向气体活塞一样，将室内脏空气沿整个断面经回风口推出排至室外，使洁净空气始终充满洁净室，从而达到空气净化的目的。单向流洁净室适用于洁净度为 100 级或更高洁净度等级的洁净室。

　　洁净空调系统的安装与一般空调系统相比，有两个最突出的特点：一是保证安装时和安装后风管内的清洁；二是保证风管密封。如果严密性不好，产生的不良影响主要表现在两方面：1）系统运行时，空气洁净系统中风管的全压比一般空调系统大，以保证在系统总阻力较高的情况下，获得比一般空调大得多的换气次数。洁净系统由于全压较高,如果严密性不好,洁净空气必将大量向外泄漏,造成损失。为了保持室内一定的正压值,必须补充大量含尘新风,这样对整个室内洁净度系统的运行是很不经济的,同时也会缩短过滤器的使用周期和寿命。2)系统停止运行时,风管经过的非洁净区或低等级洁净区域中含尘空气就会渗入系统;在系统运行时,在系统的负压段,会吸入途径区域的含尘空气。

洁净系统中的设备安装,应按设备技术文件规定执行。施工场地应平整,环境应清洁。设备安装前应擦去内外表面尘土和油污,经检验合格后应尽快进行安装。

装配式洁净室的安装应符合下列规定:

(1)设备开箱应在清洁的室内进行,并有施工单位、建设单位、监理单位三方人员到场,对设备严格检查,并做好纪录。

(2)装配式洁净室的组装,应在建筑装修工程已经完成,场地无积尘,空间环境清洁的条件下进行。洁净室地面应干燥、平整,平整度允许偏差为1/1000。

(3)洁净室墙板的安装,放线应准确,拼装应按次序进行,墙角应垂直交接,装配后的墙板间、墙板与顶板间的拼缝应平整严密,墙板的垂直度允许偏差为2/1000。装配后每个单间的几何尺寸与设计要求的允许偏差为2/1000。

(4)洁净室吊顶在受荷载后应保持平直,压条全部紧贴。若有上、下槽形板时,其接头应整齐,严密。装配完毕的洁净室所有拼接缝,包括与建筑的接缝、进出管线的接缝,均必须采取可靠的密封措施。

(5)装配式洁净室组装完毕后应做漏风量测试,当室内静压为100Pa时,漏风量不应大于 $2m^3/(h \cdot m^2)$。

2. 风管、配件的制作特点

加工制作场地应保持清洁,最好在工作平台上铺上橡皮垫,以保护制作的风管和部件不受污损。风管板材的划线应使风管制成后在风管的外面,以保护风管内面的镀锌层。

风管与配件制作前，必须先对板材进行清洗，除净板材表面上的油污。制作时，应选用强度较高而严密性较好的咬口缝。近年来国内洁净工程中常采用的咬口缝形式是单平咬口、转角咬口、联合角咬口和按扣式咬口。但按扣式咬口漏风量较大，必须做好密封处理。制作良好的无法兰连接风管，并按规定涂密封胶，其密封性优于传统的角钢连接风管，当施工停顿或完毕时，端口应封好。

　　矩形风管底边宽度在 800mm 以内，不应有拼接缝，在800mm 以上，应尽量减少纵向接缝，但不得有横向拼接焊缝。

　　制作风管，其内表面应平整，以防风管内壁积尘。因此风管的加固框和加固筋，不得设在风管内，不得采用凸棱方法加固风管，一般采用角钢或角钢框在风管外表面加固。

　　洁净风管系统一般不设置消声器，以免造成新的空气污染，如必须采用消声器时，应选用微穿孔板消声器或微穿孔板复合消声器等不易积尘和产尘的结构及消声材料制作。

　　为避免柔性短管漏风和积尘、产尘，不得采用帆布制作，应选用里面光滑、不产尘、不透气的材料，如软橡胶板、人造革、涂胶帆布等。

　　制作时，对风管的咬口必须达到连续、紧密、宽度均匀，无孔洞、半咬口及胀裂等现象。

　　对风管咬口缝、铆钉孔及风管翻边的四个角，必须用密封胶进行密封。对风管翻边的四个角，如孔洞较大，用密封胶密封困难时，必须用焊锡焊牢。密封胶应采用对金属不腐蚀、流动性好、固化快、弹性好及遇潮湿不易脱落的产品。如硅橡胶、聚氨酯弹性胶、KS 型密封胶等质量可靠的品牌。为保证密封胶与金属风管粘接牢固，涂抹密封胶前必须将封处的油擦洗干净。

　　风管的法兰、加固框及部件铆接时，应采用镀锌铆钉。

　　制作静压箱应采用咬接或焊接，接缝尽量减少。静压箱与风管连接时，应采用转角咬口或联合角咬口。

　　制作好的风管和部件必须揩试干净或用吸尘器吸去浮尘，然后将其开口处用塑料布包封好，以免在安装前再次污染。

3. 风管的安装

风管安装应在建筑施工基本完成，门窗装好，地坪做好，吊架预留好后才开始进行，以减少风管在安装过程中受污染的程度。

风管在安装前，内壁必须保持干净，做到无油污和浮尘，如施工中断时，应用塑料布封好管口。

风管法兰垫料和清扫口、检视门的密封垫料应选用不产尘、不易老化和具有一定强度和弹性的材料，如橡胶板、闭孔海绵橡胶板，厚度为 5 ~ 8mm。不得采用乳胶海绵以及石棉绳、厚纸板、铅丹油麻辫、麻丝及油毡纸等易产尘材料。法兰垫片应尽量减少拼接，并不允许直缝对接连接，接头应采用梯形或榫形连接，见图 6-14。严禁在垫料表面涂涂料。法兰均匀紧固后的垫料宽度，应与风管内壁取平。

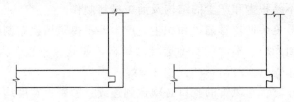

图 6-14　洁净风管法兰垫片接头形式

安装用复合钢板、镀锌钢板制作的风管，在加工、运输、吊装过程中如风管有损伤之处，应涂环氧树脂。

风管与洁净室吊顶、隔墙等围护结构的接缝处应严密。

（三）通风空调设备的安装

1. 空调机组的分类和安装

空调机组是空调系统的核心设备，用来对空气进行加热或冷却、加湿或去湿、净化及空气输出。按空气处理方式的不同，空调机组可分为装配式、整体式及组装式三大类。

(1) 空调机组器的分类

1) 装配式空调机组

装配式空调机组按其空调系统的不同，又可分为一般装配式空调机组、变风量空调机组和新风空调机组三种。

A) 一般装配式空调机组

一般装配式空调机组的用途广泛，除用于恒温恒湿空调系统外，还能用于舒适性空调系统和空气洁净系统，它包括各种功能段，如新回风混合段、初效空气过滤段、中效空气过滤段、表面冷却器段、喷水室段、蒸汽加热段、热水加热段、加湿段、二次回风段、风机段。空调机组组合中如无风机段，则可采用外装形式的风机。并不是所有的装配式空调机组都具备以上功能段，而是根据空调系统空气处理的需要加以取舍。

B) 变风量空调机组

变风量空调机组用于变风量空调系统。所谓变风量空调系统，是随着空调负荷的减小，送风机的转速和送风量也随之减小的空调系统。

变风量空调机组也适用于风机盘管或用于新风机组。它和新风空调机组一样，由空气过滤器、冷热交换器、风机等组成。

C) 新风空调机组

新风空调机组适用于各种使用新风系统的场合，也用于风机盘管的新风系统。新风空调机组与一般空调机组相比要简单一些，它是由空气过滤器、冷热交换器（冷热源由冷、热管道系统供给）和风机等组成。运行时，室外空气经过过滤器，再经冷（热）交换器冷却或加热后送入空调房间。

2) 整体式空调机组

整体式空调机组是将压缩式制冷机组、冷空气过滤器、加热器、加湿器、通风机及自动调节装置和电气控制装置等组装在一个箱体内。

整体式空调机组按用途又分为恒温恒湿空调机组和一般空调

机组。恒温恒湿空调机组又可分为一般空调机组和机房专用机组。一般空调机组适用于一般空调系统；机房专用空调机组适用于电子计算机机房和程控电话机房等场合。按照冷凝器冷却介质的不同，又可分为风冷式和水冷式。

3）组装式空调机组

组装式空调机组是由压缩式制冷机组和空调器两部分组成的。组装式空调机组与整体式空调机组基本相同，区别是将压缩式制冷机组由箱体内移出，安装在空调器附近。电加热器则分为三组或四组安装在送风管道内，由手动或自动调节。电气装置和自动调节元件安装在单独的控制箱内。

（2）空调机组的安装

1）装配式空调机组的安装

近年来，装配式空调机组定型生产的形式不断增加，标准化程度和设备性能不断提高，各生产厂家生产的各种形式的空调机组的特点，都是预制的中间填充保温材料的壁板，其中间的骨架有 Z 形、U 形、I 形等。各段之间的连接常采用螺栓内垫海绵橡胶板的紧固形式，也有的采用 U 形卡内垫海绵橡胶板的紧固形式。

装配式空调机组的安装，应按各生产厂家的说明书进行。在安装过程中，并应注意下列问题：

（A）机组各功能段的组装，应符合设计规定的顺序和要求。

（B）机组应清理干净，箱体内应无杂物。

（C）机组应放置在平整的基础上，基础应高于机房地平面。

（D）机组下部的冷凝水排放管，应有水封，与外管路连接应正确。

（E）机组各功能段之间的连接应严密，整体应平直，检查门开启应灵活，水路应畅通。

机组空气处理室的安装应符合下列规定：

（A）金属空气处理室壁板及各段的组装，应连接严密，位置正确，平整牢固，喷水段不得渗水。

（B）冷凝水的引流管或槽应畅通，冷凝水不得外溢，喷水段检查门不得漏水。

（C）表面式换热器的表面应保持清洁、完好。用于冷却空气时，在下部应设排水装置。

（D）预埋在砖、混凝土空气处理室构筑物内的供、回水管应焊防渗肋板，管端应配制法兰或螺纹，距处理室墙面应为 100～150mm，以便日后接管。

（E）表面式换热器应具有合格证明。在技术文件规定的期限内，如外观无损伤，安装前可不做水压试验，否则应做水压试验。试验压力等于系统工作压力的 1.5 倍，且不得小于 0.4MPa，水压试验的观测时间为 3min，压力不得下降。

（F）表面式换热器与围护结构间的缝隙，以及表面式换热器之间的缝隙，应用耐热材料堵严。

2）整体式空调机组的安装

整体式空调机组安装前，应认真熟悉施工图纸、设备说明书及有关的技术文件。会同建设单位、监理单位共同进行设备的开箱，根据设备装箱单对制冷设备零件、部件、附属材料及专用工具进行点查，并做好记录。制冷设备充有保护性气体时，应检查压力表的示值，确定有无泄漏情况。

机组安装属于安装钳工的工作范围。应按照设计和相关施工规范进行。机组安装的坐标位置应正确，并对机组找平找正。水冷式机组，要按设计或设备说明书要求的流程，对冷凝器的冷却水管进行连接。

3）组装式空调机组的安装

组装式空调机组的安装包括压缩冷凝机组、空气调节器、风管的电热器、配电箱及控制仪表的安装。

（A）压缩冷凝机组的安装属于安装钳工的工作范围。机组的配管属于管道工的范围，这里不再介绍。

（B）组装式空调机组的空气调节器的安装与整体式空调机组相同，可参照进行。

(C) 风管内电加热器的安装。如果采用一台空调器，来控制两个恒温房间，一般除主风管安装电加热器外，还应在控制恒温房间的支管上安装电加热器，这种电加热器叫微调加热器或收敛加热器，它是受恒温房间的干球温度来控制的。

电加热器安装后，在其前后 800mm 范围内的风管隔热层应采用石棉板、岩棉等不燃材料，以防止当系统出现不正常情况时，引起过热或燃烧。

现场组装的空调机组，应做漏风量测试。空调机组静压为 700Pa 时，漏风率不应大于 3%；用于空气净化系统的机组，静压应为 1000Pa，当室内洁净度低于 1000 级时，漏风率不应大于 2%；洁净度高于或等于 1000 级时，漏风率不应大于 1%。

2. 空气过滤器的安装

空气过滤器的作用是将含尘较少、尘粒粒径较小的的室外空气，经过滤净化后送入室内，使室内空气环境达到一定质量要求。空气过滤器根据空气过滤灰尘粒径的大小和效率可分为粗效过滤器、中效过滤器（及高中效过滤器）、高效过滤器（及亚高效过滤器）三种。过滤器的型号种类较多，有框架式过滤器、袋式过滤器、自动浸油过滤器、卷绕式过滤器及静电过滤器等。过滤器是由专业厂家生产的，具体型号和构造这里不再介绍了。

（1）粗效过滤器安装

粗效空气过滤器用来过滤新风中大于 $5\mu m$ 的微粒和各种异物，其滤料常用粗孔泡沫塑料或无纺布等。

（2）中效空气过滤器

中效空气过滤器用于粗效过滤器之后，能捕集空气中粒径大于 $1\mu m$ 的悬浮性微粒。对于装有高效过滤器的系统，可以防止高效空气过滤器（或亚高效空气过滤器）表面沉积灰尘而堵塞。中效空气过滤器的常用滤料有玻璃纤维、中细孔泡沫塑料及无纺布等。

（3）高中效空气过滤器

高中效空气过滤器用来过滤经粗效空气过滤器过滤后空气中

的大于 $1\mu m$ 的悬浮性微粒，其作用与中效空气过滤器相同。高中效空气过滤器的过滤效率比中效空气过滤器高，能更有效防止在高效（或亚高效）空气过滤器表面沉积悬浮性微粒，以延长高效空气过滤器的使用寿命。

（4）亚高效空气过滤器

亚高效空气过滤器的性能比高中效空气过滤器高，但比高效空气过滤器低，常用于 10 万级或低于 10 万级的洁净系统。由于它的初阻力低，可降低洁净系统的投资和日常运行费用。

（5）高效空气过滤器

高效空气过滤器用来过滤上述几种空气过滤器不能过滤的而且含量最多的 $1\mu m$ 以下亚微米级微粒，是空气洁净系统最后的关键部位。其滤料常使用石棉纤维滤纸、玻璃纤维滤纸及合成纤维滤纸等。

安装过滤器应注意以下几方面的问题：

在安装时应将空调器内外清扫干净，清除过滤器表面沾附物。框架式及袋式粗、中效空气过滤器的安装，应便于拆卸和更换滤料。过滤器与框架之间、框架与空气处理室的围护结构之间应严密。

自动浸油过滤器适用于一般通风、空调系统，不能在空气洁净系统中使用，以免将油雾（即灰尘）带入系统中。自动浸油过滤器的安装，链网应清扫干净，传动灵活。两台以上并列安装，过滤器之间的接缝应严密。

卷绕式过滤器，应注意装配的转动方向，使传动机构灵活。框架应平整，滤料应松紧适当，上下筒应平行。

静电过滤器的安装应平稳，与风管或风机相连接的部位应设柔性短管，接地电阻应小于 4Ω。

各种过滤器与框架或并列安装的过滤器之间应进行封闭，防止从缝隙中使空气直接进入系统中，从而影响过滤效果。

高效过滤器（含亚高效过滤器，下同）是洁净空调系统的关键部件，其正确安装对洁净系统是至关重要的，必须遵守《洁净室施工及验收规范》、设计图纸及制造厂家提出的各项要求。

高效过滤器应按出厂标志方向搬运和存放。安装前的成品应放在清洁的室内，并应采取防潮措施，其包装层和密封保护层不得损坏。

为防止高效过滤器受到污染，在洁净室全部安装工程完毕，并全面清扫，系统连续试车 12h 后，方能开箱检查，不得有变形、破损和漏胶等现象，检漏合格后立即安装。

安装高效过滤器时，要轻拿轻放，不能敲打、撞击，严禁用手或工具触摸滤料，防止损伤、污染滤料和密封胶。

要检查过滤器框架或边口端面的平直性，端面平整度的允许偏差，每只为 ±1mm。如端面平整度超过允许偏差时，只允许调整过滤器安装的框架端面，不允许修改过滤器本身的外框，否则将会损坏过滤器中的滤料或密封部分。

安装高效过滤器时，外框上的箭头应与气流方向一致。用波纹板组合的过滤器在竖向安装时，波纹板必须垂直于地面，不得反向。

高效过滤器与其组装框架之间必须加密封垫料或涂抹密封胶。密封垫料一般采用厚度为 6～8mm 的闭孔海绵橡胶板或氯丁橡胶板，定位粘贴在过滤器边框上。垫料应使用梯形或榫形接头，并尽量减少接头数量。安装后垫料的压缩率应大于 50%。

3. 消声器的安装

消声器是利用吸声材料按不同消声原理而制成的消声装置。因此，必须保护好消声器的吸声材料。消声器在运输和吊装过程中，应力求避免振动，防止消声器的变形和消声材料移位，影响消声效果。特别对于填充消声多孔材料的阻、抗式消声器，应防止由于振动而损坏填充材料。

消声器的存放应有保护措施，所有敞口和法兰口应有防雨、防尘保护措施，防止消声器的吸声材料受潮或被污染。

消声器安装前应保持干净，做到无油污和浮尘。消声器安装的位置、方向应正确，不同方向的气流必须与消声器相应的接口相连接。消声器与风管的连接应严密。两组同类型消声器不宜直接串联。

在空调系统中，消声器应尽量安装在靠近使用房间的部位或楼层的送风干管上，如必须安装在机房内，应对消声器外壳及消声器之后位于机房内的部分风管采取隔声处理。当空调系统为恒温系统时，消声器外壳应与风管同样做保温处理。

现场安装的组合式消声器，消声组件的排列、方向和位置应符合设计要求。单个消声器组件的固定应牢固。消声片的吸声材料不得有厚薄不均或下沉，消声片与周边的固定必须牢靠、严密，四周的缝隙不得漏风。

消声器与消声弯头应单独设置支、吊架，其数量不得少于两副，这样消声器的重量不由风管承担，同时也有利于消声器的拆卸、检查和更换。

4. 诱导器和风机盘管的安装

（1）诱导器的安装

诱导式空调系统已在"一、2. 空气调节系统的分类"中介绍过。它是一种将空气的集中处理和局部处理结合起来的半集中式空调系统，有的也称为混合式空调系统。诱导式空调系统利用集中式空调器来的风（即一次风）作为诱导动力，经诱导器就地吸入室内空气（即二次风）并加以局部处理（如冷却或加热）后，又就地送入室内。这样可以大大减少一次风的用量，缩小送风管道尺寸，使回风管道的尺寸也大为缩小甚至取消。因此，诱导式空调系统适用于某些特定的场所。

诱导器安装前必须进行外观检查。各连接部分不能有松动、变形；静压箱封头的缝隙密封良好；一次风喷嘴不能脱落或堵塞；一次风风量调节阀必须灵活可靠，并可调至全开位置。

诱导器的水管接头方向和回风面朝向应符合设计要求。诱导器与一次风风管的连接要严密，必要时应在连接处涂以密封胶或包扎密封胶带。立式双面回风诱导器，应将靠墙一面留 50mm 以上的空间，以利于回风；卧式双面回风诱导器，要保证靠楼板一面留有足够的空间。

诱导器的进、出水管接头和排水管接头不得漏水，进、出水管必须保温，防止产生凝结水。诱导器内二次盘管（冷却器）产生的凝结水落入凝结水盘，凝结水盘要有 0.005～0.01 的坡度，使凝结水顺利排出。

（2）风机盘管的安装

风机盘管系统已在"一、2. 空气调节系统的分类"中介绍过。风机盘管和诱导器都是空调系统的末端设备。

风机盘管是由风机和盘管组成的机组，设在空调房间内，靠风机运转把室内空气（回风）吸进机组，经盘管冷却或加热后又送入房间。盘管所用的冷、热媒（冷、热水）是由管道系统集中供应的。因此，风机盘管的作用是使室内空气循环，并在循环过程中进行冷却或加热。为了使室内空气保持新鲜和一定的微正压，由中央空调系统向房间送入少量经集中处理后的新风，因

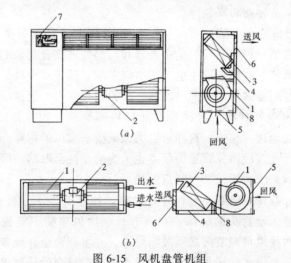

图 6-15　风机盘管机组

（a）立式明装；（b）卧式暗装（控制器装在机组外）

1—离心式风机；2—电动机；3—盘管；4—凝水盘；

5—空气过滤器；6—出风格栅；7—控制器（电动阀）；8—箱体

此，风机盘管系统也属于混合式空调系统，在高层建筑中已广泛采用，具有开闭方便、节省能源的特点，见图 6-15。

国内有许多厂家生产风机盘管机组，其种类可分为卧式明装、卧式暗装；立式明装、立式暗装；立柱式明装、立柱式暗装及顶棚式等，结构大致相同，见图 6-15。

风机盘管的安装应注意以下事项：

风机盘管的就位应符合设计要求的形式、接管方向。卧式风机盘管应由支、吊架固定，并应便于拆卸和维修。立式风机盘管安装应牢固，位置及高度应正确。暗装的风机盘管，一般有四个悬吊点，底盘（凝结水盘）以 0.005 的坡度坡向凝结水排出口。

风机盘管机组与风管、回风箱的连接应严密、牢固。风机盘管的回风口和送风口要与建筑装饰密切配合，在风机盘管下方应设活动顶棚板，以备日后检修。

机组内的盘管夏季通入 7℃ 左右的冷冻水，对空气进行冷却、减湿，冬季通入 60℃ 左右的热水，对空气进行加热。冷冻水、热水管及凝结水管的连接和阀门的安装、保温，电气控制部分的安装，均不属于通风工的工作范围，故不再介绍。

5. 通风机及其安装

（1）通风机

通风机是通风空调系统的主要设备之一，是把机械能转变成气体的势能和动能的动力机械。通风空调系统常用的风机有离心式通风机和轴流式通风机。

离心式通风机的工作原理是，风机叶轮在电动机带动下高速旋转，叶片间的气体在离心力作用下由径向甩出，同时在叶轮的吸气口形成真空，外界大气被吸入叶轮内。由叶轮甩出的气体进入机壳后被压向风道，如此源源不断地将气体输送出去。

轴流式通风机的工作原理是，由于叶轮呈斜面形状，当叶轮在机壳中转动时，空气一方面随着叶轮转动，一方面始终沿着轴向推进。

1）通风机的构造

离心式通风机的结构见图 6-16。

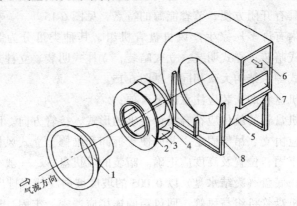

图 6-16　离心式通风机的构造

1—吸气口；2—叶轮前盘；3—叶片；4—叶轮后盘；
5—机壳；6—出风口；7—截流板（即风舌）；8—支架

离心式风机的主要结构部件是叶轮和机壳。机壳内的叶轮固装于原动机拖动的转轴上。当原动机带动叶轮旋转时，机内的气体便获得能量。

以图 6-16 所示的离心式风机为例，叶轮是由叶片 3 和连接叶片的叶轮前盘 2 及叶轮后盘 4 所组成，叶轮后盘装在转轴上（图中未绘出）。机壳 5 一般是用钢制成的螺线状箱体，支承于支架 8 上。

在风机叶轮旋转之前，机壳内充满了空气，当叶轮旋转后，叶轮周围的空气被叶轮扰动而获得能量，由于离心力的作用，空气从叶轮中以一定速度被甩出，汇集到蜗壳形机壳中，其流速度随机壳断面的逐渐扩大而变慢，于是空气的动压转化为静压，最后以一定的压力和速度从出口排出。当叶轮四周的空气被排出后，机壳中心形成真空状态，吸入口外面的空气被吸入机壳内。由于叶轮不断地转动，空气就不断被压出和吸入。这就是离心式风机连续不断地抽送空气的原理。

通风工程中常用的一般轴流式通风机如图 6-17。在圆筒形机壳中安装叶轮，当叶轮旋转时，空气由吸入口进入，在高速旋转的叶轮作用下，空气压力增加，并沿轴向流动，经扩压、减速后排出。

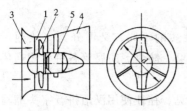

图 6-17　轴流式通风机
1—机壳；2—叶轮；3—吸入口；
4—扩压器；5—电动机

根据不同用途，轴流式通风机的机壳和叶轮、叶片，可采用不同材料制作，常用的材料有普通钢、不锈钢、塑料、玻璃钢、铝合金等。

2）通风机的名称和分类

（A）名称

通风机的名称由三部分组成：通风机的用途或输送介质，通风机叶轮的作用原理，有离心式、轴流式等；通风机在管网中的作用和压力高低。

通风机名称组成的顺序关系如下：

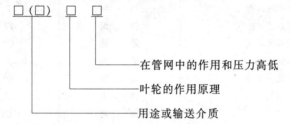

按风机的旋转轴与空气流方向关系分：

离心式通风机：空气轴向流入、径向流出。

轴流式通风机：空气轴向流入、轴向流出。

贯流式通风机：空气径向流入、径向流出。

混流式通风机：空气沿着斜向流动，它是介于轴流式与离心式之间的形式。

按风机产生的风压大小可分为：

低压通风机：全压值低于 981Pa（100mmH$_2$O），用于一般通风空调系统。

中压通风机：全压值在 981 ~ 2942Pa（100 ~ 300mmH$_2$O）范

围。一般用于除尘系统或管网较长、阻力较大的通风系统。

高压离心通风机：全压值在 2942 ~ 14710Pa（300 ~ 1500mmH$_2$O）范围的高压离心通风机，又称鼓风机。用于各种加热炉鼓风系统或物料输送。

离心式风机按其输送气体性质的不同，又可分为一般通风机、排尘通风机以及耐高温、耐磨、防爆、防腐等各种专用通风机。

在实际应用中，为了方便起见，往往使用汉语拼音字头缩写来表示通风机的用途。常用风机产品用途代号见表 6-1。

常用风机产品用途代号　　　　表 6-1

用　　　途	代　　　号	
	汉　字	简　写
一般通用通风换气	通　用	T
防爆气体通风换气	防　爆	B
防腐气体通风换气	防　腐	F
纺织工业通风换气	纺　织	FZ
船舶用通风换气	船　通	CT
矿井主体通风	矿　井	K
隧道通风换气	隧　道	SD
排尘通风	排　尘	C
锅炉通风	锅　通	G
锅炉引风	锅　引	Y

（B）通风机的型号

按照通风机产品技术标准的规定，离心式通风机的型号由用途代号、压力系数、比转数和设计序号组成；轴流式通风机的型号由叶轮数、用途代号、叶轮毂比、转子位置和设计序号组成。因为具体内容太多，并且与施工关系不大，不再介绍。

（C）通风机的机号

通风机的机号以叶轮直径的 d_m 值（尾数四舍五入），前面冠以符号"No"表示。如 5 号风机，其叶轮直径约为 5d_m，即 500mm。

（D）通风机的传动方式

离心式通风机与电动机的传动部件，根据风机型号和规格的不同，有轴和轴承、联轴器或皮带轮。机座一般用灰铸铁铸造或用型钢焊接而成。

通风机的传动方式有 6 种，见表 6-2 及图 6-18、图 6-19。

通风机的 6 种传动方式

表 6-2

代 号		A	B	C	D	E	F
传动方式	离心通风机	无轴承，电机直联传动	悬臂支承，皮带轮在轴承中间	悬臂支承，皮带轮在轴承外侧	悬臂支承，联轴器传动	双支承，皮带在外侧	双支承，联轴器传动
	轴流通风机	无轴承，电机直联传动	悬臂支承，皮带轮在轴承中间	悬臂支承，皮带轮在轴承外侧	悬臂支承联轴器传动（有风筒）	悬臂支承，联轴器传动（无风筒）	齿轮传动

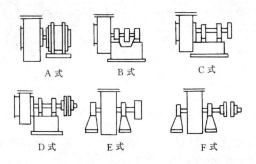

A式　　　　　　B式　　　　　　C式

D式　　　　　　E式　　　　　　F式

图 6-18　离心式通风机的传动方式

（E）旋转方向

离心式通风机的机壳出口，可以朝向多种不同的方向。通风机机壳出口位置，要在购买风机时注明，生产厂家将按照用户的要求供货。

从主轴槽轮或电动机位置看，叶轮旋转方向顺时针者为右转，用"右"表示，逆时针者为左转，用"左"表示。

（F）风口位置

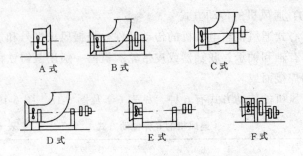

图 6-19　轴流式通风机的传动方式

　　离心通风机的风口位置，以叶轮的旋转方向和进、出风口方向（角度）表示，其基本出风口位置为 8 个，见图 6-20。

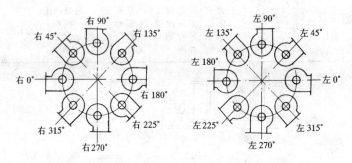

图 6-20　离心式通风机出风口位置

　　轴流通风机的风口位置，用入（出）若干角度表示，见图 6-21。基本风口位置有 4 个。

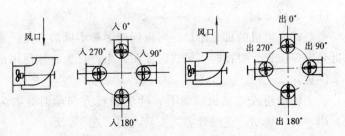

图 6-21　轴流通风机的风口位置

（2）通风机的安装

通风机的安装虽然是通风空调工程的一部分，但在安装施工中，通风机的安装是由安装钳工完成的，而不是由通风工完成的，因此，这里只对通风机的安装要点作一般的介绍。

在设备开箱时，取出并保管好说明书和装箱单，并根据设计图纸核对通风机的名称、型号、机号、传动方式、旋转方向和风口位置是否符合设计要求。

检查风机外观是否有明显的碰伤、变形或严重锈蚀等，如有上述情况，应会同有关方面研究处理。

通风机的搬运和吊装应符合下列规定：

1）整体安装的风机，搬运和吊装的绳索应固定在风机轴承箱的两个受力环上或电机的受力环上，以及机壳侧面的法兰圆孔上，不得捆缚在转子和机壳或轴承盖的吊环上。与机壳边接触的绳索，在棱角处应垫好软物，防止绳索受力被棱边切断。

2）现场组装的风机，绳索的捆缚不得损伤机件表面，转子、轴颈和轴封等处均不应作为捆缚部位。

3）输送特殊介质的通风机转子和机壳内如涂有保护层，应严加保护，不得损伤。

4）通风机的进风管、出风管应有单独的支撑。风管与风机连接时，不得强力对口，机壳不应承受其他机件的重量。

5）通风机的传动装置外露部分应有防护罩；当通风机的进风口直通大气时，应加装保护网或采取其他安全措施。

6）在通风机安装前，应对风机基础进行验收。地脚螺栓预留孔灌浆前，应清除杂物。灌浆使用细石混凝土，其强度等级应比基础的混凝土强度高一级，并应捣固密实，地脚螺栓不得歪斜。地脚螺栓除应带有垫圈外，并应有防松装置。

7）安装隔振器的地面应平整，各组隔振器承受荷载的压缩量应均匀，高度误差应小于 2 mm，且不得偏心。通风机底座若不用隔振装置而直接安装在基础上，应用垫铁找平。

8）电动机应水平安装在滑座上或固定在基础上，找正应以通风机为准，安装在室外的电动机应设防雨罩。

9）现场组装的轴流风机，叶轮与主体风筒的间隙应均匀分布，叶片安装角度应一致，并达到在同一平面内运转平稳的要求，水平度允许偏差为 1/1000。

10）通风机的叶轮经手动旋转后，每次都不应停留在原来的位置上，并不得擦碰机壳。

11）风机的隔振支、吊架的结构和尺寸应符合设计要求或设备技术文件规定，焊接要牢固。

6. 消声与减振

在本书附录的习题集中，关于消声、减振理论的习题较多，为了突出本教材的实用性，这里将适当减少理论方面的内容，有些问题点到为止，因篇幅所限，不能展开论述。同时增加一些施工中必须的实用内容。

（1）噪声

从物理学的角度讲，凡是各种不同频率和声强的声音杂乱无章的组合称为噪声，而有规律地振动产生的声音称为乐声；从生理学的角度讲，凡使人烦躁、讨厌和不愉悦的声音都称为噪声。因此，物理学和生理学的噪声观点是不同的。

在生产与生活环境中，噪声可以分为气流噪声、机械性噪声及电磁性噪声。所谓气流噪声，是气体流动或压力变化产生扰动产生的。机械性噪声是机械运转时产生的。对于通风系统来说，主要是气流噪声。风机转动使空气产生强烈地扰动，薄钢板风管在气流作用下使管壁产生振动，高速气流经过风管内的零部件受阻，都会产生噪声。风机运转引起的机械振动噪声也会沿风管和气流传播。控制和降低噪声对通风空调系统是十分必要的。

通风机的噪声由空气动力噪声、机械噪声和电磁噪声组成，以空气动力噪声为主。

机械噪声是由轴承摩擦、传动和旋转部分的不平衡等而产生的。

电磁噪声是因电机内空隙中交变力相互作用而产生的，如

218

电机定子、转子的吸力，电流和磁场的相互作用，铁心的振动等。

控制和降低通风空调系统噪声的主要措施有以下几个方面：

1) 通风空调系统设计时，应尽可能选用低噪声的风机，并使风机的正常工作点接近其最高效率点运转，这时风机的噪声最小。风机特性曲线和管网特性曲线的交点即为该风机在管网中的工作点。

2) 电机与风机传动方式不同，产生噪声的大小也不一样，直联噪声最小，联轴器次之，必须间接传动时，应采用无缝的三角皮带。

3) 风机、电机应安装在减振基础上。风机的进风口应避免急转弯，并采用软接头（如帆布头）。

4) 在机房内做隔声处理或贴吸声材料，可以减少噪声对周围环境的影响；在风管内贴吸声材料，可收到吸声效果，减小风管系统的噪声。

采取上述降低噪声的措施后，声源产生的噪声扣除噪声自然衰减值，仍然超过室内允许的噪声标准时，多余的噪声可用消声器再行消减。关于消声器的制作、安装前面已经介绍过了。

5) 风管内的空气流速与噪声大小直接有关。一般情况下，对于消声要求不高的系统，主风管内的风速不应超过 8m/s，对消声要求较严格的系统，主风管内的风速不宜超过 5m/s。

（2）减振

1) 振动的原因

就整个空调系统而言，风机、水泵、制冷压缩机是产生振动的振源；就风管系统而言，风机是产生振动的振源。就风机而言，其振动的强弱与产品性能、减振设计和安装质量有关。

就风机本身而言，由于其旋转部件（叶轮、轴、皮带轮）材质不均匀、加工和装配的误差等原因，使质量分布不均匀而存在偏心，在作旋转运动时产生不平衡的惯性力（或称扰力）是机器产生振动的原因。

2) 减振措施

从安装施工的角度讲，风机的减振措施是在风机和它的基础之间设置避振构件，使从风机传到基础上的振动减弱。土建设计基础时也可以采取减振措施。

通风机的减振基础，就是把通风机安装在设有减振器的型钢基座上或钢筋混凝土板基座上。通风机在减振型钢基座上的安装见图6-22。

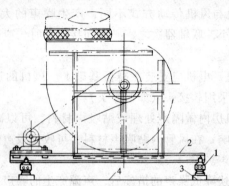

图 6-22 通风机在减振型钢基座上的安装

1—减振器；2—钢型基座；3—钢筋
混凝土支墩；4—支承结构

上述减振型钢基座虽然能达到一定的减振目的，但风机本身的振幅较大，机身不够稳定；必要时可以用钢筋混凝土板基座取代型钢基座，基座板下仍安装减振器，由于钢筋混凝土基座比型钢基座厚重，且刚度大，风机本身稳定性会更好。

钢结构基座，基座承重梁挠度不大于$L/500$。对于钢筋混凝土平板型的基座厚度H，一般可取基座长度L的$1/10$，即$H \approx L/10$。对于高重心的设备，一般取基座宽度接近于设备的重心高度。对于往复式运动的机械多采用T形钢筋混凝土基座，以降低机组重心保证减振系统的稳定性。

对于中、低压离心通风机，减振基座型钢用料见表6-3。

中、低压离心通风机减振基座型钢用料 表 6-3

传动方式	机 号	基座槽钢型号	支架角钢型号
A	2.8～3.6	匚5	L50×6
	4～5	匚6.3	L6.3×6
C D E	6	匚8	L70×6
	8	匚10	L70×6
	10	匚12.6	L70×6
	12	匚14a	L75×6
B F	14	匚16a	L75×6
	16	匚18a	L80×8
	18	匚20a	L80×8
	20	匚22a	L80×8

高压离心通风机，一般采用钢筋混凝土平板型结构基座，或槽钢钢筋混凝土混合型结构基座（槽钢边框内上下焊双向钢筋，再浇混凝土），既有一定的刚度和质量，又可比钢筋混凝土基座厚度小，厚度可参见表 6-3。支架则用槽钢制作，以增加其刚度。中低压离心通风机，一般采用型钢结构基座。每台设备宜采用单独的减振基座，不宜做成多台联合基座。

减振器的种类有橡胶剪切减振器、橡胶减振器、空气弹簧减振器、金属螺旋器弹簧减振器、预应力阻尼弹簧减振器、阻尼弹簧减振器、橡胶减振垫等。

对于旋转性机械振动，当转速大于或等于 1500 r/min 时，应选用橡胶减振器、橡胶减振垫或其他隔振材料；当转速大于或等于 900 r/min 时，应选用橡胶剪切减振器或弹簧减振器；当转速大于或等于 600 r/min 时，应选用金属螺旋器弹簧减振器、预应力阻尼弹簧减振器、阻尼弹簧减振器；当转速大于或等于 300r/min 时，应选用空气弹簧减振器。

风机进出口处用人造革或帆布软管减振。

隔振材料的品种很多，如橡胶、软木、酚醛树脂玻璃纤维板、泡沫塑料、毛毡、矿棉毡等。金属弹簧、空气弹簧是减振元件（即减振器）的主要组成部分，与上述隔振材料不属一类。

采用酚醛树脂玻璃纤维板作为隔振材料，其性能比采用橡胶和软木优越，这种材料的相对变形量很大（可以超过50%），即负荷过载，当失去负荷后，仍能立即恢复，残余变形很小，另外它有不腐、不蛀、不易老化、无味等优点，货源充足、经济。

7. 安装施工中常用的小型机具

（1）手电钻和手枪电钻

手电钻是由交直流两用电动机、减速箱、电源开关、三爪钻夹头和铝合金外壳等几部分组成的。与手枪式电钻相比，钻孔直径较大，其特点是手提加压钻孔。单相手电钻的钻孔直径为4~23mm。

手枪电钻比手电钻更灵便，其规格见表6-4。

手枪电钻规格   表 6-4

型　　号	▣J₁Z-6	▣J₁Z-10	▣J₁Z-13
钻头直径（mm）	0.5~6	0.8~10	1~13
额定电压（V）	220	220	220
额定功率（W）	150	210	250
额定转速（r/min）	1400	2300	2500
钻卡头形式	三爪齿轮夹头		

（2）电动钻孔机

电动钻孔机为单轴单速，用于钢材，木材，塑料，砖及混凝土的钻孔。电动钻孔机有两种类型：

直式——钻杆与电动机同轴或并轴；

角式——钻孔与电动机转轴有一定角度。

电动钻孔机在长期存放期间，室内温度最好在5~25℃范围内，相对湿度不超过70%。在第一次大修前的使用期限（按正常操作）应不低于1500h。常用电动钻孔机的主要技术数据见表6-5。

电动钻孔机的主要技术数据 表 6-5

型 号	⊡J₁ZC-10	⊡J₁ZC-20
额定电压（V）	220	220
额定转速（r/min）	≥1200	≥1300
额定转距（N·m²）	0.009	0.035
最大钻孔直径（mm）	6	12

（3）冲击电钻

冲击电钻是一种旋转并伴随冲击运动的特殊电钻。它除了可在金属上钻孔外，还能在混凝土、砖墙及磁砖上钻孔，使用膨胀螺栓来固定风管支架。

常用的冲击电钻的性能见表 6-6。

常用的冲击电钻的性能 表 6-6

型 号	额定电压（V）	最大钻孔直径（mm）	转 速（r/min）	冲击次数（次/min）	钻头转速（r/min）	重量（kg）
Z₃ZD-13	380	13	2850	6360	530	6.5
JZC₁-12	220	12	11000	15000	700	3
⊡Z₁JH-13	220	13（钻钢）16（钻混凝土）	500	≥6000	≥500	3.9
⊡Z₁JS-16	220	6~10（钻钢）10~16（钻混凝土）	1500~700	30000~14000	—	2.5

使用冲击电钻应注意下列事项：

1）冲击电钻要避免长期暴晒，避免与油类或其他溶剂相接触，保证塑料机壳的绝缘强度。电源电压应与铭牌规定的电压相符合。

2）使用过程中冲击电钻如需变速，应先停机，然后再拨动变速装置。

3）在钢筋混凝土上钻孔时，应注意避开钢筋，以免碰到钢筋时用力过猛而发生意外。

4）钻深孔时，应不时将钻头向外提几次，以便排出渣屑。

5）使用时不能堵塞进出风道，保持散热良好。经常检查电机工作状态，保持各通风孔的清洁。必须定期保养，使冲击装置经常有足够的润滑剂。

（4）电锤

电锤用于混凝土、砖墙和岩石上钻孔、开槽，是具有能单独空程冲击、旋转、旋转冲击多种用途的手持工具。

常用的电锤型号有 Z_1C-12、Z_1C-16、Z_1C22、Z_1C-26 等不同型号，钻孔直径分别为 12、16、22、26（mm）等。

电锤由单相串激电机、变速机构、冲击机构、安全离合器、转钎机构、卡钎机构等主要部件组成，可做冲击运动和旋转运动。

当使用硬质合金钻头，在砖石、混凝土上打孔时，钻头旋转兼冲击，操作者无须施加压力；当用于开槽、夯实、打毛等操作时，工具与旋转运动脱开，只做冲击运动。

电锤在使用时应注意下列事项：

1）工作前应观察油标油位，如油量不足，应揭开盖板加注说明书规定的机油。

2）使用时将钻头顶在工作面上，适当用力，然后撳动开关，这样可以避免只转不冲或损坏工具和空打。在钻孔过程中，钻头碰到钢筋时应立即退出，重新选位打孔。

3）钻头旋转方向从操作端看为顺时针，电机旋转方向在出厂时已经接好，维护时不要随意更改，切记不要反转，以免损坏工具。

4）发现电锤过热时应停止使用，待自然冷却后再使用，严禁用冷水冷却机体。

5）电锤在常时间使用的情况下，应用兆欧表测量绕组的绝缘电阻，若低于 2MΩ 时，应进行干燥处理。

（5）金刚石钻机

中国飞行试验研究院重型电动工具厂研制的飞灵系列金刚石钻机，具有下钻速度快，钻孔直径大的特点。可用于钢筋混凝土、岩石、砖墙、陶瓷等坚硬材料上的钻孔施工。

飞灵牌金钢石钻机使用超强力高效电机，外壳全部为优质合金，结构坚固耐用。外装式360°固定式水转环，电机接地保护及过负载电器装置、机械装置双重保护。技术成熟、质量稳定、各项性能指标均达到或超过国际同类产品的先进水平。现有 Z1Z-50、Z1Z-100、Z1Z-180、ZIZS-200、Z1ZS-350 等型号。钻孔直径 $\phi14 \sim \phi350\text{mm}$，钻孔深度 2m。

飞灵牌金钢石钻机技术性能指标表　　　　　　表 6-7

项　　目	单位	型			号	
		Z1ZS-350	Z1ZS-200	Z1Z-180	Z1Z-100	Z1Z-50
形式		双速/配机架	双速/配机架	单速/配机架	单速/配机架	单速/手持式
空载转速	r/min	650/310	750/415	650	1100	2600
输出转矩	N·m	≥25/≥52	≥20/≥16	≥25	≥15	≥6
额定功率	W	≥3000	≥2500	≥2200	≥2200	≥2200
额定电压	V	220/110	220/110	220/110	220/110	220/110
最大钻孔直径	mm	$\phi350$	$\phi250$	$\phi180$	$\phi125$	$\phi56$
主机重量	kg	11.6	11.6	9.7	9.5	9.5
总重量	kg	29	21.5	20	19.5	10

（6）射钉枪

射钉枪是根据枪炮的原理，利用火药爆炸时产生的高压推进力，将尾部带有螺纹或平头形状的射钉直接射入混凝土、钢板和砖石砌体等坚硬物体，以用作固定构件使用。射钉的直径有 $\phi6$、$\phi8$、$\phi10$ 等多种规格。混凝土构件厚度小于 100mm，不宜采用射钉紧固。射钉位置不宜太靠近柱边或墙角边射钉，以免柱边和墙角产生裂口，射钉固定不牢。射钉位置距离混凝土构件边缘不得小于 100mm，距离钢板构件边缘不得小于 20mm。

由于各种射钉枪构造、性能及所用炸药的类别不一样，所以射钉枪、射钉、弹药及射钉紧固附件，均应使用一个生产厂家的配套产品，不得和其他生产厂家的产品混用。在使用时必须严格按说明书的要求去操作。在射钉时，砌体背面的人员应该暂时离开。操作人员应注意保护耳膜，以免伤害听觉。

（7）电动剪刀及电动曲线锯

电动剪刀适用于薄钢板、有色金属板及塑料板的直线或曲线剪切，目前国内生产的有 J_1J-1.5、J_1J-2、J_1J-3 及 J_1J-4.5 等四种型号，剪切钢板最大厚度分别为为 1.5、2、3 及 4.5（mm），最小曲率半径为 30~50mm。通风工程中使用的电动剪主要适用于剪切厚度为 2.5mm 以下的金属板材，尤以修剪圆弧和边角更为适宜。

使用前，首先应在油孔内和刀杆刀架摩擦处滴入数滴 20 号机油，并空转 1min，检查其传动是否灵活，然后根据剪切材料的厚度，调整两刀刃间的横向间隙。因两刃口若调节不当或操作不当，则易出现卡剪现象。当剪切最大厚度时，两刃口的横向间隙为 0.3~0.5mm；当剪切较薄的钢板时，两刃口的横向间隙为钢板厚度的 0.2 倍。剪切软而韧的材料时，两刃口的间隙减小；剪切硬而脆的材料时，两刃口的间隙加大。

操作中若出现卡剪故障时，切勿用力扭动刀剪，以免损坏刀片等部件，只需停机重新调整两刃口的间隙，卡剪故障即可排除。

电动曲线锯能在薄钢板、有色金属板及塑料板等板材上锯出曲率半径较小的曲线或几何形状。目前常用的 J_1QZ-3 型电动曲线锯，锯条分粗、中、细三种，根据板材的材质选择更换。锯切钢板最大厚度为 3mm。

电动剪刀及电动曲线锯应进行定期保养，经常向油孔内注入润滑油，使用前在刀杆和刀架的摩擦处加润滑油。在正常使用情况下，应按产品说明书的要求进行定期维修保养。

（四）风管的涂漆和保温

1. 风管的涂漆

因为通风空调管道及部件一般都用普通薄钢板制成，安装后，由于空气中的水分、灰尘及其他酸性、碱性物质附在金属表面而产生锈蚀。当输送含有酸、碱性介质的气体时，管道内表面也受到酸、碱的腐蚀。如风管不加防护，很快就会被腐蚀，甚至无法使用。

为了保护和延长通风设备通风管道及部件的使用年限，首先应在设计时正确选用金属或非金属材料。镀锌钢板一般不需涂漆。如果风管材料是普通薄钢板，就要在风管表面喷涂或刷涂油漆作为保护层，防止或减缓风管的腐蚀。

1）风管的表面处理

为了使油漆起到防腐作用，除要求油漆本身能耐周围环境及气体腐蚀外，还要求油漆和风管表面结合牢固。

薄钢板表面一般总有各种杂物，如铁锈、油脂、氧化皮等。铁锈、氧化皮会影响油漆在钢板上的附着力，在漆膜下的钢板会继续生锈，使油漆层容易剥落。所以，风管表面应按需要做好处理才能使用。

一般大气环境中的风管，要求钢板表面除去浮锈，但允许紧密的氧化层存在。用于化工环境中的风管，要求金属表面各种杂物完全清除干净，清理后的表面应呈均匀的灰白色。

风管表面处理一般采用人工除锈、机械除锈或喷砂除锈的方法。

人工除锈适用于一般大气环境中的风管。风管表面的铁锈，可用钢丝刷、钢丝布或粗砂布除去，直到露出金属本色或紧密的氧化层，再用棉纱或破布擦拭干净。

喷砂除锈一般用于化工环境中对防腐蚀要求较高、壁厚较厚的风管，并应在风管制作成形前进行。喷砂能去掉钢板上的旧油漆层、铁锈、氧化皮等。经喷砂的钢板表面粗糙而均匀，因而增加了油漆的附着力，有利于保证涂层的质量。

喷砂就是用压缩空气把一定粒径的石英砂通过喷嘴，喷射在钢板的表面，以除掉铁锈、氧化皮等杂物。施工现场使用的喷砂除锈装置较为简单，见图6-23所示。

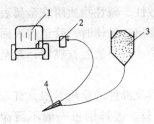

图 6-23 喷砂流
程示意图
1—压缩机；2—油水分离器；
3—砂斗；4—喷枪

压缩空气的压力应保持在 0.35～0.4MPa（钢板较厚时，压力可为 0.4～0.6 MPa）。喷砂所用的压缩空气不能含有水分和油脂。因此空气压缩机出口处，应装设油水分离器。喷砂所用的砂粒，粒径要求为 1.5～2.5mm，且坚硬而有棱角，应过筛除去泥土杂质外，还应经过干燥处理。

喷砂操作时，应顺气流方向，喷嘴与金属表面一般为 70°～80°夹角，喷嘴与金属表面的距离一般在 100～150mm 之间。经过喷砂的表面，要达到均匀的灰白色，表面不得有遗漏处。

喷砂处理的优点是质量好、效率高；但缺点是产生的灰尘太大，对周围环境造成污染。施工操作人应戴防护面罩或风镜和口罩。经过喷砂处理后的风管表面，可用无油压缩空气进行吹扫干净，即可尽快进行涂刷底漆工作，不可久置。

2）风管的刷油

油漆原指用于防锈防腐蚀的各种油性漆料，由于化学工业的发展，有机合成树脂原料被广泛采用，使油漆材料发生了很大变化，如果再沿用"油漆"一词，已不大恰当，应统称为涂料。当然，涂料只是泛指，对于具体的涂料品种仍称为某某漆。

用涂漆防止风管腐蚀的方法应用较广，施工方便，成本较低。油漆能防腐蚀，是因为它形成的漆膜把风管的金属表面和周围空气隔离开了。手工涂刷时，应往复、纵横交错涂刷，保证涂

228

层均匀，漆膜连续无孔；喷漆是利用压缩空气为动力进行喷涂。

油漆品种的选用和涂刷道数，应按设计确定。一般黑色金属常用的防锈漆有红丹油性防锈漆、红丹酚醛防锈漆、铁红醇酸底漆等，常用的面漆有酚醛漆、醇酸漆、沥青漆、过氯乙烯漆、醇酸耐热漆、环氧树脂漆等。

应当注意的是红丹、铁红或黑类底漆、防锈漆只适用于涂刷黑色金属表面，而不适用于涂刷在铝、锌合金等轻金属表面。普通薄钢板在制作风管前，应预涂防锈漆一道。风管支吊架的底漆与风管一致外，还应涂刷面漆。

对于一般通风空调系统，薄钢板风管的油漆见表6-8。

薄钢板风管的油漆 表 6-8

序 号	风 管 类 别	油漆类别及道数
1	一般薄钢板风管	内表面涂防锈底漆2道 外表面涂防锈底漆1道 外表面涂面漆（调和漆等）2道
2	输送温度高于70℃的空气	内、外表面各涂耐热漆2道
3	输送含有粉尘的空气	内表面涂防锈底漆1道 外表面涂防锈底漆1道 外表面涂面漆2道
4	输送含有腐蚀性的气体	内外表面涂耐酸底漆2道以上 内外表面涂耐酸面漆2道以上

镀锌钢板用于一般空调系统，只要镀锌层不被破坏，可不涂防锈漆。如果镀锌层因受潮有泛白现象，或在加工中镀锌层损坏以及在洁净工程中需要，则应涂刷防锈层。应采用锌黄类底漆，如锌黄酚醛防锈漆、锌黄醇酸防锈漆。锌黄能产生水溶性铁酸盐使金属表面钝化，具有良好保护性，对铝板、钢板的镀锌表面有较好的附着力。

现场涂漆一般任其自然干燥，多层涂漆的间隔时间，应保证漆膜干燥。涂层未经干燥，不得进行下一工序施工。

2. 风管的保温

在空气调节系统中，为了保持经过空调器处理的空气的温度，减少系统的热量向外传递或外部热量传入系统中，降低系统运转时的能源损失，必须对风管采取绝热技术措施。

当风管内的空气温度高于外部环境温度时，要防止空调系统的热量向外传递，这种情况下采取的绝热措施称为保温；当风管内的空气温度低于外部环境温度时，要防止外部热量向空调系统传递，这种情况下采取的绝热措施称为保冷。虽然保温和保冷有所不同，在实际工程中习惯统称为保温。空调风管的保温多数情况下为了保冷。

保冷与保温的区别，主要是保冷结构的热传递方向是由外向内，在夏季气温较高、相对湿度较高的情况下，当渗入到绝热材料缝隙内的空气中的水蒸气遇到风管的冷表面而达到其露点时，就会产生凝结水，从而导致绝热材料的保冷性能降低，发霉腐烂，甚至损坏等后果。因此，保冷结构和保温结构的区别在于，保冷结构的绝热层外必须设有防潮层，以隔绝外界空气的渗入；而保温结构除用于室外露天情况下，为防止雨水侵入外，一般不设置防潮层。

通风空调系统保温的主要目的是减少冷量或热量的损失，提高系统运行的经济性；对于恒温恒湿空调系统，能减小送风温度的波动范围，保证恒温恒湿房间的调节精度。对排送高温空气的通风系统，为了防止操作人员被烫伤和降低工作环境温度，改善劳动条件，对风管也采取保温措施。

（1）保温材料

保温材料应具有较低的导热系数、质轻难燃、耐热性能稳定、吸湿性小、并易于成型等特点。一般通风工程中最常用的保温材料有岩棉、玻璃棉、聚苯乙烯泡沫塑料、聚氨酯泡沫塑料、聚乙烯泡沫塑料等。过去常用的矿渣棉已经极少使用了。对防火有特殊要求的空调工程，必须选择不燃的保温材料，对防尘有特殊要求的空调或洁净工程，不允许采用卷、散保温材料。

（2）保温施工

空调风管的保温，应根据设计选用的保温材料和结构形式进行施工。为了达到较好的保温效果和控制工程成本，保温层的厚度不应超过设计厚度的10%或低于设计厚度的5%。保温的结构应结实、严密，外表平整，无张裂和松弛现象。

风管的隔热层应平整密实，不能有裂缝、空隙等缺陷。当采用卷材或板材时，允许偏差为5mm；采用涂抹或其他方式时，允许偏差为10mm。防潮层（包括绝热层的端部）应完整，且封闭良好，其搭接缝应顺水。

隔热层采用粘接工艺时，粘结材料应均匀地涂刷在风管或空调设备的外表面上，使隔热层与风管或空调设备表面紧密贴合。隔热材料的纵、横向接缝应该错开。当隔热层需要进行包扎或捆扎时，搭接处应均匀贴紧。

对于无洁净要求的空调系统风管和空调设备的保温，如选用卷材或散材时，其隔热层的厚度应均匀铺设，散材的密度适当，包扎牢固，不能有散材外露的缺陷。

空调系统在风管内设置的电加热器前后各800mm范围内的隔热层和穿越防火墙两侧2m范围内风管的隔热层，必须采用不燃材料。一般常在这个范围采用石棉板进行保温。

为了避免发生返工或局部拆除，影响保温的效果，保温施工应按照以下程序进行：

A.风管或设备的外表面的刷油工作已经完成；

B.风管上预留的测孔必须在保温前开出，并将测孔的组件安装好；

C.有漏风量要求或有泄漏和真空度要求的风管和设备，必须经试验、检验，并确认为合格后，方可进行保温；

D.风管保温后，不应影响风阀的操作。风阀的启、闭必须标记清晰；

E.风机盘管、诱导器和空调器与风管的接头处，以及容易产生凝结水的部位，其保温层不能遗漏。

1）矩形风管岩棉或玻璃棉毡（板）保温钉固定结构

把保温钉粘结在风管上，用保温钉来固定岩棉或玻璃棉毡（板）的保温结构，已在空调工程中广泛采用。

保温钉的材质有钢制或塑料两种。施工时应将风管外表面的油污、杂物擦干净，用胶粘剂把保温钉粘在风管表面。将岩棉或玻璃棉毡（板）铺在风管表面，使保温钉的尖端穿透保温毡（板）。塑料保温钉与垫片利用鱼刺形刺而自锁；铁质保温钉与垫片的固定，是把钉的端部搬倒。通过保温钉垫片的夹紧，保温毡（板）便固定在风管表面。保温钉的外形见图6-24。

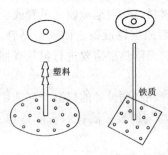

图 6-24 保温钉的外形

风管绝热层采用保温钉连接固定时，应符合以下规定：

A. 保温钉与风管、部件及设备表面的连接，可采用粘接或焊接，结合应牢固，不得脱落；焊接后应保持风管的平整，并不应影响镀锌钢板的防腐性能。

B. 矩形风管或设备保温钉的分布应均匀，其数量底面每平方米不应少于16个，侧面不应少于10个，顶面不应少于8个。首行保温钉至风管或保温材料边沿的距离应小于120mm。

C. 风管法兰部位的绝热层的厚度，不应低于风管绝热层的0.8倍。

D. 带有防潮隔汽层绝热材料的拼缝处，应用粘胶带封严。粘胶带的宽度不应小于50mm。粘胶带应牢固地粘贴在防潮面层上，不得有胀裂和脱落。

粘接保温钉的胶粘剂目前市场上的品种较多，在未进行施工前，应对选用的胶粘剂进行试验。

采用岩棉或玻璃棉毡（板）和保温钉保温的方法，有时由于操作者不认真处理风管表面，而使保温钉与风管粘结不牢，造成保温材料坠落。为了预防保温钉脱落，可用打包钢带（或尼龙带）每隔一定距离对保温毡（板）进行加固。

岩棉或玻璃棉毡（板）外层一般用铝箔玻璃布包扎，其接缝的连接处，用铝箔玻璃布胶带粘接，使之成为保温的整体。保温外护层复合铝箔材料国内已有系列产品。

目前，国内还生产一种岩棉或玻璃棉毡（板），外层已直接贴有铝箔玻璃布或铝箔牛皮纸，是隔热层和防潮层一体化的保温材料，可减少外覆铝箔玻璃布防潮保护层的工序，只是用铝箔玻璃布胶带粘接保温毡（板）的横向和纵向接缝，使之成为一个保温整体。

保温钉固定保温材料的结构形式见图 6-25。

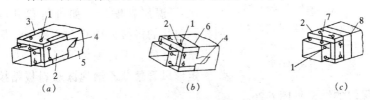

图 6-25　保温钉固定保温材料的结构形式
（a）室内明装；（b）室内暗装；（c）室外安装
1—保温钉；2—保温材料；3—镀锌薄钢板框；4—胶粘剂；5—面层（玻
璃布）；6—铝箔玻璃布；7—防水纸(或沥青油毡)；8—镀锌薄钢板

2）矩形风管聚苯乙烯泡沫塑料板粘接保温结构

聚苯乙烯泡沫塑料分自熄型和非自熄型两种。一般空调工程应采用具有防火特性的自熄型聚苯乙烯泡沫塑料板，在进行图纸会审和材料订货时必须加以明确。为避免日后运行存在隐患，在施工前必须对聚苯乙烯泡沫塑料板进行鉴定，鉴定的方法采用点燃法，如系自熄型聚苯乙烯泡沫塑料板，点燃后移开火源即熄灭；相反，如系非自熄型聚苯乙烯泡沫塑料板，点燃后即使移开火源，仍可继续燃烧。

风管保温层采用粘结方法固定时，施工应符合下列规定：

A. 胶粘剂的性能应符合使用温度和环境卫生的要求，并与保温绝热材料相匹配。如聚苯乙烯泡沫塑料板与风管的粘接，常采用树脂胶和热沥青。

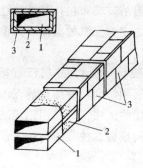

图 6-26　矩形风管聚苯乙
烯泡沫塑料板粘接保温
1—风管；2—红丹防锈漆；
3—泡沫塑料板

B. 粘结材料宜均匀地涂在风管、部件或设备的外表面上，保温材料与风管、部件及设备表面应紧密贴合，无空隙。

C. 粘接时，要求塑料板拼搭整齐，小块的塑料保温板应放在风管上部。如保温层为双层时，小块塑料保温板应放在里面，大块板放在外面，以求美观。保温层的纵、横向的接缝应错开。

D. 保温层粘贴后，如进行包扎或捆扎，包扎的搭接处应均匀、贴紧；捆扎应松紧适度，不得损坏保温层。

矩形风管聚苯乙烯泡沫塑料板粘接保温的结构见图 6-26。

以上，介绍了通风空调风管的两种常用保温结构和施工要求，还有几种保温结构，如散材毡材及木龙骨保温结构、板材绑扎式保温结构等，现在已经很少使用了，故不再介绍。

七、非金属风管的制作和安装

（一）硬聚氯乙烯塑料风管的制作和安装

硬聚氯乙烯属于热塑性塑料，板材从常温均匀加热到130～150℃后，变得柔软，此时可利用胎模加工成需要的形状，冷却后变硬成型。硬聚氯乙烯塑料的使用温度一般为 – 10～60℃。

1. 硬聚氯乙烯塑料风管及部件的制作

硬聚氯乙烯塑料塑料风管及部件加工制作的主要步骤是：板材检查→划线下料→切割→焊口处锉削或打磨坡口→加热成型→焊接→成品质量检查。

用来制作风管、部件及法兰等的硬聚氯乙烯塑料板表面应平整，不得含有气泡、裂缝，厚度应均匀，且无离层现象。板材厚度的允许偏差，一般不应超过板材额定厚度的±10%。板材在运输及储存中应保持干燥、清洁、避免日晒雨淋，至于板材的存放温度，有的资料提出不宜超过25℃，这实际上难以做到。有的提出应在 – 10～50℃之间。总之，温度过高容易变形，温度过低容易脆裂，日光照射容易老化。制作风管、部件的现场，环境温度不宜低于12℃。

用来制作风管、部件的板材，当设计未规定厚度时，可按表7-1选用。

风管外径或外边长的允许偏差要求原则上与金属风管相同。风管的两端面应平行，无明显扭曲，外径或外边长的允许偏差为2mm；表面平整、圆弧均匀，凹凸不应大于5mm。

（1）板材划线下料

圆	形	矩	形
风管直径 D	板材厚度	风管大边长 b	板材厚度
$D \leqslant 320$	3	$b \leqslant 320$	3
$320 < D \leqslant 630$	4	$320 < b \leqslant 500$	4
$630 < D \leqslant 1000$	5	$500 < b \leqslant 800$	5
$1000 < D \leqslant 2000$	6	$800 < b \leqslant 1250$	6
		$1250 < b \leqslant 2000$	8

　　加热成型的塑料风管和管件的下料与钢板风管不同。用硬聚氯乙烯塑料板材制作风管或配件被加热后，由于板材内部原本存在各向异性和残余应力，冷却后将会出现一定的收缩。所以在下料时，对需加热成型的风管或管件的展开尺寸，应适当地放出收缩裕量。收缩裕量与加热温度、加热时间及板材生产工艺有关，不易事先进行准确计算。所以应对每批板材在一定的加工制作条件下先作试验，以得出较为准确的收缩裕量。

　　放样时，应用红蓝铅笔等软性工具划线，不要用锋利的金属制品，以免划伤板材表面。划线下料时，应按图纸尺寸，根据板材规格和现有加热设备的大小等具体情况，合理安排用料，并尽量减少切割量和焊缝。

　　圆形风管在管节组对焊接时，应将纵向焊缝错开设置；矩形风管在展开下料时，就应注意焊缝要避免设在风管转角处，四角应加热折方形成。在划四角的折方线时，应考虑到相邻管段的纵缝要错开，矩形风管纵缝的设置见图 7-1。

　　（2）板材切割

　　硬聚氯乙烯塑料板可用剪板机、圆盘锯或普通木工锯进行切割。使用剪板机进行剪切时，厚度 5mm 以下的板材可在常温下

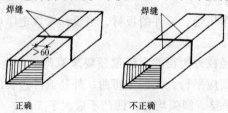

正确　　　　　　　　　不正确

图 7-1　矩形风管纵缝的设置

进行；厚度 5mm 以上的板材应加热到 30℃ 左右剪切，气温较低时容易发生脆裂。

使用圆盘锯时，锯片直径应为 200～250mm，厚度为 1.2～1.5mm，齿距为 0.5～1mm，圆周速度为 1800～2000m/min。为避免板材在切割时过热而发生烧焦或粘结现象，可用压缩空气对切割部位进行局部冷却。

当工程量少或安装现场无条件进行机械切割时，也可用普通木工锯或手板锯锯切板材。板材曲线的切割，可使用手提式小直径圆盘锯或长度为 300～400mm、齿数为每英寸 12 牙的鸡尾锯。锯切圆弧较小或在板内锯穿缝时，可用钢丝锯。

（3）板材坡口

为保证焊接质量，应根据板材的厚度和接头形式，对接口处的板边进行坡口加工。可用锉刀或普通木工刨进行坡口，也可用砂轮机或坡口机进行坡口。焊缝坡口形式及角度见表 7-2。

焊缝坡口形式及角度　　　　表 7-2

焊缝形式	焊缝名称	图　形	焊缝高度（mm）	板材厚度（mm）	焊缝坡口张角 α（°）
对接焊缝	V 形单面焊	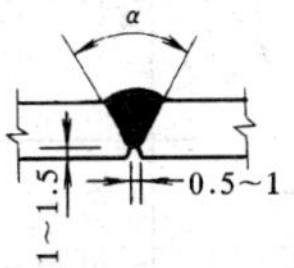	2～3	3～5	70～90
	V 形双面焊	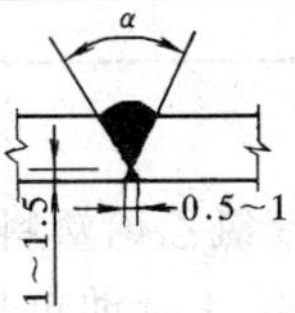	2～3	5～8	70～90
对接焊缝	X 形双面焊	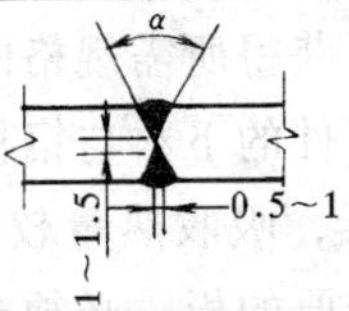	2～3	≥8	70～90

237

焊缝形式	焊缝名称	图　形	焊缝高度（mm）	板材厚度（mm）	焊缝坡口张角 α（°）
搭接焊缝	搭接焊		≥最小板厚	3~10	—
填角焊缝	填角焊无坡焊		≥最小板厚	6~8	—
			≥最小板厚	≥3	—
对角焊缝	V形对角焊		≥最小板厚	3~5	70~90
			≥最小板厚	5~8	70~90
			≥最小板厚	6~15	70~90

　　（4）加热成型

　　将已下料并开好坡口的硬聚氯乙烯塑料板加热至 130~150℃ 时，板材即处于柔软的可塑状态，此时即可按所需的形状进行整形，整形完毕从外部冷却，即可获得所需规格的风管和管件。

　　加热成型的塑料风管和管件的下料与钢板风管不同。由于硬聚氯乙烯塑料的导热系数较低，吸收热量较慢，所以在加热时，应使板材受热均匀，尤其是较厚的板，必须充分热透。板材不要处于 170℃以上，因为在这种温度下，会使塑料板形成韧性流动状态，并引起材料膨胀、起泡、分层现象。因此，在热加工过程中，应趁热一次整形完毕，尽量避免多次加热整形。

加热塑料板可用电加热、蒸汽加热和热空气加热等方法，也可用油浴加热槽。一般常用电热箱。

1）圆形和矩形风管的成型

进行圆形直管的加热成型时，先使电热箱的温度保持在 130 ~ 150℃，待箱内温度均匀稳定后，再把板材放入箱内加热。加热的时间和板材的厚度有关，可按表 7-3 进行掌握。

硬聚氯乙烯塑料板的加热时间 表 7-3

板材厚度（mm）	2 ~ 4	5 ~ 6	8 ~ 10	11 ~ 15
加热时间（min）	3 ~ 7	7 ~ 10	10 ~ 14	15 ~ 24

当板材加热到柔软状态时，从烘箱内取出，把板材绕在垫有帆布的木模中卷成圆管，如图 7-2 所示。待完全冷却硬化后，将塑料管取出即可。

图 7-2 中帆布的一端用薄钢板条钉在木模上，另一端固定在平台或地面上，在卷管时，应把帆布拉紧，把热塑料板放入对齐后，再滚动木模进行卷管。圆木模的外径等于风管的内径，其长度应比卷管长出 100mm 左右。风管一般按板宽下料，如板宽为 900mm，木模长度即为 1000mm。木模的圆弧应正确，外表应光滑。

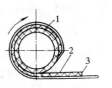

图 7-2 塑料板
卷管示意图
1—木模；2—塑料
板；3—帆布

如果加工硬聚氯乙烯塑料圆管的批量较大，还可以采用简易成型机进行成型。当板材加热到柔软状态后，即从电热箱取出放到如图 7-3 所示的成型机台面上，手摇成型轮，将塑料板与帆布同步卷入，再用压缩空气强行冷却后，即可将成型的管材取出。

进行矩形直管的加热成型时，风管的四角不宜采用焊接，因

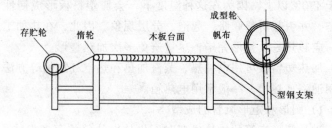

图 7-3　简易成型机

为焊接会引起热收缩，产生弯曲内应力，造成风管变形，且角焊处机械强度低。所以，矩形塑料风管四角应采取加热折方成型。

风管折方可用普通的手动扳边机和两根管式电加热器配合进行。管式电加热器是利用在钢管中装设的电热丝通电来进行加热的。电热丝和钢管之间必须用瓷管隔绝。电热丝的功率应能保证钢管表面加热到 150～180℃ 的温度。折方时，把划好线的板材放在两根管式电加热器中间，并把折线对正加热器，对折线处进行局部加热，加热宽度约等于 5 倍塑料板的厚度。加热处变软后，迅速将塑料板抽出放在手动扳边机上，把板材折成 90° 角，待加热部位冷却后，才能取出成型后的板材。

2）管件的成型

塑料矩形大小头、圆形大小头、天圆地方的热加工成型，可按金属风管展开放样下料，并留出加热后的收缩裕量。矩形大小头可按矩形风管方法加热折方成型；圆形大小头和天圆地方，应将已切割下好料的板材放入电热箱中加热，再利用胎模成型。胎模可用铁皮或木材制成，一般可按整体的 1/2 制作，当断面较大时，也可按整体的 1/4 制作，见图 7-4。

制作圆形弯头时，可将板材按样板进行划线，切割加热后，用相同管径的圆直管作胎模卷成圆形，然后组对焊接成型。要注意各管节的纵向焊缝应互相错开，不得设在弯头同一侧。也可利用已经加工好的圆直管，用管节的展开样板画线下料，然后用若

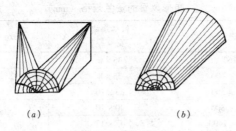

图 7-4　胎模

（a）天圆地方；（b）圆形大小头

干个管节组焊成圆形弯头。

　　制作矩形弯头时，弯头的两块侧面板可按图形切割下料，背板和里板应放出加热后的收缩裕量再切割下料，然后用相同圆弧的圆形直管作胎模加热成型。

　　圆形三通可用样板紧贴在加工好的圆形大小头或圆形直管上，沿样板画出曲线锯割，可焊接成型。

　　矩形三通的制作方法与矩形弯头制作方法相同。

　　3）法兰的制作加工

　　圆形及矩形风管的法兰规格应符合表 7-4、表 7-5 的规定。法兰上螺栓孔的间距不得大于 120mm；矩形风管法兰的四角处，应设有螺栓孔。

圆形风管的法兰规格（mm）　　　　　　　　　　　表 7-4

风管直径 D	材料规格 （宽×厚）	连接螺栓
$D \leqslant 180$	35×6	M6
$180 < D \leqslant 400$	35×8	M8
$400 < D \leqslant 500$	35×10	M8
$500 < D \leqslant 800$	40×10	M8
$800 < D \leqslant 1400$	45×12	M10
$1400 < D \leqslant 1600$	50×15	M10
$1600 < D \leqslant 2000$	60×15	M10
> 2000		按设计

矩形风管的法兰规格（mm）

表 7-5

风管大边长 b	材料规格 （宽×厚）	连 接 螺 栓
b ≤ 160	35×6	M6
160 < b ≤ 400	35×8	M8
400 < b ≤ 500	35×10	
500 < b ≤ 800	40×10	
800 < b ≤ 1400	45×12	M10
1400 b < b ≤ 1600	50×15	
1600 < b ≤ 2000	60×18	
> 2000	按设计	

圆形法兰内径或矩形法兰内边尺寸允许偏差为 +2mm，平面度偏差不应大于 2mm。

圆形法兰的制作是将塑料板按要求切割成条形板，并开出内圆侧的坡口（以备加热成型后与风管焊接），再放入电热箱内加热，最后将加热好的条形板放在胎具上煨成圆形后，用重物压平，待冷却硬化后，即可进行焊接或钻孔。这种加热成型方法最节约板材，但需加热煨制。

还有一种制作方法是，将法兰按两个或两个以上的扇形板在塑料板材上套裁下料，进行打磨、坡口后，组对焊接成型。

直径较小的圆法兰可在车床上加工成型。

矩形法兰可将塑料板切割成条形，开好坡口，按要求尺寸在平板上组焊成型。法兰焊接后，必须将焊缝锉削平整。法兰的钻孔，可用普通电动台钻或手提电钻，为避免塑料板在钻孔处过热，应间歇地将钻头从孔内提出冷却。

硬聚氯乙烯塑料风管的直径或边长大于 500 mm 时，在风管与法兰的连接处应设加强板，且间距不得大于 450 mm。

（5）风管的组配和加固

塑料风管采用焊接连接。每节管段可按 3～4m 左右设置一副法兰，也可根据管径大小、运输条件及现场安装条件适当进行增减。

风管在组配焊接时，其纵缝应交错设置，错开的距离应大于

60 mm。当圆形风管管径小于 500mm，矩形风管大边长度小于 400mm 时，风管的连接可采用对接焊；当圆形风管管径大于 560mm，矩形风管大边长度大于 500mm 时，风管的连接应采用硬套管或软套管连接后，风管与套管再进行搭接焊接。见图 7-5。硬套管和软套管的具体尺寸见表 7-6、图 7-5（及大样图 B）。

为了增加塑料风管的机械强度，应按一定距离在风管上设如图 7-5（及大样图 A）所示的加固圈，加固圈的规格见表 7-7。

硬套管和软套管的规格（mm）　　　　　　　表 7-6

圆形风管直径	矩形风管周边长	套管厚度 δ	硬（软）套管长度 l
100～320	520～960	2	80
360～900	1000～2800	3	120
1000～1600	3200～3600	4	160
	4000～5000	5	200

塑料风管加固圈的规格（mm）　　　　　　　表 7-7

圆　　　　形				矩　　　　形			
风管直径	管壁厚度	加固圈		风管大边长度	管壁厚度	加固圈	
		规　格 $a \times b$	间　距 L			规　格 $a \times b$	间　距 L
100～320	3	—	—	120～320	3	—	—
360～500	4	—	—	400	4	—	—
560～630	4	40×8	～800	500	4	35×8	～800
700～800	5	40×8	～800	630～800	5	40×8	～800
900～1000	5	45×10	～800	1000	6	45×10	～400
1120～1400	6	45×10	～800	1250	6	45×10	～400
1600	6	50×12	～400	1600	8	50×12	～400
1800～2000	6	60×12	～400	2000	8	60×15	～400

风管与法兰焊接时，应仔细检查风管中心线与法兰平面的垂直度，以及法兰平面的平面度，其允许偏差与金属风管相同，即应保持在 2mm 以内。法兰平面度很重要，关系到法兰连接的严密性，在紧固法兰螺栓时，法兰面的偏斜会造成应力不均而使日后焊缝易于裂开。法兰与风管焊接后，高出法兰平面的焊料，应

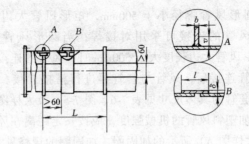

图 7-5　塑料风管的套管连接及加固

用木工刨刨平。

(6) 硬聚氯乙烯塑料的焊接

硬聚氯乙烯塑料的焊接采用热风焊,是由焊工操作的,不是通风工的操作范围,因此,这里只作一般的简要介绍。

焊接是硬聚氯乙烯塑料风管及配件制作时的主要连接方法。它是根据硬聚氯乙烯塑料加热到 180~200℃时,同时具有可塑性和粘附性的性质来进行的。

焊接的主要设备由空气压缩机、空气过滤器、电热焊枪、调压变压器及其他附属设备组成。电热焊枪也称热风焊枪,是焊接塑料的工具,就象电焊工手中的焊钳、气焊工手中的焊枪一样。

电热焊枪由金属管状外壳、焊枪手把和带锥形的焊嘴组成。管状外壳内装有圆柱形通道的瓷管节,在通道内装有电热丝,功率一般为 400~500kW。为安全起见,应使用 36~45V 低压交流电。压力为 0.08~0.1MPa 的压缩空气,经电热丝加热至 210~250℃,由焊嘴向外送出。当焊件和焊条被加热至具有可塑性和粘附性时,对焊条施以适当压力,使焊条和焊件粘结在一起,并由焊条逐层填满焊口而形成牢固的接头。每把焊枪的空气消耗量为 2~3m³/h。目前市场上已有不需配置空气压缩机的热风焊枪,该热风焊枪本身具有供风装置,给施工带来方便。

焊条直径主要依据被焊板材厚度确定。一般采用直径为 3mm 的焊条较为合适,第一道底焊缝,可采用直径为 2~2.5mm 的焊条。

硬聚氯乙烯塑料的机械热对挤焊接是比传统的手工焊接优越的连接方法。机械热对挤焊接装置是由气压传动、机械传动、电加热器等部分组成。热对挤焊接的原理，是将硬聚氯乙烯塑料板加热到翻浆状态后，施加机械挤合压力，达到焊合的目的，自然冷却后即成坚固的焊缝。其特点是不用焊条，而且抗拉、抗弯曲强度比传统的手工焊接要高，适用于塑料风管的集中加工。国内首先采用这项技术的是核工业系统的施工单位。

2. 硬聚氯乙烯塑料风管的安装

塑料风管的安装基本上和金属风管相同，但由于硬聚氯乙烯塑料的不耐高温、线膨胀系数大和强度较低的特性，在安装时的支架设置、风管连接、热膨胀的补偿等方面有一定要求。

（1）塑料风管的敷设

塑料风管安装时多数沿墙、柱和在楼板下敷设，一般以吊装为主，也可用托架，具体可参考金属风管的支架形式。为增加水平风管与支、吊架的接触面积，风管与钢支架之间，应垫入厚度为 3~5mm 的塑料垫片，并用胶粘剂胶合。

塑料风管受热后易产生变形，因此，水平风管的支架间距应比金属风管小些，一般为 1.5~3m。垂直安装的风管，支架间距不应大于 3m。塑料风管应与热源保持足够的距离，以防止风管受热变形。

由于硬聚氯乙烯塑料线膨胀系数大，风管热胀冷缩现象较为明显，风管和支架的抱箍之间不能抱得太紧，应有一定的空隙，以利风管伸缩。

低温环境下安装风管时，应注意风管性脆易裂，搬运风管要避免碰撞发生裂缝，堆放时要放平，且不要堆得太高，以免因局部受力过大而损坏。垂直吊装时，要防止风管摆动碰撞而发生破裂。

风管两法兰面应平行、严密，连接时用厚度 3~6mm 的软聚氯乙烯塑料板做衬垫，法兰螺栓两侧应加镀锌垫圈。法兰螺栓应采用对称的方式均匀紧固。

敷设在室外的塑料风管、风帽等构件，为减少太阳辐射的热量，表面可刷白色涂料或银粉漆。

塑料风管上所用的支架、螺栓等金属附件，应根据生产车间的腐蚀情况，按设计要求刷防腐涂料。

(2) 热膨胀的补偿和减振

硬聚氯乙烯塑料具有较大的线膨胀性，当风管的直管段长度大于 20m 时，应按设计要求设置伸缩节，见图 7-6。

当直线管段较长伸缩量较大时，与之相连的支管应设软接头（见图 7-7），以免直线管段的伸缩对支管造成影响。

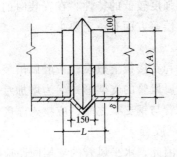

图 7-6 伸缩节

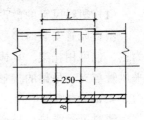

图 7-7 软接头

伸缩节和软接头可用厚度为 2～6mm 的软聚氯乙烯塑料板制作，具体尺寸见表 7-8。

通风机进出口与塑料风管连接时，应设置用 0.8～1mm 厚的软塑料布制成的柔性短管，以减低风机振动引起的噪声，并避免刚性连接时塑料风管被振裂的可能。

伸缩节和软接头的尺寸（mm）　　　　　表 7-8

圆形风管直径 D	矩形风管周长 S	厚度 δ	伸缩节长度 L	软接头长度 L
100～280	520～960	2	230	330
320～900	1000～2800	3	270	370
1000～1600	3200～3600	4	310	410
—	4000～5000	5	350	450
—	5400	6	390	490

（3）风管穿过墙壁和楼板的保护

风管穿过墙壁时，应用金属套管加以保护。套管和风管之间应能穿过风管的法兰及保温层，使塑料风管沿轴向能自由移动即可。钢制套管埋在墙洞内，其表面应与墙面平齐，墙洞与套管之间应用耐酸水泥填塞，风管与套管之间用柔性材料填塞。

风管穿过楼板时，如果土建的预留洞没有高出周围楼板的凸台保护圈，则必须设套管，套管至少应高出楼面 20mm 以上。

（二）玻璃钢风管的制作和安装

1. 玻璃钢风管的制作

玻璃钢风管的制作，一般是由施工单位委托专业玻璃钢制品生产厂家完成的。这里仅就玻璃钢风管的制作作简单的介绍。

对外委托时要明确玻璃钢风管和配件所用的合成树脂、玻纤布及填充料等，应符合设计要求，合成树脂中填充料的含量应符合玻璃钢制作有关技术标准的要求。玻璃钢中玻纤布的含量与规格应符合设计要求。玻纤布应干燥、清洁，不得含蜡。玻纤布的铺置接缝应错开，不应有重叠现象。

中、低压系统有机玻璃钢风管和无机玻璃钢风管的厚度，不得小于表 7-9 的规定。中、低压系统无机玻璃钢风管、法兰的玻纤布厚度与层数不应少于表 7-10 的规定。

有机玻璃钢和无机玻璃钢风管的厚度（mm）　　表 7-9

有机玻璃钢风管		无机玻璃钢风管	
圆形风管直径 D 或矩形风管长边尺寸 b	壁 厚	圆形风管直径 D 或矩形风管长边尺寸 b	壁 厚
D (b) ≤200	2.5	D (b) ≤300	2.5 ~ 3.5
200< D (b) ≤400	3.2	300< D (b) ≤500	3.5 ~ 4.5
400< D (b) ≤630	4.0	500< D (b) ≤1000	4.5 ~ 5.5
630< D (b) ≤1000	4.8	1000< D (b) ≤1500	5.5 ~ 6.5
1000< D (b) ≤2000	6.2	1500< D (b) ≤2000	6.5 ~ 7.5
		D (b) >2000	7.5 ~ 8.5

玻璃钢风管及配件不得有明显扭曲，内表面应平整光滑，外表面应整齐美观、无裂纹、无明显泛霜现象。厚度应均匀，且边缘无毛刺，并不得有气泡、分层现象。

玻璃钢风管的外径或外边长尺寸的允许偏差为3mm，圆形风管的任意正交两直径之差不应大于5mm；矩形风管的两对角线之差不应大于5mm。

无机玻璃钢风管、法兰玻纤布的厚度与层数（mm）   表 7-10

圆形风管直径 D 或 矩形风管长边尺寸 b	风管管体玻纤布厚度		风管法兰玻纤布厚度	
	0.3	0.4	0.3	0.4
	玻 纤 布 层 数			
D（b）≤300	5	4	8	7
300＜D（b）≤500	7	5	10	8
500＜D（b）≤1000	8	6	13	9
1000＜D（b）≤1500	9	7	14	10
1500＜D（b）≤2000	12	8	16	14
D（b）＞2000	14	9	20	16

矩形风管的边长大于900mm，且管段长度大于1250mm时，应设加固筋。加固筋与风管材料相同，并形成一个整体，且间隔分布应均匀。

法兰与风管、配件应成一整体，并应有过渡圆弧。法兰与风管轴线成直角，管口平面度的允许偏差为3mm；螺栓孔的排列应均匀，至管壁的距离应一致，允许偏差为2mm。

有机、无机玻璃钢风管的法兰规格应符合表7-11的规定。法兰上螺栓孔的间距不得大于120mm；矩形风管法兰的四角处，应设有螺栓孔。

2. 玻璃钢风管的安装

金属风管安装的一般性规定也适用于玻璃钢风管。此外，玻璃钢风管的安装尚需注意以下几点：

（1）风管不得有扭曲、树脂破裂、脱落及界皮分层等现象，破损处应及时修复。风管的连接法兰端面应平行，以保证连接严密。法兰螺栓两侧应加镀锌垫圈。

（2）支架的形式、宽度与间距应符合设计要求，并适当增加支、吊架与水平风管的接触面积。

（3）支管的重量不得由干管来承受，必须自行设置支、吊架。

（4）风管垂直安装，支架间距不应大于3m。

有机、无机玻璃钢风管的法兰规格　　　　表7-11

圆形风管直径 D 或矩形风管长边尺寸 b	材料规格（宽×厚）	连 接 螺 栓
D（b）≤400	30×4	M8
400＜D（b）≤1000	40×6	
1000＜D（b）≤2000	50×8	M10

八、除 尘 系 统

在工业生产过程中经常散发各种粉尘，它不但破坏车间空气环境，危害工人身体健康和损坏机器设备，还会污染大气造成公害。为了控制工业粉尘的产生和散发，改善车间空气环境和防止大气污染，必须了解工业粉尘的来源及其危害，制定控制粉尘危害的卫生标准和排放标准，采取防治粉尘的各种措施。近年来，环境保护日益受到政府和公众的重视，在这里介绍一些除尘方面的知识是必要的。

粉尘是指能悬浮于空气中的固体微粒，在工业生产过程中所产生的粉尘叫做工业粉尘，本书以后提到的粉尘均指工业粉尘。

（一）粉尘的来源、性质及其危害

1. 粉尘的来源

工业生产过程产生的粉尘，来源主要有以下几方面：

（1）固体物质的机械粉碎、研磨等过程中散发的粉尘。

（2）粉末状微粒物料的混合、过筛、运输及包装过程中散发的粉尘。

（3）物质的不完全燃烧或爆炸，如锅炉烟气中夹杂的大量烟尘。

（4）物质被加热时产生的蒸气，在空气中凝结或氧化时形成的固体微粒比一般工业粉尘小得多，故也称为烟雾。

2. 粉尘的性质

块状物料被破碎成细小的粉状微粒后，除了仍然保持原有的主要物化性质外，还会出现许多新的特性。粉尘的危害是多方面的，例如在一定条件下能使工人得尘肺职业病，使机器设备加速磨损，污染大气等。下面着重介绍与除尘技术密切相关的一些特性。

（1）粉尘的密度

粉尘在自然堆积状态下，往往是不密实的，单位体积粉尘的重量要比密实状态下小得多。自然堆积状态下单位体积粉尘的重量称为粉尘的堆积密度或容积密度，它与粉尘的贮运设备和除尘器灰斗容积的选择有密切关系。密实状态下单位体积粉尘的重量称为粉尘的真密度，它对惯性类除尘器的工作和效率具有较大的影响。

（2）粉尘的形状和比表面积

不同外形的粉尘对设备的磨损程度不一样，不规则和具有尖锐边缘的粉尘对设备的磨损程度比球状粉尘大。同一种粉尘，小颗粒要比大颗粒对设备的磨损程度更为严重，因为它具有更大的接触面积。

粉尘的比表面积就是单位重量粉尘的表面积，它与粉尘的粒径成反比，可以用来作为衡量粉尘粗细程度的标志。

（3）粉尘的粘附性

粉尘相互间的凝聚与粉尘在器壁上的粘结，都与粉尘的粘附性有关。前者会使尘粒逐渐增大，有利于提高除尘效率；后者会使除尘设备或管道发生故障和堵塞。

（4）粉尘的爆炸性

悬浮于空气中的某些可燃粉尘，在一定的浓度和温度（或火焰、火花、放电、碰撞、摩擦等作用）下，会发生爆炸。

在空气中的浓度小于或等于 $65g/m^3$ 能引起爆炸的粉尘，称为具有爆炸危险的粉尘。各种不同种类的具有爆炸危险的粉尘都在一定的浓度范围才能发生爆炸，这个爆炸范围的最低浓度叫做爆炸下限，最高浓度叫做爆炸上限。

（5）粉尘的带电性

悬浮在空气中的粉尘，由于互相摩擦、碰撞或吸附，会带有一定的电荷，带电量的大小与粉尘的表面积和含湿量有关。在同一温度下，表面积大、含湿量小的粉尘带电量大；表面积小、含湿量大的粉尘带电量小。电除尘器就是利用粉尘能带电的特性进行工作的。

（6）粉尘与水的关系

有的粉尘容易被水湿润，与水接触后会发生凝聚、增重，有利于粉尘从气流中分离，这种粉尘称为亲水性粉尘（如矽砂）。有的粉尘（如石墨，碳黑）很难被水湿润，这种粉尘称为疏水性粉尘。用湿法除尘处理疏水性粉尘，除尘效率不高。有的粉尘（如水泥、石灰）与水接触后会发生粘结和变硬，这种粉尘称为水硬性粉尘。水硬性粉尘不宜采用湿法除尘。

（7）粉尘的分散度

粉尘的粒径对球形颗粒来说，是指它的直径。实际上尘粒形状大多是不规则的，只能用某一个有代表性的数值作为粉尘的粒径。

工业粉尘都是由粒径不同的颗粒所组成，粉尘的粒径分布叫做分散度。通常按粉尘粒径大小进行分组，在除尘技术中，常按 $0 \sim 5\mu m$、$5 \sim 10\mu m$、$10 \sim 20\mu m$、$20 \sim 40\mu m$、$40 \sim 60\mu m$ 及 $60\mu m$ 以上共 6 组。$60\mu m$ 以上的粉尘，除尘器一般能除掉，故不再分组。

3．粉尘对人体的危害

人体长期吸入某些粉尘造成的尘肺是粉尘对人体健康最重要的危害。

长期吸入一定量的某些粉尘（特别是含量较高的二氧化硅粉尘），使肺组织发生病变，丧失正常的换气功能，严重损害健康。

含有矽尘的空气随着呼吸进入呼吸道后，部分可进入肺泡周围组织，沉积于局部或进入支气管和血管，进而引起矽肺病。

所以生产性粉尘根据其理化特性及对机体作用部位的不同，可对人体造成多方面的损害。

（二）除尘系统的组成

为了贯彻"预防为主"的方针，以防治污染和公害，改善劳动条件，加强劳动保护，我国制定了一系列法规和条例防治环境污染。其中，防尘措施就是一个重要方面。

在各项防尘技术措施中，以通风除尘应用最广，是一项积极有效的防尘方法。通风除尘是利用抽风的办法，使局部排风罩内产生一定的负压，抽走尘源散发的粉尘，不使外逸，然后经由通风管道、除尘器、通风机等，将含尘空气净化后排出。排风罩、通风管道、除尘器及通风机组成一个系统，即除尘系统，如图8-1所示。

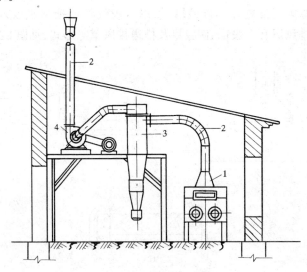

图 8-1　通风除尘系统示意图

1—排风罩；2—通风管道；3—除尘器；4—通风机

1．排风罩

排风罩是通风除尘系统的首要部件，应能有效地控制尘源，使作业点的含尘浓度达到国家卫生标准的要求。如果设计安装合理，能用较少的排风量获得良好的效果，反之，即使用很大的排风量，仍然不能达到防止粉尘扩散的目的。

由于生产设备的结构和操作条件不同，排风罩的形式很多，根据其作用原理，大致可以分为以下四种基本类型：

(1) 密闭罩和通风柜

密闭罩和通风柜的特点是把尘源全部密闭，使粉尘的扩散限制在一个小的空间内，一般只在罩子上留有观察窗或不经常开启的检查门、工作孔。由于开口面积较小，因此只需要较小的排风量就可以有效地防止粉尘外逸。

(2) 外部排风罩

由于工艺和操作条件的限制，不能将生产设备进行密闭时，可在尘源附近设置外部排风罩，靠罩口吸气气流把粉尘吸入罩内。这种排风罩有上吸罩、侧吸罩及槽边排风罩等形式，见图 8-2。

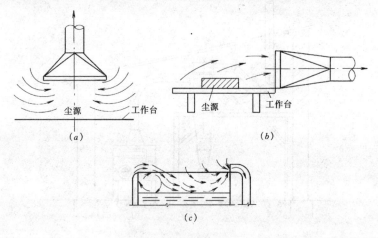

图 8-2 外部排风罩

(a) 上吸罩；(b) 侧吸罩；(c) 槽边排风罩

(3) 接受式排风罩

某生产过程或设备本身会产生或诱导一定的气流，带动有害粉尘、气体一起运动，如砂轮机磨削时所诱导的气流，热源上部的上升气流，砂轮机的排风罩见图 8-3、热源上部的排风罩见图8-4。对于这种情况，通常把排风罩设在有害气流的前方或上方，使气流直接进入接受式排风罩。接受式排风罩和外部排风罩虽然外表相似，污染源都在排风罩的外面，但作用原理不同，外部排风罩外的气流运动是罩内的抽吸作用造成的，而接受式排风罩外的气流运动是生产过程造成的，与排风罩本身无关。

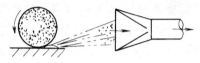

图 8-3　砂轮机的排风罩

（4）吹吸式通风罩

由于条件限制，当外部排风罩离有害物源较远时，要在有害物发生处造成一定的气流速度是比较困难的。在这种情况下，可以采用吹吸式通风罩。

图 8-5 所示是工业槽上用的吹吸罩。在槽的一侧设置条缝形吹气口，另一侧设置吸气口，吹气气流把有害物吹向吸气口而被排走。此外，在有些情况下，还可以利用吹气气流在有害物源周围形成一道空气幕，像密闭罩一样使有害物扩散限制在较小的范围内。利用空气幕控制有害物源具有减弱外部气流干扰和不影响工艺操作等优点。在图 8-6 中可以看出空气幕的作用，图 8-6（a）是有横向气流影响时，上升的热气流不能进入

图 8-4　热源上部的排风罩

伞形罩，而图 8-6（b）由于空气幕的作用，热气流全部被吸入罩内。吹气口吹出的射流和热气流之间应有足够的间隙 C，以免气流之间互相干扰。

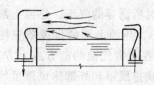

图 8-5 吹吸式通风罩

通过以上对各种排风罩的介绍，可以知道其设计安装有以下共同要点：

1）排风罩离尘源要近，尽可能接近尘源。排风罩的罩口本身就是一个吸风口，它和送风用的吹风口所造成的气流运动规律是不同的。从吹风口吹出的气流可以作用到很远的地方，而排风罩只有离罩口很近的范围内才有吸风效果。当吹风时，距出口 30 倍直径处的风速衰减到吹风口风速的 10%，当吸风时，仅仅距吸风口 1 倍直径处的风速就已降至吸风口风速的 5%。

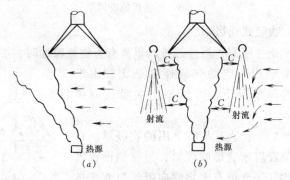

图 8-6 空气幕隔离罩

2）安装排风罩时，使罩口顺着（对准）含尘气流运动的方向，这样就可以充分利用粉尘本身的动能，让它自行撞入罩内，以便用较小的排风量就能把粉尘吸走。

3）要有足够的排（通）风量。要有效地控制粉尘的扩散，就必须在尘源处造成一定的吸入风速。对于某一个排风罩来说，要有足够的排风量才能畅通地将飞扬的粉尘吸入罩内。

4）尽可能把尘源包容在罩内并密封起来。若必须留有检查门及工作孔时，应力求减小开口面积，这样可以减小排风量，且能提高排尘效果。

256

5）制作排风罩的材料，要坚固耐用。一般情况可用镀锌薄板或普通薄钢板制作，在振动大、物料冲击力大或高温场合，就必须用 1.5～3mm 的较厚钢板制作；在有酸、碱或其他腐蚀性的场合，则需用塑料板制作。

6）安装排风罩时，一定要考虑到便于操作，便于使用维修，不妨碍其他设备的运行。

2. 除尘风管

除尘风管有单管式、枝状式和集合管式。只有一个排气罩的系统采用单管式；连接吸气点不超过 5～6 个时可采用枝状式；有更多排气点且排气量都不太大时采用集合管式。

除尘风管的安装应注意以下几方面：

（1）除尘风管宜明设，尽量避免地沟内敷设，并宜垂直或倾斜敷设，与水平面夹角应为 45°～60°，小坡度和水平管应尽量短。除尘系统吸入管段的调节阀，宜安装在垂直管段上。法兰垫片应用橡胶板。弯管的弯曲半径为管径的 1～2 倍。

（2）支风管应尽量从侧面或上部与主风管连接。三通的夹角一般取 15°～30°。

（3）集合管式有水平式、垂直式，见图 8-7、图 8-8。水平集合管内风速取 3～4m/s，垂直集合管取 6～10 m/s。枝状除尘风管宜垂直或倾斜布置，必须水平布置时，风管不宜过长，且风速要求较高。

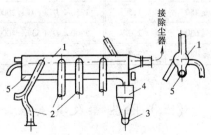

图 8-7　水平集合管

1—集合管；2—支风管；3—泄尘阀；

4—集尘箱；5—螺旋输送机

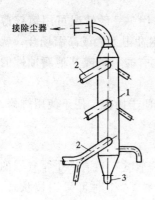

接除尘器 ←

2

1

2

3

图 8-8　垂直集合管
1—集合管；2—支风
管；3—泄尘阀

（4）除尘器之后的风速以 8 ~ 10m/s 为宜。各支风管之间的不平衡压力差应小于 10%。

（5）在划分系统时要注意考虑排出粉尘的性质，如易燃性粉尘不能与烟气合用一个系统。

（6）输送有爆炸危险的气体时，可燃物的浓度应不在爆炸浓度的范围内（包括局部地点）；有爆炸危险的通风系统应远离火源，系统本身应避免火花的产生。

（7）输送有腐蚀性的气体时，钢板风管应涂防腐油漆，或者采用塑料或不锈钢风道。

（8）有可能发生静电积聚的除尘风管应进行接地措施。

（9）为清扫方便，在风管的适当部位应设清扫口。

除尘系统风管厚度如设计无规定时，可按表 8-1 采用。

除尘系统风管的厚度（mm）　　　　　　表 8-1

风管直径或长边尺寸	板材厚度	风管直径或长边尺寸	板材厚度
D（b）≤320	1.5	1000 < D（b）≤1250	2.0
320 < D（b）≤450	1.5	1250 < D（b）≤2000	按设计
450 < D（b）≤630	2.0	2000 < D（b）≤4000	
630 < D（b）≤1000	2.0		

（三）除尘器及其安装

从气流中除去粉尘的设备称为除尘器，它是通风除尘系统中的重要组成部分。有些生产过程如原材料破碎、输送，粮食加工等，排出的尾气中所含的粉粒状物料是生产的产品或原料，必须进行回收。在这些部门，除尘器既是环保设备，又是生产设备。

工业上使用的除尘器，主要运用重力、离心力、筛滤、扩散、惯性碰撞、凝聚、静电等多种原理制成。工程上所用的除尘器多种多样，每一种都是几种除尘原理不同侧重的综合运用。

1. 常用除尘器的种类

（1）沉降室

沉降室是一种最简单的除尘设备，它的作用原理是：由于沉降室断面较大，使进入室内的空气流速降低，较大的尘粒在重力作用下，缓慢下降，经过一定时间后，尘粒降落到底面被分离出来，净化后的空气从小室的另一端排出。见图8-9。在工程上，为了提高沉降室的除尘效果，常在沉降室内增设一些挡板，即把沉降室和惯性除尘器结合在一起，就可以提高除尘效果，见图8-10。

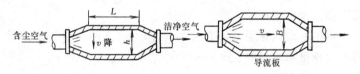

图 8-9　沉降室

（2）旋风除尘器

含尘气体以切线方向进入除尘器圆筒内，并由上而下作螺旋旋转运动，形成外涡旋，逐渐到达除尘器锥体底部。气流中的粉尘在离心力的作用下被甩向器壁，并在重力的作用和气流的带动下落入底部灰斗。向下的气流到达锥体底部后，沿除尘器中空部位转而向上，形

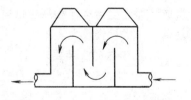

图 8-10　带挡板的沉降室

成旋转上升的内涡旋，由除尘器上部的排出管排出。向下的外涡旋与向上的内涡旋的旋转方向是相同的。见图8-11。

（3）袋式除尘器

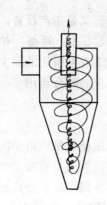

图 8-11 旋风
除尘器

袋式除尘器是一种高效除尘器，它是利用纤维织物的过滤作用进行除尘的，它对 $5\mu m$ 以下的细小粉尘有较高的除尘效率，其结构形式见图 8-12 所示。含尘气体经过并列的滤袋，粉尘被阻留在布袋的内表面或外表面上，经净化后排出。

（4）湿式除尘器

湿式除尘器是用液滴、液膜、气泡等洗涤含尘空气，使尘粒粘附和相互凝集，而将其分离的装置。湿式除尘器构造简单，造价低，对亲水性粉尘除尘效率高，并可用于气体湿度大及黏性粉尘；可处理可溶性有害气体和对烟气进行冷却，适用于净化高温气体。它的主要缺点是：泥浆和污水处理比较困难。

常用的湿式除尘器有水浴除尘器、泡沫除尘器、水膜除尘器、文丘里除尘器等。

（5）静电除尘器

静电除尘器的优点是效率高，能清除细小的粉尘。对 $1 \sim 2\mu m$ 的粉尘，除尘效率可达 $98\% \sim 99\%$，适用于 500℃ 以下的高温气体和高湿气体，且处理气体量大。静电除尘器主要由两部分组成，即除尘器本体和高压供电设备部分。静电除尘器构造较为复杂，一次投资较大。

2. 除尘器的安装要求

除尘器的型号、规格、进出口方向必须符合设计要求。安装前应认真阅读产品说明书。安装位置应正确、牢固平稳。现场组装的除尘器壳体应做漏风量检测，在设计工作压力下允许漏风率为 5%，其中离心式除尘器为 3%。

除尘器安装允许偏差和检验方法应符合表 8-2 的规定。

除尘器的活动或转动部件的动作应灵活可靠。除尘器的排灰阀、卸料阀、排泥阀的安装应严密，并便于操作与维护修理。

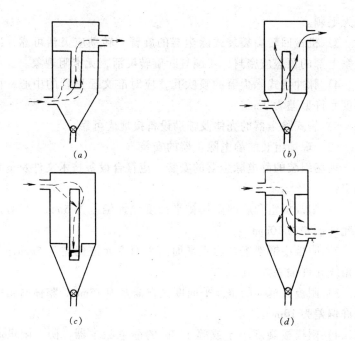

图 8-12 袋式除尘器

（a）下进外滤式；（b）下进内滤式；（c）上进外滤式；（d）上进内滤式

除尘器安装允许偏差和检验方法　　　　表 8-2

项次	项　目		允许偏差（mm）	检验方法
1	平面位移		≤10	用经纬仪或拉线、尺量检查
2	标高		±10	用水准仪、直尺、拉线和尺量检查
3	垂直度	每米	≤2	吊线和尺量检查
		总偏差	≤10	

（1）现场组装袋式除尘器

现场组装袋式除尘器的安装，还应符合下列规定：

1）外壳应严密，漏风量在允许范围内。布袋接口应牢固。

2）分室反吹袋式除尘器的滤袋安装，必须平直，每条滤袋的拉紧力应保持在 25～35N/m；与滤袋连接接触的短管和袋帽，应无毛刺。

3）机械回转扁袋袋式除尘器的旋臂，转动应灵活可靠，净气室上部的顶盖应密封，不漏气，旋转灵活，无卡阻现象。

4）脉冲袋式除尘器的喷吹孔，应对准文丘里管的中心，同心度允许偏差为 2mm。

5）袋式除尘器的壳体及辅助设备接地应可靠。

（2）现场组装的静电除尘器的安装

现场组装的静电除尘器的安装，应符合设备技术文件及下列规定：

1）阳极板组合后的阳极排平面度允许偏差为 5mm，其对角线允许偏差为 10mm。

2）阴极小框架组合后主平面的平面度允许偏差为 5mm，其对角线允许偏差为 10mm。

3）阴极大框架的整体平面度允许偏差为 15mm，整体对角线允许偏差为 10mm。

4）阳极板高度小于或等于 7m 的静电除尘器，阴、阳极间距允许偏差为 5mm。阳极板高度大于 7m 的静电除尘器，阴、阳极间距允许偏差为 10mm。

5）振打锤装置的固定，应可靠；振打锤的转动，应灵活。锤头方向应正确；振打锤头与振打砧之间应保持良好的线接触状态，接触长度应大于锤头厚度的 0.7 倍。

6）静电除尘器的壳体及辅助设备接地应可靠。

九、通风空调系统的试运转及调试

通风空调工程安装完毕之后，要进行试车，试车又叫试运转，也叫启动检查。对系统进行测定和调试，其内容包括两方面：设备单机试运转及调试；系统无生产负荷下的联合试运转及调试。

根据施工质量验收规范的要求，施工单位对所施工的通风、空调工程，必须进行单体设备试运转、系统联合试运转及系统的调试，使单体设备能达到性能要求，使系统能够协调的动作，使系统各设计参数达到预计的要求。

试运转及调试除了涉及通风机风量、风压及转数，系统与风口的风量测定、平衡等方面外，还包括制冷系统压力、温度、流量等各项技术数据的测定与调整，空调系统带冷（热）源联合试运转。

空调工程的制冷系统（包括冷水机组、冷冻水管道系统）以及为冷水机组服务的冷却水系统，都是通风空调工程的重要组成部分，但并不是通风工的工作内容。因此，本章将不包括这方面的内容。也就是说，本章只包括通风空调系统试运行及调试中与通风工有关的内容。

通风空调系统试运转及调试，是一项技术性要求较强的综合性工作，在试运转和调试过程中应由建设单位、监理单位和施工单位共同参与，统一认识，协调行动，使试调工作能够顺利的进行。

（一）试运转及调试的准备

为使试运转有条不紊地进行，应做好试车前的准备工作。

1. 进行试运转及调试的条件

（1）通风空调系统安装工作完成后，各分部、分项工程应经建设单位和监理单位对工程质量进行检查，并确认工程质量符合施工质量验收规范的要求。

（2）制定系统试运转方案及工作进度计划，组织好试运转技术队伍，并明确建设单位、监理单位和施工单位现场负责人及各专业技术负责人，以便于工作的协调和解决试运转及调试过程中可能出现的技术问题。

（3）熟悉与试运转、调试有关的设计资料及设备资料，对设备的性能及技术资料中的主要参数应有清楚的了解。

（4）试运转及调试期间所需的水、电、蒸汽及压缩空气等的供应，应能满足使用的条件。

（5）在试运转及调试期间所需要的人员、仪器仪表、设备、物资应按计划进入现场。

（6）通风空调系统所在场地的土建施工应完工，门、窗齐全，场地应清扫干净。

2. 通风空调设备及风管系统的准备

（1）检查通风空调设备和风管系统的安装是否已经完成，有无尚未整改的缺陷。

（2）空调器和通风管道内应打扫干净。检查风量调节阀、防火阀及防火排烟阀的开启状态是否符合要求。检查和调整送风口和回风口（或排风口）内的风阀、叶片的开度和角度。

（3）检查空调器内其他附属部件的安装状态，使其达到正常使用条件。

（4）设备应进行清洗的，按技术要求进行清洗。运转设备的轴承部位及需要润滑的部位，添加适当的润滑剂。

3. 管道系统的准备

管道系统的准备主要包括制冷管道系统的准备和冷却水、冷冻水、蒸汽或热水等管道系统的准备。因不属于通风工的范围，不再介绍。

4．电气控制系统的准备

在试运转及调试方案应有具体规定，不属于通风工的范围。

5．自动调节系统的准备

对敏感元件、调节器及调节执行机构等进行安装后的检查，确认安装及接线（或接管）正确，零件、附件齐备；自动调节装置的性能经校验后，应达到有关规定的要求；检查一、二次仪表的接线和配管，应正确无误；自动调节系统应进行模拟动作试验。

（二）设备单机试车

这里仅介绍风机的试运转。对于整个空调系统而言，还有空调用冷冻水水泵的试运转、冷水机组用冷却水水泵的试运转、冷却塔的试运转、空调制冷设备的试运转，但对工人来说，它不属于通风工的工作范围，故不再作介绍。

1．试运转前的准备与检查

（1）对风机进行外观检查，核对风机、电动机型号规格及皮带轮直径是否与设计相符。

（2）检查风机、电动机的皮带轮（联轴器）的中心是否在一条直线上，地脚螺拴是否拧紧。

（3）传动皮带松紧程度是否适度。皮带过紧易于磨损，同时增加电机负荷；皮带过松会在皮带轮上打滑，降低效率，使风量和风压达不到要求。

（4）轴承箱应清洗并应在检查合格后，方可加注润滑油，润滑油的种类和数量应符合设备技术文件的规定。

（5）检查风机进出口处柔性短管是否严密。

（6）电机的转向应与风机的转向相符。用手盘车时，风机叶轮应无卡碰现象。

（7）检查风机调节阀门，启闭应灵活，定位装置应可靠。应关闭进气调节门。

（8）检查电机、风机、风管接地线，连接应可靠。

2．风管系统的风阀、风口检查

（1）关好空调器上的检查门和风管上的检查人孔门。

（2）干管及支管上的多叶调节阀应全开；如有三通调节阀应调到中间位置。

（3）送、回（排）风口的调节阀全部开启。

（4）风管系统中的防火阀应置于开启位置。

（5）新风及一、二次回风口、加热器前的调节阀开启到最大位置；加热器的旁通阀应处于关闭状态。

3．风机的启动与运转

（1）点动电动机，各部位应无异常现象和摩擦声响，如一切正常，方可启动进行运转。

（2）风机启动达到正常转速后，应首先在调节门开度为 0～5°之间进行小负荷运转，待达到轴承温升稳定后连续运转时间不应少于 20min。

（3）小负荷运转正常后，应逐渐开大调节门但电动机电流不得超过额定值，直至规定的负荷为止，连续运转时间不应少于 2h。

（4）风机在额定转速下连续运转 2h 后，滑动轴承外壳最高温度不得超过 70℃，滚动轴承不得超过 75℃。

（5）具有滑动轴承的大型通风机，负荷试运转 2h 后应停机检查轴承，轴承应无异常，当合金表面有局部研伤时，应进行修整，再连续运转不应少于 6h。

（6）当高温离心通风机进行高温试运转时，其升温速率不应大于 50℃/h；当进行冷态试运转时，其电机不得超负荷运转。

4．风机在运转过程中的主要故障及原因

（1）轴承温升过高。其原因主要有：轴承箱振动剧烈；轴承箱盖座联接螺栓的紧固力过大或过小；轴与滚动轴承安装有歪斜现象，致使前后两轴承不同心；滚动轴承损坏；润滑油脂质量不良或填充过多。

266

（2）轴承箱振动剧烈。其原因主要有：机壳或进风口与叶轮相碰而产生摩擦；叶轮铆钉松动或轮盘变形；叶轮轴盘与轴的联接松动；叶轮动平衡性能不好；机壳与支架、轴承箱与支架、轴承箱盖与座等联接螺栓松动；基础的刚度不够；风机的进出口风管安装不良而引起振动。

（3）皮带跳动或滑下。风机的皮带跳动，主要是由于风机两皮带轮距离较近或皮带过长。风机的皮带从皮带轮上滑下，主要是由于两皮带轮位置彼此不在一个平面上。

（4）电动机电流过大、温升过高。其原因主要有：风机启动时进风管的调节阀开度较大，使风机的风量超过额定风量范围；电动机的输入电压过低或电源单相断电；受轴承箱振动剧烈的影响。

（三）常用测试仪表

在实际工作中，空调系统测试与调整是由专业的空调调试人员来进行的，不是由进行安装施工的通风工来进行的。多数情况下是由通风工进行配合、协助专业调试人员进行测试与调整工作。因此，这里仅对常用的测试仪表作一般性的介绍，旨在使通风工有一些了解。

1. 测量温度的仪表

（1）玻璃管水银温度计

玻璃管水银温度计的最大测量范围为 -30 ~ 600℃，空调测温用 0 ~ 50℃较多，这种温度计是利用液体（如水银、酒精）遇热膨胀、遇冷收缩的性质来测量温度的，构造简单，使用方便，价格便宜，有足够的准确度。分度值有 1.0℃、0.5℃、0.2℃及 0.1℃等数种。

水银温度计的缺点是易损坏，不能遥测，热惰性较大。

为了准确地测量温度，应按测量范围和精度要求选用相应的分度值和量程，并事先进行校验。测量时应把温包放置在被测介质流束的中心部位，在液柱稳定后开始读数。读数时要求视线尽量与温度计的液面在同一水平面上，并应避免呼吸及人体辐射对温包的影响。

（2）双金属自记温度计

双金属自记温度计的感温元件是由两种线膨胀系数不同的金属片叠焊接在一起组成的，其原理见图9-1。双金属片一端固定，另一端（自由端）与调节传动机构相连，并带动记录指针。当双金属片周围温度发生变化时，由于两种金属片的线膨胀系数不同而产生弯曲，并带动指针偏转，其偏转程度与温度的变化成正比。在指针偏转过程中，即可在印有温度标度的记录纸（由时钟装置带动）上，自动记录出所测温度的变化曲线。

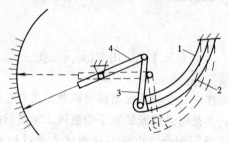

图 9-1　双金属自记温度计原理图

1—金属片（有较大膨胀系数的）；2—金属片（有较小膨胀系数的）；3—杠杆；4—记录指针

双金属自记温度计的优点是可以自记，便于观察温度变化的规律，缺点是误差较大，精度仅为 ±1℃。

（3）热电偶温度计

在温度测量中，热电偶是经常使用的一种感温元件，它与电气测量仪表组合成的测温系统称为热电偶温度计。

热电偶温度计的原理是，用两种不同金属导线的两端焊接成一个闭合回路，只要两端（即热端和冷端）温度不同，就会在闭合回路中就产生热电势。这种现象称为热电效应。这两种不同导体的组合体称为热电偶。

由于使用材料的纯度不一致，焊接质量不同，每支热电偶所产生的热电势值也不完全一致，所以热电偶在使用之前都必须经过校验。

热电偶既可以测量空气的温度，也可以测量物体表面的温度（当热端置于物体内部时，也可测定内部的温度）。测量物体表面温度时，必须设法使热电偶的热端与物体表面接触良好。

由于热电偶测量范围广、热惰性小、灵敏度高，可以远离测点，而且可以同时进行多点测量，所以在工程中应用相当广泛。

（4）电阻温度计

电阻温度计由一次仪表、二次仪表和连接导线组成。一次仪表就是热电阻，是根据导体或半导体的电阻值随温度而变化的特性制成的，是对温度变化反应敏感的元件；二次仪表是用来测量一次仪表反映出来的电阻值，其刻度盘上有与电阻值相对应的温度值，可以从仪表上直接读出温度或自动记录温度。

工业上广泛应用测量范围为 $-200 \sim 500\,℃$ 的电阻温度计。

电阻温度计灵敏度高，反应快，准确度高，而且可用于远距离记录和自动控制，也可以进行多点测量。

另外测量温度的仪表还有半导体点温度计等，半导体点温度计的优点是热惰性小，反应快，体积小，使用方便。缺点是精度稍差，测量范围较窄。

2. 测量相对湿度的仪表

（1）普通干湿球温度计

普通干湿球温度计是将两支相同的水银温度计（一支为干球温度计，另一支温包上裹有湿纱布的为湿球温度计）固定在平板上，平板上标有刻度尺，还附有供查对温度用的计算表（该表是针对一定空气流速，例如 $V \leqslant 0.5\mathrm{m/s}$ 或 $V \geqslant 2\mathrm{m/s}$ 编制的），如图9-2所示。只要测出干球温度和湿球温度后，根据干球温度和湿球温度之差，通过专用的相对湿度算表，即可查出空气的相对湿度，或者根据干湿球温度值，从焓湿图上直接查得。

普通干湿球温度计的结构简单，使用方便。但测量精度较

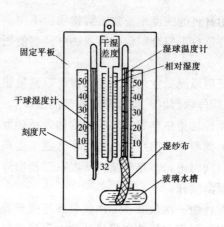

图 9-2　普通干湿球温度计

差，尤其是室内空气流速的变化和温度计周围有辐射面时，对测量结果影响较大。所以仅适用于对相对湿度要求不高情况下的测定。

（2）通风式干湿球温度计

通风式干湿球温度计与普通干湿球温度计的主要差别是，为了克服普通干湿球温度计由于风速不同所造成的误差，在两支温度计的上部装有一个小风扇，使空气以不小于 2m/s 的风速流过干湿球温度计的温包，同时在两支温度计的温包四周装有金属保护管，防止热辐射的影响，以提高测量精度。

通风式干湿球温度计测算空气湿度的方法与普通干湿球温度计相同，且测量准确。

（3）热电阻干湿球温度计

热电阻干湿球温度计是由两个完全相同的热电阻（一支为干球铂电阻，一支为湿球铂电阻）组成，干球铂电阻和湿球铂电阻以导线经转换开关和指示仪表相接。有的还在温包处用小风扇形成一定风速。这种干湿球温度计的外接线路电阻一定要准确，两个热电阻误差要小。

使用这种干湿球温度计，查算相对湿度时，可根据其流经温包的风速进行：自带小风扇或放在风管内经一定措施限定风速约为2m/s者，用通风干湿球查算表；如放在百叶箱或室内，可按风速小于或等于0.5m/s查算。

热电阻干湿球温度计可用于遥测湿度。

（4）毛发湿度计

毛发湿度计是利用脱脂人发的长度随环境湿度变化而伸缩的特性（即相对湿度变大时毛发伸长，相对湿度变小时毛发缩短），来测量空气相对湿度的。常见的有指示式和自动记录式两种型式。

常用的毛发湿度计是上海和长春气象仪器厂生产的 DHJ1 型自记湿度计。它分日记型和周记型，测量范围30%～100%，使用环境为空气温度为－30～40℃，且不含有酸性气体和油腻气体的场合，其误差小于±6%相对湿度。

自记湿度计的优点：可以自动连续记录，缺点是精度较差，仅适用于一般测量（如室外测量）。

毛发湿度计不宜用于大于 70℃的环境中，否则高温将使毛发变质。毛发湿度计在使用前要用通风干湿球温度计进行校验。

（5）电阻湿度计

电阻湿度计是利用其感湿元件吸湿或放湿时，其电阻值发生变化的原理而制成的。目前国内应用较多是氯化锂电阻湿度计，其构造分测头和指示仪表两部分，当空气中相对湿度增加时，离子导电的测头电阻将减少，从而通过指示仪表反映出被测空气的相对湿度。

电阻湿度计的优点是反应快，精确度高，灵敏度好，可以直接测量和远距离传送；缺点是结构复杂，价格较高，量程较窄，因为在一定的相对湿度下，氯化锂吸湿能力是一定的，因此测量不同范围的相对湿度，就需要备有不同量程的测头以及相应的各种校正曲线图。

使用氯化锂电阻湿度计应注意，在其电极两端应接交流电，决不允许接直流电源，以免测头上的氯化锂溶液发生电解。

3.测量风速的仪表

（1）机械风速仪

机械风速仪是利用流动气体的动压推动叶轮产生旋转运动，其转速与风速成正比，而叶轮的转速通过机械传动装置，以显示其所测风速。

常用的机械风速仪有叶轮风速仪和杯形风速仪两种。根据测风速时的始末读数及测定时间，即可计算出风速。

$$风速 = \frac{终读数 - 初读数}{测定时间}$$

叶轮风速仪的灵敏度为 0.5m/s 以下，一般测量范围为 0.5～10m/s 的较小风速。在测定风速时，应使叶轮旋转面与气流垂直，并在转动 5～10s 后开始读数，每回需测量两次或两次以上，取其平均值。叶轮风速仪在使用前应进行校正。

由于叶轮风速仪使用方便，广泛用于测定气流分布均匀的风口，罩口及空调处理室等的迎面风速。

杯形风速仪是用来测量较大的风速，一般为 1～20m/s，或 1～40m/s。

（2）热电风速仪

热电风速仪是根据流体中受热物体的散热率与流体流速成正比的原理制成的，常用的有热线风速仪和热球风速种，见图 9-3 所示。

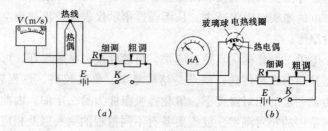

图 9-3　热电风速仪原理图

（a）热线风速仪；（b）热球风速仪

从图 9-3 中可以看出，热线式风速仪除电热丝与热电偶相连外，其他均与热球式风速仪相同。

热球风速仪有两个独立的电路：一是以测头（由玻璃球、电热线圈和热电偶组成）中电热线圈为主体的加热电路，该电路里串联一直流电源 E（一般为 $2 \sim 4V$）、可调电阻 R 及开关 K；二是以测头中热电偶为主体的测温电路，该电路里串联一只微安表。热电偶热端与电热线圈放在一起，并用玻璃球（即热球，直径约为 0.6mm）包上，两个冷端焊在磷铜的支柱上，并暴露于空气中。

当电热线圈通以额定电流时，其温度升高，加热了玻璃球（由于玻璃球体积很小，可以认为球体的温度就是电热线圈的温度），热电偶便产生热电势，由此产生的热电流由微安表指示出来。玻璃球的温升，热电势的大小均与气流速度有关。气流速度越大，球体散热愈快，温升愈小，热电势值也就愈小；反之，气流速度愈小，球体散热慢，温升愈大。根据这个关系，可在仪表上直接指示出风速值。因此将测头放在气流中，即可直接读出气流速度。

热球风速仪的优点是热惰性小，反应快，测速范围为 0.05 ~30m/s，对低风速测量尤为优越。缺点是容易损坏，测头互换性差。

热电式风速仪主要用于室内通风口、回风口风速及室内气流速度的测定。测定前测头套筒未开启时，测杆需垂直放置，头部朝上，即保证测头在零风速下进行仪表的校正工作。测定时测头套筒开启，测头上的标记对着气流方向，待指针稳定后开始读数。操作中要注意保护测头和金属丝，防止碰撞，避免腐蚀，保持干燥。

4. 测量风压的仪表

测量通风空调系统风压的常用仪表有皮托管、U 形压力计、杯形压力计、倾斜式微压计和补偿式微压计等。

（1）皮托管

皮托管也叫测压管，用于从风管的风量测定孔处插入风管内，将气流的静压、全压和动压传递出来，通过与皮托管相连的压力计（如 U 形压力计或微压计），指示出所测压力数值的大小。

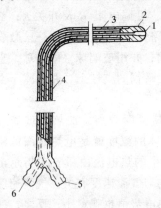

图 9-4　皮托管的构造
1—全压孔；2—头部；3—静压孔；
4—管身；5—全压接头；6—静压接头

皮托管的构造如图 9-4 所示，它是用一根内径为 2.5mm 和另一根内径为 6~8mm 的紫铜管同心套接在一起焊制而成。外管为静压管，内管为全压管。头部呈半球形，用黄铜制成，中间小孔为全压孔，在离测头不远处的外管上有一圈（一般 8 个）小孔为静压孔。

普通皮托管若用于测量含尘气流压力时，测压孔容易被堵塞而不能使用，在这种情况下，通常采用 S 型测压管。它由两根相同直径的金属管组成，测口端做成两个方向相反而开孔面相互平行的测孔，测定时正对着气流的孔口测的是全压，另一个背向气流的孔口测的是静压。由于背向气流开孔处的吸力影响，所测得的静压值有一定的误差，因此，每根 S 型测压管必须在使用前用标准皮托管加以校正。

（2）U 形管压力计

U 形管压力计是常用的最简单的测压显示仪表。U 形管压力计是将一根直径不变的 U 形玻璃管，固定在带有刻度的平板标尺上，刻度的零位在标尺的中间，U 形管内注入工作液体（如水等），使液面高度正好处于零位。

测量时，将被测点用胶皮管与 U 形管的一端接通，U 形管的另一端与大气相通。在风压作用下，U 形管内的液位会发生变化，两个液位的高度差即为所测的压力值。若测压力差时，则 U

形管的两端分别与两处被测点相通。被测点的压力可按下式确定：

$$P = gh\gamma \quad (\text{Pa})$$

式中 g——重力加速度，取 9.81m/s^2；

       h——工作液柱高度，m；

       γ——工作液体密度，kg/m^3。

    U 形管压力计多用来测量风机压出端和吸入端的全压值和静压值。通常用水作为 U 形管的工作液体，此时被测点的压力计算可简化：

$$P = 9.81h \quad (\text{Pa})$$

式中 h——工作水柱高度，mm。

    （3）倾斜式微压计

    倾斜式微压计如图 9-5 所示，由一根可调整倾斜角度的玻璃毛细管和一个截面积较大的杯状容器组成，两者在底部连通。工作液体一般使用酒精。当被测压力与截面积较大的杯状容器接通时，容器内的液面会稍有下降（可以认为液面高度几乎不变，所引起的误差甚微），而液体沿倾斜管移动距离却较大，这样就提高了仪表的灵敏度和读数的精度。

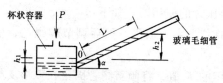

图 9-5　倾斜式微压

    由图 9-5 可以看出表示压力 P 的液柱（h）升高为：

$$h = h_1 + h_2 = h_1 + L\sin\alpha \quad (\text{mm})$$

    由于杯形容器内的液面稍有下降所引起的误差很小，h_1 可以忽略不计，于是被测压力的水柱高度为：

$$h \approx L\sin\alpha$$

被测压力 P 则为：

$$P = L\gamma g \sin\alpha \quad (\text{Pa})$$

式中　　L——倾斜玻璃毛细管的指示值，m；

　　　　γ——工作液体密度，使用酒精为 810kg/m³；

　　　　g——重力加速度，取值为 9.81，m/s²；

　　　　α——倾斜玻璃毛细管与水平面的夹角。

在上式中，L 值单位若取为毫米，则酒精的 γ 值则取为 0.81，水的 γ 值则取为 1.0。对一定的工作液体和一定的倾斜角 α，$\gamma g \sin\alpha$ 是一个常数，称为倾斜式微压计常数，用 K 表示，这样上式可改写为：

$$P = KL \quad (\text{Pa})$$

倾斜式微压计的工作液一般使用酒精，倾斜玻璃管设计成不同的角度，使 K 有 0.2，0.3，0.4，0.6，0.8 五个常数，并标注在仪器的弧形支架上，只要读出倾斜管中的示值 L，再乘上相应的 K 值，就得其被测压力 P。

倾斜式微压计主要用以测量通风空调系统风管内的空气压力，其测量范围为 0 ~ 200mmH₂O（即 0 ~ 1961Pa，1mmH₂O 相当于 9.81Pa），最小读数可达 0.20mmH₂O（即 1.96Pa），结构紧凑，使用方便。

倾斜式微压计的使用要点如下：

1) 首先将仪器大致放平，然后调节脚螺丝，使水准器中的气泡居中。

2) 按选定的 K 值，将倾斜测管固定在弧形支架的相应位置上。

3) 将仪器的多向阀手柄扳向"校准"位置，拧开加液盖，注入密度为 0.81g/cm³ 的酒精至容器深度的 2/3 为止，拧紧加液盖。

4) 调整零位调节旋钮，使测量管中的酒精液面正好处于零位。如果调整后低于零位，应再加入一些酒精；如果调整后液面总在零位以上，可将测量管顶端的橡皮管拔掉，从"＋"接头端轻轻吹气，将多余的酒精从"－"接头端吹出。

276

5）将多向阀手柄扳向"测量"位置，在测量管上即可读出液柱长度，根据测量管所在固定位置上的仪器常数，就可以算出压力值。

6）仪器使用完毕，要将多向阀手柄扳到"校准"位置。若长期不用，可按前面讲过的方法将酒精从仪器中全部吹出。

（4）补偿式微压计

补偿式微压计是根据 U 形管连通器的原理，借助光学仪器作指示，用补偿的方法来测量空气压力的。补偿式微压计是和皮托管配合使用的。量程有 0～150mm 和 0～250mm 两种，分辨率均为 0.01mm（即 0.098 Pa）。它可做成一等与二等标准，其相应误差在 0～150mm 时为 ±0.04 mm 与 ±0.08mm，在 150～250mm 时为 ±0.08 mm 与 ±0.13mm。

由于补偿式微压计采用手动补偿的办法，在测量波动较大的压力（如风机前后的压力）时，难以跟踪调节，加上仪器本身惰性较大，对压力变化反应滞后，所以调节需要一定时间，在实际测量中不如倾斜式微压计方便，一般只作为校验仪表使用。

（四）通风空调系统的测定与调整

空调系统各单体设备经过试运转及各个系统的试运转后，要以设计的参数为准，对空调系统进行测定与调整，以使室内空气达到设计规定的温度、相对湿度、空气流速。对于洁净空调系统，空气的洁净度是一项主要指标。

空调系统测定与调整的具体内容，应根据系统的具体设计要求而定，基本上可分为舒适性空调系统、恒温恒湿空调系统及洁净空调系统。民用建筑中的空调一般都是舒适性空调系统。

1. 风管系统风量的测定与调整

通风空调系统风量测定调整的目的是使系统总风量（包括送风量、回风量、新风量及排风量等）和各分支管的风量符合设计要求。

这里简单介绍风管风量、送回风口风量和风机风量的测定。

（1）风管风量的测定

通过风管内的风量为：

$$L = 3600 F \upsilon \quad (\text{m}^3/\text{h})$$

式中　F——风管的测定断面面积，m^2；

　　　υ——测定断面的平均流速，m/s。

可见，在风管内测定风量，就是测定风管的断面面积及断面平均流速。断面面积由风管尺寸确定，而断面平均流速与选定的断面，选定的测点位置有关。因此测定通过风管的风量主要是测定风管内的风速。

测定风速使用的仪表主要有前面已经介绍过的皮托管、微压计、叶轮风速仪和热球风速仪等。

测定断面应选择在气流稳定的直管段上，离开产生涡流的局部构件有一定的距离。即按气流方向，选定在局部阻力之后大于或等于 4～5 倍管径（或矩形风管大边尺寸），在局部阻力之前大于或等于 1.5～2 倍管径（或矩形风管大边尺寸）的直管段上。见图 9-6。

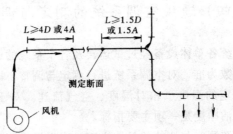

图 9-6　风管测定断面的位置

在现场条件下，有时难以找到符合上述条件的断面，而不得不改变测定断面的位置，此时应注意两点：一是所选择的断面应当是平直管段；二是该断面距前面局部阻力的距离比距离它后面局部阻力的距离长一些。测定断面的数目应选择合适，以便对测得的结果能相互校核。

278

由于风管断面上各点的气流速度是不相等的，应当测量许多个点，再求其平均值。断面内测点的位置和数目，主要根据风管形状和尺寸大小而定。

1）矩形截面测点的位置

在矩形风管内测量平均风速时，将风管断面划分为若干个接近正方形的小断面，其面积不得大于 $0.05m^2$（即每个小截面的边长为 $200 \sim 250mm$，最好小于 $220mm$），测点位于各小截断面的中心处，至于测孔开在风管的大边或小边，应视现场情况而定，以方便操作为原则。

矩形断面的测点位置见图 9-7 所示。

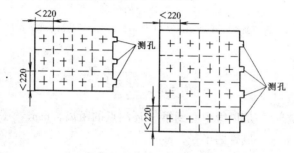

图 9-7　矩形断面的测点位置

2）圆形断面测点的位置

在圆形风管内测量平均风速时，应根据管径的大小，将断面分成若干个面积相等的同心圆环，每个圆环测量四个点，且这四个点必须位于互相垂直的两个直径上。圆形风管的测点分环数按表 9-1 选用。圆形断面的测点位置见图 9-8 所示。

圆形风管的测点分环数　　　　　　　　　　　　表 9-1

圆形风管直径（mm）	200 以下	200 ~ 400	400 ~ 700	700 以上
圆环数	3	4	5	5 ~ 6
测点数	12	16	20	20 ~ 24

圆形风管断面的同心圆环上各测点到风管中心的距离，按下

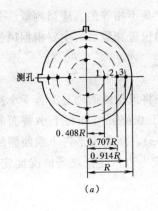 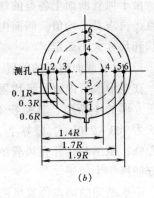

图 9-8 圆形断面的测点位置

（a）圆形断面的测点位置；（b）断面为三个圆环的测点位置示例

式计算：

$$R_n = R \sqrt{\frac{2n - 1}{2m}}$$

式中　　R_n——从风管中心到第 n 环测点的距离，mm；

　　　　R——风管的半径，mm；

　　　　n——从风管中心算起圆环的顺序号；

　　　　m——风管断面所划分的圆环数。

　　为了测定时确定测点的方便，可将风管断面的同心圆环上测点到风管中心的距离，换算成测点到测孔管壁的距离，见表 9-2。表中 R 为风管半径。

　　3) 测定断面的平均动压与平均风速

　　风管内任意断面上的全压等于其静压与动压之和，而动压等于全压与静压之差。据此，并根据倾斜微压计的测压原理，欲测风管断面上的全压、动压和静压，可按图 9-9 所示的方式连接皮托管和倾斜微压计。

　　由图 9-9 可以看出，对倾斜微压计来说，在测量正压时（如测正压管道上的全压和静压），要从"＋"接头接入；在测量负压时（如测负压管道上的全压和静压），要从"－"接头接入；

在测量压力差时，动压不论处于负压管段还是正压管段，都是将较大压力（指全压）接"＋"接头，较小压力接"－"接头。

圆环上的测点到风管测孔的距离　　　　　　　　　表 9-2

测　点	圆环数 距离	3	4	5	6
		距离（R 的倍数）			
1		0.1R	0.1R	0.05R	0.05R
2		0.3R	0.2R	0.2R	0.15R
3		0.6R	0.4R	0.3R	0.25R
4		1.4R	0.7R	0.5R	0.35R
5		1.7R	1.3R	0.7R	0.5R
6		1.9R	1.6R	1.3R	0.7R
7			1.8R	1.5R	1.3R
8			1.9R	1.7R	1.5R
9				1.8R	1.6R
10				1.9R	1.75R
11					1.85R
12					1.95R

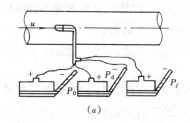 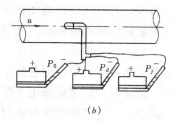

（a）　　　　　　　　　　　　　　（b）

图 9-9　皮托管与倾斜微压计的连接

（a）正压风管中的连接方式；（b）负压风管中的连接方式

P_o—全压；P_d—动压；P_j—静压

　　总之，通过用不同的连接方式使皮托管和倾斜微压计连通，即可测出风管断面上的全压、静压和动压，然后用公式计算出测定断面上的平均动压值，再按平均动压值计算出测定断面上的平均风速。知道了平均风速和风管断面积，即可按前面介绍的公式进行风量的计算。

　　（2）风口风量的测定

风口处的气流一般较复杂，测定风量比较困难。只有不能在分支管处测定时，才在风口处测定。

送风口风量等于送风口风速与送风口净面积之乘积。

对带有格栅或网格的送风口，为了简化计算，建议送风口的风量按下式计算：

$$L = 3600 F \upsilon K \quad (m^3/h)$$

式中　F——送风口的外框面积，m^2；

　　　υ——风口处测得的平均风速，m/s；

　　　K——考虑格栅装饰的修正系数，一般取 $K = 0.7 \sim 1.0$；

对带有叶片的风口，在计算风量时，宜将风口的外框面积 F_W 乘以 $\cos\alpha$，即送风口的净面积值为：

$$F_j = F_W \cos\alpha \quad (m^2)$$

式中 α 为风口叶片与水平线的夹角。

对回风口风量的测定，其方法与计算公式与送风口相同。因为回风口的吸气作用范围较小，气流比较均匀，在测定风速时，只要贴近格栅或网格处，其结果是比较准确的。

对风口的平均风速可用叶轮风速仪测定，其测定方法常用匀速移动测量法和定点测量法。

匀速移动测量法适用于断面面积不大的风口，将风速仪沿整个断面按一定的路线缓慢地匀速移动，移动时风速仪不得离开测定平面，此时测得的结果可认为是断面平均风速。用此法测定不应少于三次，然后取其平均值。

定点测量法是按风口断面大小，将其划分为若干个面积相等的小块，在小块中心测量风速。对于尺寸较大的矩形风口，可分为 9 ~ 12 个小块进行测量；对于尺寸较小的矩形风口，一般测 5 个点即可；对于条缝形风口，在其高度方向至少应有两个测点，在其长度方向可以分别取为 4 ~ 6 个测点；对于圆形风口，测点不应少于 5 个。风口平均风速可用算术平均值计算。

风口风量的测定除采用以上基本方法外，近年来国内有些单位采用了风口常数法、加罩法和吸引法等新方法测风口风量。

（3）系统风量的调整

通风空调系统风量调整，在不同情况下应用的方法有基准风口法、流量等比分配法和逐段分支调整法等。后者只适用于较小空调系统。

1）基准风口调整法

这种方法就是在系统风量调整前先对全部风口的风量初测一遍，并计算出各个风口的初测风量与设计风量的比值，将其进行比较后找出比值最小的风口。将这个比值最小的风口作为基准风口，由此风口开始进行调整。风量的调整一般从离通风机最远的支干管开始，按照一定的程序和方法进行。

2）流量等比分配法

利用流量等比分配法对送（回）风系统进行调整，一般须从系统的最远管段即是从最不利的风口开始，逐步地调向风机。为便于顺利调整，可用两套仪器分别测定三通以后支干管、支管的风量，并用三通阀进行调节，使支干管与支管的实测风量比值与设计风量比值近似相等为止。

显然，实测风量不可能正好等于设计风量。根据风量平衡原理，只要将风机出口总干管的总风量调整为接近设计风量，则各支干管、支管的风量就会按照各自的设计风量比值进行等比分配，则会符合设计风量值。

流量等比分配法的优点是结果准确，适用于较大的集中式空调系统；缺点是测量前须在每一管段上都需要打测孔。

系统风量调整完毕，应在风阀手柄上用油漆涂上标记，将风阀位置固定。

2．风机性能的测定

风机性能的测定是空调系统试验调整的主要内容之一，在空调系统风量测定调整以后进行。

风机性能测定的项目有风压、风量、转数、轴功率和效率等。一般情况下，只需测出风压、风量、转数；特殊情况下（如风机性能达不到设计要求，需要查明原因时）才需要测定轴功率和效率。

(1) 风压

风机风压是以全压表示。测定用的仪表：风机风压在 50Pa 以下时，用皮托管和倾斜管微压计测定；风机风压大于或等于 50Pa 时，用皮托管和 U 形管压差计测定。

风机出口处全压的测定同风管内全压的测定。测定断面应尽量选在靠近风机出口而且气流比较稳定的直管段上。如果风压测定断面离风机出口较远时，应将测定断面上所测得的全压值加上从该断面至风机出口处这段风管的理论压力损失。

风机入口处全压的测定，要注意将测定断面尽量靠近风机入口处。对单面进风的风机，若风机入口处有帆布短管，则在帆布短管前面直管处打测孔，用皮托管测量；若风机入口为小室，则用皮托管在吸入口安全网处测量，圆形吸入口的测点分布可参考表 9-1、表 9-2）；对于装在空调机内的双面进风的风机，可用杯形风速仪测定风机两侧入口处的平均风速，从而求出动压值；再用皮托管和 U 形管压力计测风机室内的静压，将静压的绝对值减去动压值，即得入口处的全压绝对值（作为全压应在前面加负号）。

(2) 风量

风机风量就是风机出入口处风量的平均值，即：

$$L = \frac{L_x + L_y}{2} \ (m^3/h)$$

式中，L_x、L_y，为风机入口、出口处测得的风量，m^3/h。

风机出口处风量测定同风管风量测定。风机入口处风量测定，可在风机入口安全网处用杯形风速仪来进行，一般选取上、下、左、右和中间五个点进行定点测量。

风机出、入口处所测风量的差值不应大于 5%。否则，应重新测量。

风机风量一般应比空调系统要求的总风量略大。

(3) 转速

风机或电动机的转速可使用转速表测得。当现场无法使用转速表测定时，可用实测出的电动机转速按下式换算出风机的转速：

$$n_1 = \frac{n_2 D_2}{D_1} \ (\text{r/min})$$

式中　n_1、n_2——分别为风机和电动机的转速，r/min；

　　　D_1、D_2——分别为风机和电动机皮带轮直径，mm。

（4）轴功率和效率

风机的轴功率就是电动机输出的功率，可用功率表直接测出，也可用钳形电流表、电压表测得电流电压数值后，按一定的公式计算得出。

风机的效率是指风机输出空气所获得的能量（即风机的有效功率）与电动机所输出的能量（轴功率）之比，也可按一定的公式计算得出。

3. 空调系统空气处理过程的测定与调整

空调系统空气处理过程测定的目的，是检查空气处理设备实际能力是否达到设计要求。空气处理过程是由加热、冷却（及减湿冷却）和加湿等单项处理过程组成的，主要包括以下几个方面：

（1）空气冷却装置能力的测定；

（2）空气加热装置能力的测定；

（3）空气通过滤器及冷却装置、加热装置阻力的测定。

空气处理过程的测定与调整是一项专业性很强的工作，是由调试专业人员进行的，作为工人教材，不再作介绍。

4. 室内空气参数测定简介

室内空气参数的测定应在风管系统风量及空气处理设备均已调整完毕，送风状态参数符合设计要求，室内热湿负荷及室外气象条件接近设计工况的条件下进行。

室内空气参数测定的目的是检查室内的温度、相对湿度、气流速度、洁净度及噪声等是否满足生产工艺和人体舒适的要求。

对于洁净空调系统，室内空气参数的测定还应符合《洁净厂房设计规范》（GB 50073—2001）和《洁净室施工及验收规范》（JGJ 71—90）的有关规定。现行《洁净室施工及验收规范》有待根据新设计规范（GB 50073—2001）进行修订。

十、相关工种及安全生产知识

（一）脚手架的搭拆知识

在通风空调工程中，风管常常采用架空敷设，在支吊架及风管安装过程中，需要搭设简单的架子，因而通风工应当具备脚手架的搭拆的基本知识。

1. 脚手架的作用和分类

脚手架是为建筑安装施工创造条件的常用临时设施，建筑安装工人在脚手架上施工操作，堆放原材料或半成品，有时还要利用脚手架进行垂直运输或短距离水平运输。

脚手架的种类很多。按用途分有砌筑脚手架、装修脚手架和支撑（负荷）脚手架等；按搭设位置分有外脚手架和里脚手架；按使用材料分有金属脚手架、木脚手架和竹脚手架；按构造形式分有多立杆式、框组式、调式、碗扣式、桥式，以及其他工具脚手架。最常用的是钢管多功能组合式脚手架，可适用于不同作业的要求。

垂直运输设施和脚手架必须统筹考虑。常用的垂直运输设备有：塔式起重机、施工电梯（附壁式升降机）、井字架、门字架和其他提升机。

通风工程中常用木制或钢制的高凳，在凳上铺脚手板来安装风管或一定高度的风机等设备。

2. 搭设脚手架的规定

（1）搭设脚手架的基本要求

搭设脚手架的基本要求是：

牢固——有足够的坚固性与稳定性，保证在使用荷载及各种气候条件下不损坏、不变形、不倾斜、不摇晃。

适用——有适当的面积满足工人操作和材料堆放。

方便——构造简单，搭拆方便。

经济——因地制宜，节约用料。

脚手架搭设要求横平竖直，连接牢固，底脚坚实，支撑挺直，扶手牢靠。严格控制使用荷载，一般传统搭法的多立杆式脚手架，其使用均布荷载不得超过 $270kgf/m^2$（约 $2650N/m^2$），对于桥式和吊式、挂式等脚手架荷载则应适当降低。

（2）钢管脚手架的搭设

在通风空调安装工程中，如采用木制或钢制高凳不能满足要求时，则应搭设钢管脚手架。

搭设钢管脚手架应使用外径 $\phi48$ 或 $\phi50mm$，壁厚 3～3.5mm 的无缝钢管。杆件的连接宜用可锻铸铁制造的扣件。常用的扣件种类有直角、对接和回转式三种。螺栓用 Q235 钢制成，所有的扣件必须与脚手架钢管外径规格一致，有材质证明书。发现有脆断、变形、滑丝、裂缝的严禁使用。各种杆件、扣件和螺栓，在每次使用前均需清除泥浆、污物、浮锈，并作好防锈蚀处理。

（3）脚手架搭设的工艺流程

脚手架搭设的工艺流程是：场地平整、夯实→检查设备材料配件→定位设置垫块→立杆→小横杆（横楞）→大横杆（撑杠）→剪刀撑→连墙杆→扎毛竹纵杆→铺垫脚手板→扎防护栏杆及踢脚板、安全网。

3. 脚手架的拆除

拆除脚手架前，应将脚手架上的存留材料，杂物等清除干净。拆除脚手架时还设警戒区，派专人负责警戒。

拆除脚手架应自上而下，按后装先拆，先装后拆的顺序进行。一般顺序为：栏杆→杆脚手板→剪刀撑→纵杆→大横杆→小横杆→主杆。

拆下的杆件与零件，严禁从高空往下投掷。杆配件运至地面后，应随时整理、检查，按品种分规格堆放整齐，妥善保管。拆除脚手架过程中，要加强对建筑成品的保护，防止损坏门窗玻璃及内外墙饰面。

（二）起重吊装知识

在通风空调安装工程中，虽然大型风机、空调设备由起重工负责吊装，但是，在地面上组装的风管管段和一般通风空调设备的水平移动和垂直起落，则应由通风工负责，因此，通风工也应当掌握一些有关起重方面的基本知识。

1. 起重吊装的基本方法

起重吊装工作要因时因地制宜,利用一切有利条件,选择适当的方法和必要的设备,把起重工作做得巧妙、省力、安全。常用的起重吊装方法很多,有撬重、点移、滑动、滚动、卷拉、抬重、顶重和吊重等基本方法。在实际工作中,常常是几种方法的综合运用。

（1）撬重

撬重是根据杠杆的作用原理，利用撬棍和支点把重物撬起来的方法。撬重方法能使重物垂直向上抬起，但升高距离不大，可用于将通风机等重物稍微抬高，以便在机座下面加垫铁等。

采用撬重方法时，只许在重物的一端或一侧起撬，撬起高度不能影响重物的稳定性，防止倾倒。要注意安全，不要把手、脚伸到重物底下。

（2）点移

点移与撬重相似，是用撬棍将重物撬起，在水平位置上逐步移动的方法，可以使重物前进，也可以使重物向左或向右移动。点移方法每次移动距离较小，但经过连续的点移，即可达到移动重物的目的，这种方法常用于设备的找正和就位。

（3）滑动

滑动是在斜面或水平面上使重物作横向或纵向移动的方法。由于滑动时摩擦力较大，所以一般只用于较短距离内的重物移动。在斜面上往下滑动重物时，为防止下滑失控，应在重物后面系上牵引绳。

（4）滚动

滚动是在水平面或斜面上移动重物时，在重物下面放置滚杠，以减少摩擦阻力的方法。由于滚动比滑动的摩擦阻力小，因而省力，且借助滚杠调整重物移动方向比较容易。常用的滚杠是钢管，牵引可使用卷扬机、绞车、倒链等。采用这种方法，可以远距离搬运较重的物体。

（5）卷拉

卷拉是将绳索缠绕在长条重物上，绳索的一端固定，拉动绳索的另一端，使重物本身在绳索内滚动，从而实现重物的上升或下放的一种方法。操作时，应该用两根绳子卷绕在长条重物的两端同时进行卷拉。这种方法对于圆柱形重物尤为适宜，如在地沟内的圆形风管、钢管、铸铁管等的敷设。

（6）顶重

顶重是用千斤顶把重物就地顶高的方法。当起高距离不大时，采用此法安全而且简便。顶重常用的工具为千斤顶。

（7）抬重

抬重是指用人力把相对较轻的重物抬起来移动其位置的方法。根据重物的情况，可以是两人抬或多人抬。多人抬运时，步调要一致，同起同落，防止发生事故。

（8）吊重

吊重是指用起重工具或机械把重物提升到预定高度的方法。吊重方法应用广泛，提升高度大，升降速度快，在起吊后可使重物在一定范围内作水平移动。

吊重方法所用的机具设备的种类及形式很多，通风空调施工中的吊装一般不会很重，要充分利用建筑物的梁柱节点、预埋吊勾将滑轮或倒链固定牢靠再起吊。较重设备或难度较大的吊装应由起重工操作。

2. 起重机具

（1）麻绳

麻绳轻而柔软，便于捆绑物体和打结，但机械强度较低，易磨损，一般用于 500kg 以内重物的绑扎与吊装，或用作缆风绳、平衡绳、溜放绳等。

麻绳按原料的不同可分为白棕绳、混合麻绳和线麻绳等几种，其中以白棕绳质量较好，应用较普遍。

麻绳绳股的捻制有人工搓捻和机器搓捻两种，机器搓捻均匀、紧密，其破断拉力值较人工搓捻大。麻绳按捻制股数的多少，分为三股、四股和九股等几种，另外有浸油白棕绳和不浸油白棕绳之分，浸油白棕绳不易腐烂，但质料变硬、不易弯曲，强度比不浸油者低 10% ~ 20%。未浸油白棕绳受潮后易腐烂，使用年限较短。

麻绳可以承受的拉力 S（负荷能力）可用下式估算：

$$S \leqslant \frac{\pi d^2}{4} [\sigma] \quad \text{或} \quad S \leqslant 25\pi d^2 [\sigma]$$

式中　S——麻绳能承受的拉力，N；

　　　d——麻绳的直径，mm 或 cm；

　　$[\sigma]$——麻绳的许用应力，MPa，见表 10-1。

麻绳许用应力 $[\sigma]$ 值（MPa）　　　　表 10-1

种　类	起重用	捆扎用	种　类	起重用	捆扎用
混合麻绳	5.5		浸油白棕绳	9	4.5
白棕绳	10	5			

为保证起重作业安全，须对所使用的麻绳进行强度验算，其验算公式如下：

$$[P] = \frac{S_{\mathrm{P}}}{K}$$

式中　$[P]$——麻绳使用时的允许拉力，N；

　　　S_{P}——麻绳的破断拉力，N；

　　　K——安全系数，见表 10-2。

麻绳的安全系数 *K* 表 10-2

适 用 场 合	混 合 麻 绳	白 棕 绳
地面水平运输设备、作溜绳	5	3
空中吊挂设备	8	6
载人	不准用	10 ~ 15

使用麻绳时应注意：麻绳严禁用于机械传动和摩擦力大、转速快的吊装作业；严禁与锐利的物体直接接触，如无法避免时，必须垫木板或胶皮、麻袋等切实加以保护；不得使用有霉烂或断股的麻绳；不得使麻绳向一个方向连续扭转，以免扭劲或松散；绳索需切断时，绳头应以铁丝或细绳扎紧；麻绳在卷筒上或穿滑轮使用时，卷筒或滑轮的直径应不小于 10 倍绳径，另外轮槽底径应大于绳径的 1/2；麻绳应存放在通风干燥的地方，不得暴晒或受潮。

（2）钢丝绳

钢丝绳挠性好，耐磨损，能承受冲击载荷。钢丝绳破断前有断丝预兆，容易事先预防，因而在起重作业中被广泛用作吊装、牵引、捆绑及张紧等各种用途。

钢丝绳按搓捻方式可分为顺捻、交捻、混合捻等几种，其中交捻钢丝绳（股内钢丝的捻向与各股的捻向相反）对扭转变形有抵消作用，不易自行松散，在起重机械中用的较广。

绳芯有麻芯、石棉芯、金属芯三种。麻芯钢丝绳挠性好，但不能用于高温；石棉芯钢丝绳主要用于高温场合；金属芯钢丝绳强度高，能承受横向载荷和用于高温环境，但挠性较差。

通常使用的普通钢丝绳一般由六股等径钢丝和一根含油绳芯捻制而成，是起重吊装中使用最多的钢丝绳。其中每股有 19 根钢丝、37 根钢丝和 61 根钢丝之分，分别用 $6 \times 19 + 1$、$6 \times 37 + 1$、$6 \times 61 + 1$ 表示。第一组数字"6"表示 6 股，第二组数字表示每股的钢丝数，第三组数字"1"表示一根绳芯。在钢丝绳直径相同时，每股钢丝绳越多，则钢丝直径越细，绳的挠性越好，易弯曲，但耐磨性有所降低，具体使用时应根据具体情况正确选择，如 6×19+1 钢丝绳多用于拉索、缆风绳等绳索不受弯曲的地方，6×37+1 钢丝绳多用于滑车中作穿绕绳等承受弯曲的地方，6×61+1 钢丝绳可用于滑车组及制作吊索和绑扎等。

钢丝绳已实现标准化，常用直径为 6.2~83mm，所用钢丝直径为 0.3~3mm。钢丝的强度极限分为 1400、1550、1700、1850 和 2000（MPa）五个等级。

钢丝绳的破断拉力可以用以下公式估算：

当强度为 1400 MPa 时，$S_b = 0.43d^2$

当强度为 1550 MPa 时，$S_b = 0.47d^2$

当强度为 1700 MPa 时，$S_b = 0.52d^2$

当强度为 1850 MPa 时，$S_b = 0.57d^2$

当强度为 2000 MPa 时，$S_b = 0.61d^2$

式中　S_b——破断拉力，kN；

　　　d——钢丝绳直径，mm。

钢丝绳的使用必须严格限制在许用应力范围内，钢丝绳在使用中可能受到拉伸、弯曲、挤压和扭转等多种力的作用，当滑轮和卷筒直径按允许要求设计时，钢丝绳可仅考虑拉伸作用，此时钢丝绳的许用拉力计算公式为：

$$P = \frac{S_b}{K}$$

式中　P——钢丝绳的许用拉力，kN；

　　　S_b——钢丝绳的破断拉力，kN；

　　　K——钢丝绳的安全系数，见表 10-3。

钢丝绳安全系数 K 值　　　　　表 10-3

使用条件	K 值	使用条件	K 值
用作缆风绳	3.5	用于吊索，无弯曲	6~7
用于手动起重设备	4.5	用于绑扎吊索	8~10
用于机动起重设备	5.5	用于载人升降机	14

（3）滑轮

滑轮是为了减少起吊重物所需的力量，以及改变施力方向的一种轻便起重工具，要与绳索配合使用。

现场使用的滑轮有卸扣式、吊钩式和开口吊钩式三种，见图10-1。

图 10-1　滑轮
（a）卸扣式；（b）吊钩式；（c）开口吊钩式

根据滑轮的应用情况，可分为定滑轮和动滑轮两种，见图10-2。

定滑轮：定滑轮的特点是当轮子转动时，滑轮轴的位置不变。定滑轮滑轮只能改变力的方向，但不省力。

动滑轮：动滑轮的特点是当轮子转动时，滑轮轴也上升或下降。这种滑轮能省一半的力。

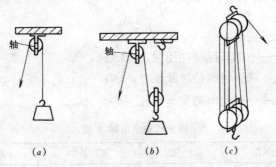

图 10-2　滑轮的应用
（a）定滑轮；（b）动滑轮；（c）滑轮组

（4）倒链

294

倒链又称手拉葫芦或神仙葫芦，是一种轻便、应用广泛的手动起重机械，它由链条、链轮及差动齿轮等部件组成。倒链的起重量规格依次为 0.5、1、1.5、2、2.5、3、5、7.5、10、15、20（t），起重高度最大为 6m。

手拉葫芦必须按额定起重能力使用，严禁超载。使用前应检查其传动、制动部分是否灵活可靠，传动部分应保持良好润滑，但润滑油不能渗至摩擦片上，以防影响制动效果，链条应完好无损，销子牢固可靠。

使用过程中，拉链时应避免小链条跳出轮槽或吊钩链条打扭，在倾斜或水平方向使用时，拉链方向应与链轮方向一致，以防卡链或掉链。接近满负载时，小链拉力应在 400N（约 40kg）以下，如拉不动应查明原因，不得强力拉拽。使用中链条葫芦的大链严禁放尽，至少应留 3 扣以上。手拉葫芦当吊钩磨损量超过 10%，必须更换新钩。

当已经吊起的设备需停留时间较长时，必须将手拉链栓在起重链上，以防时间过久而自锁失灵，另外，除非采取了其他能单独承受重物重量吊挂或支承的保护措施，否则操作人员不得离开。

（5）千斤顶

千斤顶是顶重时使用的工具。它的特点是用自身的伸长或缩短把重物抬起或落下。根据千斤顶的结构形式，可分为螺旋式千斤顶、齿条式千斤顶和液压式千斤顶三种。

使用千斤顶时，应注意起重量不得超过千斤顶的允许起重量。它们的允许起重量，螺旋式千斤顶为 5～25t，齿条式千斤顶为 3～6t，液压式千斤顶为 3～200t。千斤顶的规格是以起重量来表示的。

使用千斤顶应先确定起重物的重心，正确选择千斤顶的着力点和放置千斤顶的方向，以便手柄操作方便。

用千斤顶顶升较大和较重的卧式物体时，可先抬起一端但斜度不得超过 3°（1:20）。并在物件与地面间设置保险垫。

如选用两台以上千斤顶同时工作时，每台千斤顶的起重能力不得小于其计算载荷的 1.2 倍，以防止顶升不同步而使个别千斤顶超载而损坏。

3．起重吊装的安全要求

起重吊装属于特种作业，工作过程中的不确定因素较多，要把安全施工放在第一位。要做到以下几点：

（1）要有严格的纪律和高度的事故警惕性。

（2）统一指挥，统一行动，统一步调。

（3）做好起重吊装前的准备工作。如对现场的调查了解，制定好方案，组织好劳力，准备好吊装机具，进行技术安全交底等。

（4）作业开始前，必须对起重机具的各个环节进行检查，如被吊设备的捆绑是否牢固，重心是否找准，以及附近是否有障碍物。

（5）在起吊过程时，应设警戒线和明显的警戒标志，严禁非工作人员进入。

（三）安全生产知识

1．概述

生产安全管理是建筑安装企业经营管理的重要内容之一。劳动者是第一生产力，不断改善劳动条件，保证劳动者在生产过程中的安全和健康十分重要。生产与安全又是密切相关的，只有在安全有保障的条件下，才能搞好生产。

安全生产是指通过采取法规措施、管理措施和安全技术组织措施，以保证生产顺利进行，防止发生事故。安全生产的内容，从广义上讲包括安全法规、安全技术、工业卫生三个方面。这三个方面是不可分割的，安全法规侧重于劳动者的管理，约束、控制劳动者的不安全行为；安全技术侧重于劳动手段和劳动对象的管理；工业卫生侧重于工作环境的管理，以形成良好的劳动条件。这就把人和工作环境紧密地联系在一起，构成安全生产体系。

2. 施工现场的一般安全要求

参加施工的人员，要熟悉并掌握本工种的安全技术操作规程。对于新工人，必须经过三级安全教育。

进入施工现场，必须戴安全帽，禁止穿拖鞋。工作中正确使用个人防护用品和安全防护措施。上下交叉作业，有危险的出入口要有防护棚或其他隔离设施。凡距地面 2m 以上的操作均称为登高作业，作业前要检查安全带、安全网、梯子、跳板、脚手架或操作平台等登高工具和安全用具。

施工现场的脚手架、防护设施、安全标志和警告牌，不能擅自拆动，施工现场的洞、坑、沟、升降口等危险处，应有防护设施或明显标志。

上下交叉作业时，操作者的位置应尽可能错开，工具应随手放入工具袋内。上下传递构件不得抛掷。

在登高作业中，使用的梯子不得缺档（梯子横档间距一般为 300mm），不能垫高使用。使用时上端要扎牢，下端应采取防滑措施。单向梯与地面夹角以 60°~75°为宜，禁止两人同时在梯上作业。人字梯底脚要拉牢，其张开角一般在 45°~60°之间。在通道处使用的梯子，应有人监护或设置围栏。

在高空动火作业（如电焊、气焊、烘烤等），必须事先移开下面的易燃易爆物品，并有足够的安全距离，必要时派专人监护或准备灭火措施。

3. 通风工安全技术操作规程

多年前，国务院曾经颁发过《建筑安装工程安全技术规程》，其中对于通风工主要有以下要求：

（1）熔锡时，锡液不许着水，防止飞溅。盐酸要妥善保管。

（2）在风管内铆法兰及腰箍冲眼时，管外配合人员面部要避开冲孔。组装风管、法兰孔应用尖冲撬正，严禁用手指触摸。吊装风管所用绳索要牢固可靠。

（3）在高处作业时，所用工具应放入工具袋内。

（4）使用剪扳机、三用切断机及其他施工机械时，应严格按照机械安全操作规程作业，防止发生人身事故。

当然，随着通风工使用加工和安装机械的多样化，以上几点是远远不够的，但目前尚无全国通用的通风工安全技术规程，这就需要在施工中执行地区、行业、企业制定的安全技术规程和施工技术交底。

4. 用电安全知识

（1）触电

人体属于导体，人体一旦接触电源，就会有电流通过人体，严重者会造成各种生理机能的失常或破坏，如烧伤、昏迷，甚至死亡。这个过程叫做触电。

触电的方式可分为三种：（1）单相触电。这是最常见的触电方式，即人站在地面或其他接地体上触及一相带电体而造成触电。（2）两相触电。这种触电是指人体有两处分别触及两相带电体。这时加于人体的电压比较高，通常是380V，极其危险。（3）跨步电压触电。当高压电网接地点或防雷接地点有电流流入地下时，电流在接地点周围地面产生电压降，接地点的电位很高。当人走在接地点附近时，因前后两脚踩在不同的电位上，使人承受跨步电压，步子越大则跨步电压越大，越危险。当误入高压电网接地点或防雷接地点附近，感觉两脚发麻时，说明存在跨步电压，此时千万不要大步走，而应用独脚跳出跨步电压区，一般在10m以外就没有危险了。

（2）施工现场照明

照明灯具和器材必须绝缘良好，并应符合现行国家有关标准的规定。

照明线路布线应整齐，相对固定。室内照明灯具的悬挂高度不得低于2.5m，室外安装的照明灯具不得低于3m。在露天工作场所的照明灯具应选用防水型灯头。照明电源线路不得接触潮湿地面，并不得接近热源和直接绑挂在金属构架上。在脚手架上安装临时照明时，在竹木脚手架上应加绝缘子，在金属脚手架上应设木横担和绝缘子。

现场办公室、宿舍、工作棚内的照明线，除橡套软电缆和塑料护套线外，均应固定在绝缘子上，并应分开敷设；穿过墙壁时应套绝缘管。

照明开关应控制相线。当采用螺口灯头时，相线应接在中心触头上。

使用行灯应符合下列要求：电压不得超过36V；在金属容器和金属管道内使用的行灯，其电压不得超过12V。行灯应有保护罩。行灯的手柄应绝缘良好且耐热、防潮。行灯的电源线应采用橡套软电缆。

照明灯具与易燃物之间，应保持足够的安全距离，普通灯具不宜小于300mm；聚光灯、碘钨灯等高热灯具不宜小于500mm，且不得直接照射易燃物。当间距不够时，应采取隔热措施。

（3）安全电压

所谓安全电压是指人体不戴任何防护用品时，接触带电体而没有危险的电压。12V，24V，36V是安全电压的三个等级。建筑工地常用36V级安全电压。安全电压不是绝对安全，而是因人因地而异，人在潮湿环境中或金属容器内触及36V电压有时也不安全，这时要采用12V的安全电压。

（4）触电的预防

1）经常对电气设备进行安全检查。

2）用电设备的保护地线或保护零线应并联接地，并严禁串联接地或接零。

3）手持电动工具的手提把和电源导线要经常检查，保持绝缘良好，操作时要戴绝缘手套。还应按产品说明书要求，正确掌握电压、功率和使用时间，发现有漏电、电动机发热超过规定、转速突然变慢或有异声等现象时应立即停止使用。

4）机械用完后要立即切断电源。机械的电气部分发生故障时，必须由电工检修。

5）电动机具应装在室内或搭设的工棚内，防止雨雪的侵袭，并制定电动机具的安全操作规程。

6）严格执行国家和地方颁发的规范、规程。对工人加强安全用电知识教育。

（5）防雷知识

雷击的时候产生的电流很大，同时由于电磁的、机械的和静电的作用，可能会造成人员伤亡，建筑物破坏，电气设备的火灾。为了防止雷击，雷雨时不要在空旷的地方行走或逗留，不要站在大树或高墙旁避雨，不要走近电杆、铁塔、架空电线以及避雷器、避雷针的接地导线周围 10m 以内。

（6）触电的急救

遇到触电事故，必须迅速急救。现场救护人员不要用手直接去拉触电人，要设法迅速切断电源。

对于低压触电事故，如果触电地点附近有电源开关或电源插销，可立即拉开开关或拔出插销，断开电源。当电线搭落在触电者身上或被压在身下时，可用干燥的手套、绳索、木棒等绝缘物作为工具，拉开触电者或挑开电线，使触电者脱离电源。如果触电者的衣服是干燥的，又没有紧缠在身上，可以用一只手抓住他的衣服，拉离电源。但因触电者的身体是带电的，其鞋的绝缘也可能遭到破坏，所以救护人员不得接触触电者的皮肤，也不能抓他的鞋。

对于触电者要采取及时正确的救治方法。如果触电者伤势不重、神志清醒，或者在触电过程中曾一度昏迷，但已清醒过来，应使触电者安静休息，并请医生前来诊治或送往医院检查。如果触电者伤势较重，已失去知觉，但心脏还在跳动，呼吸还存在，应使触电者平卧在空气流通处，解开其上衣服以利呼吸，如天气寒冷，要注意保温，并速请医生诊治或送往医院。如果触电者伤势严重，呼吸停止或心脏跳动停止，应立即施行人工呼吸和胸外心脏挤压，并速请医生诊治或送往医院。

附　录

通风工职业技能岗位鉴定习题集

第一章　初级通风工

一、理论部分

（一）是非题（对的打"√"，错的打"×"，答案写在每题括号内）

1. 人体要向外散发一定的热量，是为了保持正常的新陈代谢。（√）

2. 彻底解决防尘防毒问题，可以依靠通风的方法。（×）

3. 公共建筑的空调就是要求保持一定的温度、湿度和清洁度。（×）

4. 自然通风主要依靠风压使室内外的空气进行交换，从而改变室内空气环境。（×）

5. 机械通风是依靠风机产生的动力，迫使空气流动，进行室内外空气交换。（√）

6. 直流式空调系统的送风全部来自室外。（√）

7. 假设一个物体放在一只立方体的玻璃盒中间，同时可以得到三个视图。（×）

8. 工程上采用的是三面投影。（√）

9. 剖视是一种表示物体（机体）内部结构的方法。（√）

10. 通风施工图主要是平面图、立面图和剖面图。（×）

11. 金属薄板的规格是以短边、长边和厚度来表示的。（√）

12. 石棉绳有时可以作为风管垫料。（√）

13. 风管检查孔可用于高温风管系统。（×）

14. 在管道上不允许有位移的地方应设固定支架。（√）

15. 展开图法亦叫放样。（√）

16. 通风工程施工图是加工制作风管、配件以及现场安装的主要依据。

可直接供给加工厂制作和现场组装之用。(×)

17. 钢材在下料、切割、加工成形之前，必须对其进行必要的矫正。(√)

18. 矩形风管的纵向闭合缝，应设在风管的上部。(×)

19. 圆形弯管带有双斜口的管节叫端节。(×)

20. 制作塑料风管部件的胎模可用铁皮、木材或塑料做成。(×)

21. 塑料通风管道的连接采用焊接。(√)

22. 撬重是根据杠杆的作用原理，利用撬棍把重物撬起的方法。(√)

23. 脚手架可用来作垂直运输或短距离水平运输。(√)

24. 脚手架杆件应采用 $\phi57 \times 3.5$ 无缝钢管。(×)

25. 根据质量事故的严重情况，可划分为"一般"和"重大"两类。(√)

26. 自然界中存在着绝对干燥的空气。(×)

27. 空气调节系统是一种全面通风系统。(√)

28. 闸板阀的特点是严密性的，多用于风口上。(×)

29. 直线垂直于投影面，投影图为一个点。(√)

30. 剖面图应表示出剖切位置和方向。(√)

31. 根据正投影原理画出来的图称轴测图。(×)

32. 通风工程中的剖面图属于基本图。(√)

33. 金属薄板是制作风管及部件的主要材料。(√)

34. 玻璃钢应用在纺织、印染等生产车间含有腐蚀性气体以及含有大量水蒸气的排风系统。(√)

35. 剪板机种类较多，使用最广泛的是振动剪床。(×)

36. 电动钻孔机在存放期内室内温度须在 5～25℃，相对湿度不超过75%。(×)

37. 以圆的半径从任意点开始截分圆周，即可把圆周截成六等分。(√)

38. 风管、配件的加工制作以及现场安装的主要依据是通风工程施工图。(√)

39. 钢材的热矫正适用于塑性好的钢材。(×)

40. 手工剪切的直线剪适用于剪切直线和曲线内圆。(×)

41. 风管如采用对接焊时，可不放裕量。(√)

42. 柔性短管多用于风管与设备（如风机、静压箱）的连接，起伸缩、

隔振、防噪声作用。(√)

43. 通风系统的管件和部件加工时应做好编号或标记。(√)

44. 硬聚氯乙烯塑料属热塑性塑料。(√)

45. 一般通风设备的水平移动和垂直起落由通风工负责。(√)

46. 通风工程洞孔的预留和预埋件的敷设工作由土建负责实施和复核。(×)

47. 喷砂所用的压缩空气机出口应装设油水分离器。(√)

48. 广义的质量除了工程质量外,还指工序质量和工作质量。(√)

49. 工程质量分为"合格"、"优良"与"不合格"三个等级。(×)

50. 安全生产即指通过采取法律措施、管理措施和安全技术措施,保证生产顺利进行,防止事故发生。(√)

51. 干空气中含量最大的气体是氧气。(×)

52. 全面通风可以是自然的。(√)

53. 蝶阀操作简便,宜作关断用。(×)

54. 直线平行于投影面,投影图为一个点。(×)

55. 平、剖面图中各设备、部件等,宜标注编号。(√)

56. 通风空调剖面图剖切的视向宜向上、向左。(√)

57. 通风工程中的系统轴测图是基本图。(√)

58. 镀锌钢板一般不用刷漆。(√)

59. 输送含有腐蚀性气体的通风系统常用硬聚氯乙烯板风管。(√)

60. 振动剪床主要用于剪切厚度 4mm 以内板材。(×)

61. 电锤使用时应将钻头顶在工作面上,然后按动开关。(√)

62. 划针用圆钢制成,端部磨尖,用以划线。(×)

63. 平、剖面图中的风管宜用单线绘制。(×)

64. 钢材的冷矫正适用于塑性较差的钢材。(×)

65. 手工剪切的弯剪便于剪切曲线的内圆。(×)

66. 法兰与风管采用焊接时,不放翻边量。(√)

67. 风管法兰可用角钢也可用扁钢制成。(√)

68. $\delta < 1.2$ 的圆风管和法兰组配的连接方法可采用焊接。(×)

69. 硬聚氯乙烯板材的厚度允差为 ±8%。(×)

70. 大型通风设备由通风工负责搬运吊装。(×)

71. 矩形风管的吊架应每隔两根单吊杆配用一根双吊杆。(×)

72. 对排送高温空气的通风系统,对风管可不采取保温措施。(×)

73．通风空调工程竣工后，应对各系统作外观检查和无生产负荷的联合试运转，合格后即可验收。（√）

74．质量检验评定标准中的保证项目必须达到要求，否则视为不合格。（√）

75．工地临时用电的现场照明，灯具安装不得低于1.5m。（×）

76．在空调工程中，一般所说的压力是指管道面积上承受的压力。（×）

77．排气式通风可以是局部的。（√）

78．圆形风道强度大，用料省，多用于民用送风系统。（×）

79．当直线倾斜于投影面时，其投影为一直线，大于实长。（×）

80．通过形体（配件）的对称平面、中心线等位置剖切形体，所绘制的剖面图。可不加剖切符号。（√）

81．风管管径宜标注在风管上的细实线上方。（√）

82．矩形风管截面尺寸表示法为宽×高表示。（√）

83．通风工程中的型钢主要是用来制作风管法兰、支架和配件。（√）

84．聚氨酯泡沫塑料是较理想的过滤、防振、吸声材料。（√）

85．通风管板材的折方一般使用硬木拍板（方尺）。（×）

86．当电动剪出现卡剪时，只需停剪重新调整两刃口间隙，卡剪故障即可排除。（√）

87．通风工下料加工的技术基础是展开图法。（√）

88．通风系统加工草图是按照施工图给定尺寸绘制的。（×）

89．钢材变形的原因是残余应力。（×）

90．金属薄板的连接形式主要取决于板厚及材质。（√）

91．角钢加固，当风管大边超规而小边未超规时，可光用角钢加固风管大边。（√）

92．圆风管与角钢法兰的组配，当管壁厚度 >1.2mm 时，可不用翻边。（×）

93．$\delta < 1.5$ 的矩形风管与法兰的组配可用铆接。（√）

94．硬聚氯乙烯板材的贮存温度 ≯30℃。（×）

95．通风工程中常采用在木制或钢制高凳上铺脚手板来安装风管或一定高度的风机等。（√）

96．塑料风管的支架间距应略大于金属风管。（×）

97．保温用的聚苯乙烯泡沫塑料板具有防火的特性。（√）

98．风口制作外形尺寸的允许偏差为 2mm。（√）

99．质量检验评定标准中的检验项目就是基本项目。（√）

100．潮湿地区施工必须使用 36V 以下安全行灯。（√）

101．湿度就是空气中水蒸气的含量。（√）

102．自然通风可以采用热压的方法。（√）

103．一般民用空调系统的风管采用普通薄钢板（又称黑铁皮）。（×）

104．通风、空调原理图，可不按比例绘制。（√）

105．非对称重要的剖面应用带箭头的剖切面表示剖切面和投影方向。
（√）

106．建筑图样上的尺寸单位均以毫米为单位。（×）

107．圆形风管截面尺寸的表示法是直径 ϕ。（√）

108．制作风管用的薄钢板允许有紧密的氧化铁薄膜。（√）

109．空气洁净系统的法兰垫料需用厚纸板、石棉绳等材料。（×）

110．目前通风工程中的咬口主要用咬口机。（√）

111．硬聚氯乙烯管的焊接采用热风焊。（√）

112．画展开图的第一步是形体分析。（×）

113．通风系统图应表示出设备、部件、管道及配件等完整内容。（√）

114．钢材变形的原因是运输和存放不当。（×）

115．铝板风管宜采用按扣式咬口。（×）

116．天圆地方用于圆形断面、矩形断面的连接。（√）

117．圆形风管法兰的煨制用冷煨法。（×）

118．风管与散流器的装配宜在加工车间进行。（×）

119．加热成型的塑料风管或管件的下料同钢板风管。（×）

120．液压式千斤顶的允许起重量可达 200t。（√）

121．塑料风管穿墙或楼板时应用金属套管加以保护。（√）

122．保温材料应具有较低的导热系数。（√）

123．多叶阀叶片贴合、搭接一致，轴距偏差不大于 1mm 为合格。规范
中表示允许稍有选择，在条件许可时应首先这样做的用词为"应"。（×）

124．质量检验评定标准中的允许偏差项目就是实测项目。（√）

125．防火阀按数量抽查 10%，但不少于 5 个。（×）

（二）选择题（答案的序号写在各题横线上）

1．绝对湿度的单位是 __B__ 。

A.g/kg   B.g/m³   C.kg/m³   D.%

2. 焓的单位是 __D__ 。

A.W/kg　　　　B.kW/kg　　　　C.C/kg　　　　D.J/kg

3. __B__ μm 以下的粉尘能经毛细支管直接进入肺泡。

A.3　　　　B.5　　　　C.7　　　　D.9

4. 高速空气调节系统中的空气流速可达 __D__ m/s。

A.8 ~ 12　　　B.12 ~ 15　　　C.15 ~ 20　　　D.20 ~ 30

5. 通风施工图简称 "__C__"。

A. 建施　　　B. 结施　　　C. 暖施　　　D. 水施

6. 图上尺寸数字后都不标注尺寸单位,总平面图及标高以 "__A__"
为单位。

A.m　　　　B.dm　　　　C.cm　　　　D.mm

7. 除总平面图及标高外,施工图上所有的尺寸单位均为 "__D__"。

A.m　　　　B.dm　　　　C.cm　　　　D.mm

8. 玻璃钢风管法兰平面的不平度允许偏差不应大于 __C__ mm。

A.1　　　　B.1.5　　　　C.2　　　　D.2.5

9. 空气洁净系统风管的法兰垫料不应小于 __D__ mm。

A.2　　　　B.3　　　　C.4　　　　D.5

10. 圆形风管管径 $320 \leqslant \phi \leqslant 600mm$ 时,使用 __B__ 做托架。

A. – 25 × 4　　B. – 25 × 5　　C. – 25 × 6　　D. < 25 × 4

11. 氧-乙炔用于气焊气割的火焰,最高温度可达 __C__ ℃。

A.1000 ~ 1500　　　　　　B.1500 ~ 2000

C.2000 ~ 3000　　　　　　D.3000 以上

12. 圆风管弯头、三通一般采用 __A__ 展开法。

A. 平行线　　B. 放射线　　C. 三角形　　D. 直角梯形

13. 角钢、槽钢、工字钢、管子在下料前的挠曲矢高 f 的允许偏差为
≯ __C__ 。

A.2/1000　　B.3/1000　　C.5/1000　　D.7/1000

14. 板材拼接和圆形风管的闭合咬口采用 __A__ 形式。

A. 单(平)咬口　　　　B. 单立咬口

C. 转角咬口　　　　　D. 按扣式咬口

15. 圆形风管咬口连接的法兰翻边量一般为 __C__ mm。

A.4　　　　B.6　　　　C.8　　　　D.10

16. 圆形弯管弯曲半径 $R \approx$ __B__ D。

A.1~1.25   B.1~1.5   C.1~1.75   D.1~2

17. 除尘系统弯头的弯曲半径一般为 ___B D___。

A.1.5   B.2   C.2.5   D.3

18. 柔性短管的长度一般为 ___D___ mm。

A.100~150   B.150~200   C.200~250   D.150~250

19. 法兰螺孔的间距不应大于 ___A___ mm。

A.150   B.120   C.100   D.200

20. ϕ150~280 圆风管的法兰用料为 ___A___

A. −25×4   B. −25×5   C. −25×6   D. <25×3

21. 风管大边长≤630 的法兰用料为 ___A___。

A. <25×3   B. <25×4   C. <25×5   D. <30×4

22. 圆风管与角钢法兰组配，当 δ≤1.5mm 时，可用直径 ___C___ 的铆钉。

A.2~3   B.3~4   C.4~5   D.5~6

23. 圆形硬聚氯乙烯塑料直管加热成型的温度为 ___D___ ℃左右。

A.100~120   B.110~130   C.120~140   D.130~150

24. δ=5~6 的硬聚氯乙烯塑料板的加热时间为 ___B___ min。

A.3~7   B.7~10   C.10~14   D.15~24

25. 焊接硬聚氯乙烯塑料板的焊枪所用的压缩空气应控制在 ___C___ MPa。

A.0.02~0.05   B.0.04~0.08
C.0.08~0.1   D.0.1~0.12

26. 干空气中，氧的质量比是 ___C___。

A.28.10%   B.32.10%   C.23.10%   D.26.10%

27. 通常热强度大于 ___A___ W/m³ 的车间为热车间。

A.4870   B.5870   C.6870   D.7870

28. 大型生产车间、体育馆、电影院等建筑采用 ___D___ 风口。

A. 侧送   B. 散流器   C. 孔收   D. 喷射式送

29. 一个物体能画出 ___A___ 个正投影图。

A.6   B.4   C.3   D.1

30. 圆形风管制作尺寸应以 ___A___ 为准。

A. 外径   B. 外边长   C. 内径   D. 内边长

31. 制作金属风管的圆形弯管可采用 ___A___ 咬口。

A. 立式咬口   B. 扣式咬口
C. 联合角咬口   D. 转角咬口

32. 通风管道的圆形弯管直径为 240~450mm 时其弯曲半径为 __A__ 。

A.1~1.5D　　　　B.1D　　　　　C.1.5D　　　　D.2D

33. 一般通风工程常用薄板的厚度是 __B__ mm。

A.0.3~2　　　　B.0.5~2　　　　C.1~3　　　　D.0.5~4

34. 硬聚氯乙烯的使用温度一般为 __B__ ℃。

A. −20~+40　　　　　　　B. −10~+60

C.0~50　　　　　　　　　D.10~60

35. 龙门剪床刀刃间的间隙大小一般取被剪板厚的 __C__ %为宜。

A.3　　　　　B.4　　　　　C.5　　　　　D.6

36. 电动钻孔机在第一次大修前的正常使用期限不低于 __C__ h。

A.500　　　　B.1000　　　　C.1500　　　　D.2000

37. 圆形风管的三通，其夹角宜为 __D__ 。

A.5°　　　　　B.10°　　　　C.65°　　　　D.15°~60°

38. 现场实测的具体内容根据 __B__ 而定。

A. 设计要求　　　　　　　B. 实际需要

C. 规范要求　　　　　　　D. 技术要求

39. 热矫正是将钢材加热至 __D__ ℃的温度下进行矫正。

A.250~500　　　B.500~750　　　C.600~900　　　D.700~1000

40. 手工剪切的板材厚度一般在 __B__ mm 以下。

A.1.5　　　　　B.1.2　　　　C.1.0　　　　D.0.75

41. 圆形风管的法兰翻边量一般为 __C__ mm。

A.4　　　　　B.6　　　　　C.8　　　　　D.10

42. 通风管大小头的扩张角应在 __B__ 之间。

A.15°~25°　　　B.25°~35°　　　C.35°~45°　　　D.45°~60°

43. 圆风管与法兰组配的翻边尺寸一般为 __D__ mm。

A.4~6　　　　B.5~7　　　　C.6~8　　　　D.6~10

44. 塑料圆风管加热成型的温度为 __D__ ℃。

A.80~100　　　B.100~120　　　C.110~130　　　D.130~150

45. 一般结构用的外承重多立杆式脚手架，其使用均布荷载不得超过 __A__ N/m²。

A.2700　　　　B.2400　　　　C.2500　　　　D.2600

46. 风管安装前在地上的连接长度一般为 __D__ m 左右。

A.4~6　　　　B.6~8　　　　C.8~10　　　　D.10~12

47. 喷砂所用的压缩空气的压力应保持在 __B__ MPa。

A.0.24 ~ 0.29   B.0.34 ~ 0.39

C.0.44 ~ 0.49   D.0.54 ~ 0.59

48.《通风与空调工程施工及验收规范》的编号为 __B__ 。

A.BGJ 242—82   B.GB 50243—97

C.GBJ 242—88   D.GBJ 243—88

49. 经技术鉴定，影响主要设备和结构强度及使用年限，又造成不可挽回缺陷的为 __B__ 质量事故。

A. 一般   B. 重大   C. 严重   D. 缺陷

50. 建筑工地常用的安全电压为 __C__ V。

A.12   B.24   C.36   D.48

51. 空调工程中压力的单位符号是 __B__ 。

A.kgf/cm^2 B.Pa   C.kg   D.Bar

52. 在常温下，人体的对流、辐射散热约占总散热量的 __C__ %。

A.25   B.45   C.75   D.85

53. 通风机出口和主干管上多采用 __B__ 阀。

A. 蝶   B. 插板   C. 调节   D. 防火

54. 工程上常用的投影图是 __C__ 面投影图。

A. 六   B. 四   C. 三   D. 一

55. 工程图中表示中心线的线型应画 __C__ 线。

A. 实线   B. 虚线

C. 细点划线   D. 双点划线。

56. 建筑平面图上的定位轴线的编号在横向采用 __B__ 编号。

A. 汉语数字   B. 阿拉伯数字

C. 罗马数字   D. 汉语拼音字母

57. 平、剖面图的风管宜用 __B__ 线绘制。

A. 粗直   B. 双   C. 单   D. 斜

58. 通风工程的防爆系统常采用 __B__ 。

A. 镀锌钢板   B. 铝板

C. 不锈钢板   D. 塑料复合钢板

59. 通风工程中常用的螺栓直径为 __A__ mm。

A.3 ~ 6   B.4 ~ 8   C.5 ~ 10   D.6 ~ 12

60. 折方机适用于宽度 2000mm 以内、厚度 __C__ mm 以下板材的折方。

A.2   B.3   C.4   D.5

61. 手电动剪主要适用于 __D__ mm 以下的金属板材。

A.1   B.1.5   C.2   D.2.5

62. 通风管件和部件的形状均是一些 __A__ 几何图形的组合。

A. 简单   B. 复杂   C. 一般   D. 不规则

63. 加工草图上的长度调整尺寸是 __D__ 加工长度。

A. 三通   B. 大小头

C. 弯头   D. 直风管和大小头

64. 厚度小于 14mm 的钢板、扁钢在 1m 长度范围内的局部挠曲矢高允许≤ __C__ mm。

A.0.5   B.1   C.1.5   D.2

65. __C__ 是最常见的风管连接方式。

A. 铆接   B. 焊接   C. 咬接   D. 插接

66. 矩形保温风管边长 ≥ __C__ mm，其管段长度在 1.2m 以上，均应采取加固措施。

A.630   B.750   C.800   D.900

67. 帆布连接管的搭接量为 __B__ mm。

A.10 ~ 20   B.20 ~ 25   C.25 ~ 30   D.30 ~ 40

68. 圆风管与角钢法兰组配的焊接，风管的管端应缩进法兰 __C__ mm。

A.2 ~ 3   B.3 ~ 4   C.4 ~ 5   D.5 ~ 6

69. 塑料风管法兰的三角支撑间距为 __A__ mm。

A.300 ~ 400   B.250 ~ 350

C.200 ~ 300   D.150 ~ 250

70. 脚手架的各种杆件应采用外径 φ __C__ mm，壁厚 3 ~ 3.5mm 的无缝钢管。

A.38   B.45   C.48   D.57

71. 风帽装设高度高出屋面 __C__ m 时，应用镀锌铁丝或圆钢拉索固定，拉索不得小于 3 根。

A.0.5   B.1   C.1.5   D.2

72. 喷砂的喷嘴与金属表面的夹角一般为 __C__ 。

A.50° ~ 60°   B.60° ~ 70°   C.70° ~ 80°   D.80° ~ 90°

73. 卷材或板材做的保温层表面平整度的允许偏差为 __C__ mm。

A.3   B.4   C.5   D.6

74.影响下一道工序不能施工的为 __C__ 质量事故。

A.一般　　　B.严重　　　C.重大　　　D.缺陷

75.各种机械的电气设备的接地电阻≯ __A__ Ω。

A.4　　　B.8　　　C.12　　　D.24

76.在我国工程上采用的温标单位为 __B__ 。

A.℉　　　B.℃　　　C.K　　　D.W

77.在常温下，人体汗液蒸发的散热约占总散热量的 __C__ %。

A.15　　　B.20　　　C.25　　　D.30

78.风管三段之间的连接一般采用 __A__ 连接。

A.钢法兰螺栓　　　　　　B.焊接

C.咬口　　　　　　　　　D.铆钉

79.通风工程图中的主视图叫做 __A__ 图。

A.立面　　　B.俯视　　　C.平面　　　D.侧面

80.假想把物体的某一部分剖开，保留外形而得到的投影图，为 __C__ 。

A.全部面图　　　　　　　B.半剖面图

C.局部剖面　　　　　　　D.阶梯剖面图

81.设备安装图应由 __D__ 等组成。

A.平面图　　　　　　　　B.剖面图

C.局部详图　　　　　　　D.平面图、剖面图、局部详图

82.通风系统的划分方式在 __D__ 中表示。

A.平面图　　　　　　　　B.剖面图

C.轴测图　　　　　　　　D.文字说明

83.化工环境中需耐腐蚀的通风系统常用 __A__ 板。

A.不锈钢　　　　　　　　B.铝

C.镀锌钢　　　　　　　　D.塑料复合钢

84.$\delta = 1.5$ 以下的风管或部件与法兰之间的连接，主要是用 __D__ 。

A.螺栓　　　B.焊接　　　C.咬口　　　D.铆钉

85.加工板长超过 __A__ m时，折方机应有两人以上操作。

A.1　　　B.0.5　　　C.1.5　　　D.2

86.当手电动剪在剪切最大厚度时，二刃口的横向间隙为 __D__ mm。

A.0.2　　　B.0.3　　　C.0.4　　　D.0.5

87.作展开图的关键问题是求 __A__ 线的实长。

A. 平面　　　　　B. 立面　　　　　C. 倾斜　　　　　D. 外形

88. 一般直风管的加工长度应比计算长度放长　D　mm。

A.5 ~ 10　　　　B.10 ~ 20　　　　C.20 ~ 30　　　　D.30 ~ 50

89. 角钢、槽钢、工字钢、管子的挠曲矢高 $f \leqslant$ 　A　，≯5。

A. $\dfrac{L}{1000}$　　　B. $\dfrac{L}{800}$　　　C. $\dfrac{L}{500}$　　　D. $\dfrac{L}{100}$

90. 铆钉直径 $d =$ 　B　δ，δ 为板厚，但不得小于3mm。

A.1.5　　　　B.2　　　　C.2.5　　　　D.3

91. 圆形三通的夹角宜为　C　°，允许偏差 <3°。

A.15 ~ 30　　　B.15 ~ 45　　　C.15 ~ 60　　　D.15 ~ 75

92. 柔性短管的长度一般为　B　mm。

A.100 ~ 150　　　　　　　　B.150 ~ 250

C.200 ~ 300　　　　　　　　D.250 ~ 350

93. 矩形风管与角钢法兰组配的翻边尺寸应为　D　mm。

A.3 ~ 5　　　　B.4 ~ 6　　　　C.5 ~ 7　　　　D.6 ~ 9

94. 当圆塑料风管管组 <　B　mm，可采用对接焊。

A.445　　　　B.545　　　　C.645　　　　D.745

95. 倒链最小的起重量为　A　t，最大的为30t。

A.0.5　　　　B.1　　　　C.2　　　　D.3

96. 风管伸出地面的接口距该地面的距离不要小于　B　mm。

A.150　　　　B.200　　　　C.250　　　　D.300

97. 喷砂的喷嘴与金属表面的距离一般在　D　mm 之间。

A.20 ~ 50　　　B.50 ~ 80　　　C.80 ~ 100　　　D.100 ~ 150

98. 现行的《通风与空调工程质量检验评定标准》的编号是 GBJ
　D　。

　A.301—88　　　B.302—88　　　C.303—88　　　D.304—88

99. 电加热器及其前后　C　mm 范围内的风管隔热层必须用非燃烧材料。

　A.600　　　　B.700　　　　C.800　　　　D.900

100. 雷雨时不要走近电杆、铁塔、架空电线和避雷器及避雷针的接地导线周围　B　m 以内。

　A.5　　　　B.10　　　　C.15　　　　D.20

101. 相对湿度的表示符号为　A　。

A. ϕ　　　　B. γ_{60}　　　　C. γ_{qi}　　　　D. shi

102. 低速空调系统中空气流速一般为　C　m/s

A.8～12　　B.10～15　　C.4～8　　D.1～2

103. 室外进气口的位置一般应高出地面　C　m。

A.1.5　　B.2　　C.2.5　　D.3

104. 对三个投影面都倾斜于投影面的平面,其一般位置的诸投影,均为变形　D　。

A. 线　　B. 等同面　　C. 扩大　　D. 缩小

105. 制冷原理图中的各种管道应标注　B　。

A. 管径　　　　　　　　B. 介质流向

C. 产品代号　　　　　　D. 管径和介质流向

106. 看平面图步骤,应先看　A　。

A. 图名比例　　　　　　B. 标题栏

C. 总尺寸　　　　　　　D. 相关尺寸

107. 通风空调平面图,应按本层平顶以下　A　绘出。

A. 俯视　　B. 侧视　　C. 仰视　　D. 全貌

108. 防尘要求较高的空调系统 – 10～70℃温度下的耐腐蚀系统风管常采用　D　板。

A. 镀锌钢　　B. 不锈钢　　C. 铝　　D. 塑料复合钢

109. 通风工程中常用铆钉直径为　A　mm。

A.3～6　　B.4～8　　C.2～5　　D.5～10

110. SAF-3A 型按扣式咬口折边机可对　A　mm 的矩形风管及其管件制作进行按扣式咬口与折边。

A.0.5～1　　B.0.75～1.2　　C.1～1.5　　D.1～2

111. 硬聚氯乙烯风管焊接时的温度以　C　℃为宜。

A.130～180　　　　　　B.150～230

C.210～250　　　　　　D.230～280

112. 厚度 3mm 以上的圆风管下料尺寸应按　B　计算。

A. 外径　　B. 中径　　C. 内径

113. 风管支架间距、形式及安装地点的应根据　D　确定。

A. 设计要求　　　　　　B. 技术规范

C. 现场实际　　　　　　D. 技术规范和现场实际

114.　B　加热主要用于薄板的矫平。

A. 圈状　　　　B. 点状　　　　C. 线状　　　　D. 三角形

115. 铆钉长度 $L = 2S + ($　__B__　$) d$。

A.1~1.5　　　B.1.5~2　　　C.2~2.5　　　D.2.5~3

116. 罩口尺寸偏差每米不大于　__C__　mm，连接处牢固为合格。

A.2　　　　B.3　　　　C.4　　　　D.5

117. 长边 500mm 以上的风管法兰允许比风管边长大　__C__　mm。

A.1　　　　B.2　　　　C.3　　　　D.4

118. 圆风管的法兰内径一般比风管外径大　__B__　mm。

A.1~2　　　B.2~3　　　C.3~4　　　D.4~5

119. 塑料风管的焊接温度以　__D__　℃为宜。

A.130~150　　B.150~180　　C.180~210　　D.210~250

120. 脚手架拆除应自上而下，按先装后拆，后装先拆的顺序进行，一般应先拆除　__A__　。

A. 栏杆　　　B. 脚手板　　　C. 剪刀撑　　　D. 小横杆

121. 高空作业在距地面　__B__　m 以上时要系安全带。

A.2　　　　B.3　　　　C.4　　　　D.5

122. 保温层的厚度不能低于设计厚度的　__B__　%。

A.3　　　　B.5　　　　C.8　　　　D.10

123. 连接弯管和管件组合后的总称为　__B__　。

A. 管系统　　　B. 管段　　　C. 管子　　　D. 管件

124. 凡属重大质量事故，施工队必须在　__C__　小时内电话报告上级质量检查部门。

A.8　　　　B.12　　　　C.24　　　　D.36

125. 两相触电的线电压通常是　__B__　V。

A.110　　　B.220　　　C.380　　　D.420

（三）计算题

1. 一块 1000×2000×1.5 的薄钢板的重量是多少？

解：重量 = 1×2×1.5×7.85 = 23.55kg

2. 某节钢板圆风管外径 φ600，板厚 δ = 3mm，节长 1800mm，计算其净展开面积 S 及重量 W。

解：$S = 0.597 \times \pi \times 1.8 = 3.376 m^2$

　　　$W = 3.376 \times 3 \times 7.85 = 79.5 kg$

3. 画斜圆锥台（马蹄形零件）的展开图。

4. 画圆管异径斜三通的展开图。

5. 画等径直角圆管弯头的展开图。

6. 计算圆形大小头的展开净面积 S（$D=500$，$d=300$，$h=500$）。

答：$S=\pi\left(\dfrac{D+d}{2}\right)\times\sqrt{\left(\dfrac{D-d}{2}\right)^2+h^2}$

$=3.14\times0.5\times0.51=0.8\mathrm{m}^2$

7. 计算方形大小头的展开净面积 S（小口 200×200，大口 400×400，高 400）。

答：$S=(0.2+0.4)\times\sqrt{\left(\dfrac{0.4-0.2}{2}\right)^2+0.4^2}\times2=0.5\mathrm{m}^2$

8. 求两节直角方管弯头的展开净面积 S（如图）。

答：$S=(a+b)\times6a=(0.2+0.4)\times1.2=0.72\mathrm{m}^2$

9. 求内外弧形方管弯头的展开净面积 S（方管边长 $a=400$，弯曲半径 $R=a$，起弯点处接口长度 c 为 50，如图）。

答：$S=4R\times\dfrac{\pi a}{2}+8ac=1.18\mathrm{m}^2$

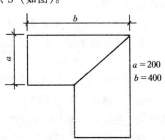

$a=200$
$b=400$

10. 计算内弧形方形弯管的展开净面积 S（如图），其中 $a=400$　$R=200$ $c=50$。

答：$S=2(a+R)^2+2a(a+R)$

$+8ca+\dfrac{\pi R}{2}\times a-\pi R^2$

$=0.72+0.48+0.16+0.13$

$-0.13=1.36\mathrm{m}^2$

11. 计算内斜线方形弯管的展开净面积 S（如图，其中 $a=400$　$b=200$ $c=50$）。

答：$S=2(a+b)^2+2a(a+b)+8ca+a\cdot b\sqrt{2}-b^2$

$=0.72+0.48+0.16+0.11-0.04$

$=1.43\mathrm{m}^2$

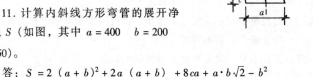

（四）简答题

1. 什么叫通风？什么叫空气调节？

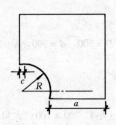 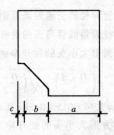

答：通风就是把充满有害物质的污浊空气从室内排出去，将符合卫生要求的新鲜空气送进来，以保持适于人们生产和生活的空气环境。

空气调节就是采用人工的方法，创造和保持满足一定要求的空气环境，简称空调。

2．通风施工图由哪些图组成？

答：通风施工图由基本图（包括平面图、剖面图及轴测图）、详图（大样图）、节点图及文字说明组成。

3．绘制通风空调系统加工草图的目的是什么？

答：在通风工程施工图中，虽然标明了通风系统的位置、标高、形状和管径，但除了一部分标准部件可按暖通国家标准图制作外，其他通风管道配件的具体尺寸，如风管的长度、三通或四通的高度及夹角，弯头的曲率半径和角度等，均不能在施工图上确切地表达出来。因此为了将施工图变为现实，还需要根据施工图已知条件，分析计算，实际测绘出加工安装草图，以确定出管道、配件的具体加工尺寸和安装尺寸，供加工厂制作和现场组装之用。

4．简述脚手架的基本要求。

答：①牢固：有足够的坚固性与稳定性，能保证使用荷载及各种气候条件下不损坏、不变形、不倾斜、不摇晃。

②适用：有足够的面积满足工人操作、材料堆放及车辆行驶的需要。

③方便：构造简单，装拆方便。

④经济：因地制宜，就地取材，因材使用，节约用料。

5．简述质量检查的依据及程序。

答：检查依据有设计图纸、设计说明及设计变更（补充）文件，经批准的施工组织设计，施工验收规范及质量验评标准。

检查程序原则上是自检、互检、后专检，班组填自检记录，经工长审查，再交质检人员检查或联合检查。

6. 通风工程中，常用非金属材料有哪些？

答：主要有硬聚氯乙烯、玻璃钢、石棉水泥板等。

7. 通风如何按系统应用范围进行分类？空调如何按空气处理设备的情况分类？

答：通风按系统应用范围可分为局部通风和全面通风。局部通风又分为局部送风、局部排风和局部送排风。全面通风又分为全面送风、全面排风和全面送排风。

空调系统按空气处理设备情况分：集中式空调系统，局部式空调系统和混合式空调系统。

8. 什么叫做剖视图？

答：为了反映管线的真实形状，配件或机器的内部结构，可以用一个假想的剖切面（就像用刀切）把需要的部位切开，并把处在人和剖切平面之间的物体移开，再把剩下的物体进行投影，所得到的图就叫做剖视图。

9. 简述钢材的变形原因和矫正方法。

答：钢材的变形原因，一是轧钢过程中可能产生的残余应力；二是焊接所产生的焊接变形；三是运输、存放不当也会产生变形。

矫正方法按矫正时作用外力的来源与性质分，有手工矫正、火焰矫正、机械矫正和高频热电矫正。

10. 简述脚手架搭设的工艺流程。

答：场地平整、夯实→检查设备材料配件→定位设置垫块→立杆（冲头）→小横杆（横楞）→大横杆（撑杠）→剪刀撑→连墙杆→扎毛竹纵杆→铺垫脚手板→扎防护栏杆及踢脚板和安全网。

11. 什么是安全生产？

答：安全生产即指通过采取法律措施、管理措施和安全技术措施，保证生产顺利进行，防止事故发生。安全生产的内容从广义上讲包括劳动保护、生产交通安全、生产消防安全三个方面。

12. 通风工程中，主要吸声材料有哪些？

答：主要有玻璃棉、矿渣棉、泡沫塑料及制品。

13. 通风工程中，常用的垫料有哪些？

答：主要有石棉绳、石棉板、石棉橡胶板、工业橡胶板、乳胶海绵板等。

14. 空气是由哪些成分组成？空气的状态参数有哪些？它们各表示什

么意义？

答：干空气主要是由氮、氧、二氧化碳和少量稀有气体（氦、氖、氩）组成。自然界的空气都是"干空气"和水蒸气的混合物。

空气状态的参数：

①压力：指单位面积上承受的压力而言。单位是帕[斯卡]，符号是Pa。

②温度：衡量物质冷热程度的指标。国际上使用的有摄氏温标（℃）、华氏温标（℉）和绝对温标（K）等。我国工程上多用℃。

③湿度：空气中水蒸气的含量。表示方法有：绝对湿度，指在 $1m^3$ 空气中含有水蒸气的重量，单位是 g/m^3，符号为 γ_{qi}；含湿量，指在湿空气中与 $1kg$ 干空气混合在一起的水蒸气重量，用符号 d 表示，单位是 g 水汽/kg 干空气；相对湿度，指空气绝对湿度接近饱和绝对湿度的程度，即相对湿度（用 ϕ 表示），为空气的绝对湿度（γ_{qi}）与绝对饱和湿度（用 γ_{60} 表示）比值的百分数。

④焓：单位重量空气中所含的热量，单位是 J/kg。

⑤湿球温度：用干球湿度计去观测空调房间的空气状态时，待两支温度计指示值稳定后，即可读出干球温度和湿球温度，湿球温度用符号 t_{sa} 表示，单位是℃。

15. 什么是轴测图？通风轴测图的基本原理和作图方法是怎样的？

答：根据投影原理绘制的平面投影图为轴测图，俗称立体图。它是利用 X、Y、Z 轴确定通风管道在空间的位置、走向和尺寸的，是根据平面图和剖面图画出来的。

16. 简述折方机的性能、使用及维修保养。

答：性能：适用于厚度 4mm 以下，宽度在 2000mm 以内的板材折方。

使用：a. 使用前，应使离合器、连杆等机件动作灵活，并经空负荷运转证明情况确实良好。

b. 加工板长超过 1m 时，应由两人以上操作，以保证加工质量。

c. 折方时，操作人员应互相照应，并与设备保持一定距离，以免被翻转的钢板击伤。

维修保养：使用前，机器所有油眼注满润滑油；工作完毕切断电源，擦拭机床。

17. 简述塑料风管及加工制作的主要步骤。

答：板材检查——划线下料——切割——焊口处锉削或打磨坡口——

加热成型——焊接——成品质量检查。

18. 什么是通风空调工程质量?

答：通风空调工程质量，指通风空调工程必须充分满足人们对生活和生产环境卫生和舒适的需要，使安装后通风空调工程达到美观、坚固耐用、运行经济合理。

19. 通风工程中，常用金属材料有哪些?

答：主要有普通薄钢板、镀锌钢板、不锈钢板、铝板、复合钢板及型钢。

20. 通风、空调系统的主要部件有哪些?

答：有风口、阀门、风罩、风道、过滤器、进排气装置等。

21. 看施工图有哪些注意事项:

答：①看图必须由大到小，由粗到细。

②仔细看阅图中的附注或说明。

③认真弄通图中表示各种物体的符号——图例。

④看图应仔细耐心，认真核对图上的有关资料和数字。

⑤要注意尺寸、单位。

22. 简述圆风管与角钢法兰的组配。

答：当管壁厚度小于或等于 1.5mm 时，可用直径 4~5mm 铆钉，将法兰固定在管端并进行翻边。当管壁大于 1.5mm 时，可不用翻边，应沿风管周边把法兰用电焊点焊。焊接时，先点焊几点，检查合格后，再进行端焊。为使法兰表面平整，风管的管端应缩进法兰 4~5mm。

23. 简述对风管保温材料的要求。

答：保温材料应具有较低的导热系数，质轻难燃，耐热性能稳定，吸湿性小，并易于成型等特点。一般通风工程中常用的保温材料有矿渣棉、软木板等。对防火有特殊要求的空调工程，必须选择不燃的保温材料。对防尘有特殊要求的空调或洁净工程，不允许采用卷、散保温材料。

24. 简述通风工安全技术操作规程的主要内容。

答：其主要内容是：a. 熔锡时，锡液不许着水，防止飞溅。盐酸要妥善保管。b. 在风管内铆法兰及腰孔冲眼时，管外配合人员面部要避开冲孔。组装风管、法兰孔应用尖冲撬正，严禁用手指触摸。吊装风管所用绳具要牢固可靠。c. 在高空作业时，所用工具应放在工具袋内。d. 使用剪板机、三用切剪机等机械下料时，应严格按照机械安全操作规程作业，防止伤害身体。

25．什么是机械通风？它的特点是什么？

答：机械通风依靠风机产生的动力，迫使空气流通，进行室内外空气交换。机械通风的特点是动力强，能控制风量，能使空气进行加热、冷却、加湿、干燥、净化等处理过程的设备用风管连接起来，组成一个机械通风系统，把经过处理达到一定质量的空气送到一定地点。

26．风管的常用保温材料有哪些？

答：有玻璃棉、矿渣棉、沥青矿棉毡、泡沫塑料、沥青蛭石板、甘蔗板、石棉泥、玻璃纤维缝毡等。

27．通风工常用的手工工具及加工机具有哪些？

答：手工加工工具一般有手剪、手动滚动剪、硬木质板段、硬质木锤、钢质方锤等等。常用加工机具有剪板机、折方机、按扣式咬口折边机、卷圆机等。

28．何谓展开图法？常用的展开法有几种？

答：所谓展开图法，是用作图的方法将金属板料所制作的通风管道或零件，按其表面的真实形状和大小，依次连接展开并摊在金属或非金属平面上的画图方法，亦叫放样。

常用的展开法有平行线展开法、放射线展开法、三角形展开法和直角梯形法。

29．起重吊装的基本方法有哪些？

答：起重吊装方法较多，一般可分为撬重、点移、滑动、滚动、卷拉、抬重、顶重和吊重等基本方法。在实际工作中，常常是几种方法综合运用。

30．通风空调系统安装前的准备工作有哪些？

答：（1）进一步熟悉图纸，核实标高、轴线、预留孔洞、预埋件等是否符合要求，以及与风管相连接的生产设备安装情况。

（2）根据现场实际工作量的大小，组织劳力。

（3）确定安装方法和安全措施。

（4）准备好辅助材料。

（5）准备好安装所需要的工具。

二、实操部分

1．试题：斜面圆管大小头制作

$D = 300$，$d = 200$，$h = 200$，加斜角 $30°$，$\delta = 0.75$

考核内容及评分标准

序号	测定项目	评 分 标 准	标准分	得分
1	D	≤1mm，≥±3mm 本项无分	15	
2	d	≤1mm，≥±3mm 本项无分	15	
3	h	≤1mm，≥±3mm 本项无分	10	
4	小斜角	≤1°，≥±3°本项无分	15	
5	咬口外观质量	由考评者定	20	
6	安　全	无安全事故	10	
7	工　效	由考评者定	15	
	合　计			

2. 试题：正天圆地方制作

$A = 300 \times 300$，$D = 200$，$H = 300$，$\delta = 0.75$

考评项目及评分标准

序号	测定项目	评 分 标 准	标准分	得分
1	A	≤1mm，≥±3mm 本项无分	15	
2	D	≤1mm，≥±3mm 本项无分	15	
3	H	≤2mm，≥±4mm 本项无分	10	
4	中心度	≤2mm，≥±5mm 本项无分	15	
5	咬口外观质量	由考评者定	20	
6	安　全	无安全事故	10	
7	工　效	由考评者定	15	
	合　计			

3. 试题：圆管异径斜三通制作

$D = 300$，$d = 200$，三通高度 $H = 600$，支管口到主管中心距 $h = 450$，交角 $\alpha = 45°$，$\delta = 0.75$。

考核内容及评分标准

序号	测定项目	评 分 标 准	标准分	得分
1	D	<1mm，≥±3mm 本项无分	10	
2	d	<1mm，≥±3mm 本项无分	10	

321

序号	测定项目	评 分 标 准	标准分	得分
3	H	＜1mm，≥±3mm 本项无分	10	
4	h	＜1mm，≥±3mm 本项无分	10	
5	α	＜1°，≥±3°本项无分	15	
6	咬口外观质量	由考评者定	20	
7	安 全	无安全事故	10	
8	工 效	由考评者定	15	
	合 计			

4. 试题：直角等径圆管弯头制作

$D = 300$，$R = 1.25D$，$\delta = 0.75$，三中节二端节

考评内容及评分标准

序号	测定项目	评 分 标 准	标准分	得分
1	$D-1$	≤1mm，≥±3mm 本项无分	10	
2	$D-2$	≤1mm，≥±3mm 本项无分	10	
3	R	≤1mm，≥±3mm 本项无分	10	
4	直 角	＜1°，≥±3°本项无分	10	
5	节 数	节数不符合规定本项无分	15	
6	咬口外观质量	由考评者定	20	
7	安 全	无安全事故	10	
8	工 效	由考评者定	15	
	合 计			

5. 试题：圆管异径正三通制作

主管 $D = 300$，支管 $d = 200$，支管长度 $L = 600 + 20$，支管长度 $l = 200 + 10$，$\delta = 0.75$mm

考评内容及评分标准

序号	测定项目	评 分 标 准	标准分	得分
1	D	≤1mm，≥±3mm 本项无分	15	
2	d	＜1mm，≥±3mm 本项无分	15	

序号	测定项目	评 分 标 准	标准分	得分
3	L	<3mm，≥±5mm 本项无分	10	
4	l	<3mm，≥±5mm 本项无分	5	
5	直 角	≤1°，≥±3°本项无分	10	
6	咬口外观质量	由考评者定	20	
6	安 全	无安全事故	10	
7	工 效	由考评者定	15	
	合 计			

第二章 中级通风工

一、理论部分

（一）是非题（对的打"√"，错的打"×"，答案写在每题括号内）

1. 将 A_0 图幅画纵向对折裁开，可得两张 A_1 幅面的图纸。（√）

2. 通风工程图中平面图、剖面图以及详图均采用直接正投影法绘制。（√）

3. 热车间采用自然通风是一种经济而有效的降温措施。（√）

4. 常用的局部送风装置有风扇、喷雾风扇和系统式局部送风装置三种。空气幕不属于局部送风装置。（×）

5. 气力输送是一种利用气流输送物料的输送方式。（√）

6. 在空调工程中，空气吸收或放出的热量用焓来表示。（√）

7. 空气处理设备称为空气处理室，又称空调器。（×）

8. 条缝送风属于扁平射流，对散热量大且只要求降温的房间宜采用这种方式。（√）

9. 只有通过一定的方式将物体或流体冷却到低于环境温度，才称为制冷。（√）

10. 房间空调器是一种小型的局部式空调系统。（√）

11. 金属的物理性能有密度、熔点、耐蚀性、磁性、导电性、导热性等。（×）

12. 普通碳素钢的硫、磷含量低于优质碳素钢。（×）

13. 风管钢板上滚槽加固，这种方法不需加钢材，能用于各种通风空

调系统，但仅适用于不太大的风管面上。（×）

14. 当不锈钢板材厚度大于 1mm 时，采用电焊或氩弧焊焊接，不得采用气焊。（√）

15. 圆形风管的无法兰连接主要用于一般送排风系统的钢板圆风管和螺旋缝圆风管的连接。（√）

16. 矩形风管无法兰风管插条的接缝处应使用自粘密封胶带以密封。（√）

17. 风管法兰尺寸的允许偏差应为负偏差。（×）

18. 防火阀在正常情况下保持关闭状态。（×）

19. 空气处理室中的导风板起均匀分配进入喷淋室的空气和挡住可能返回水滴的作用。（√）

20. 通风空调部件制作的薄板冲压一般采用冷冲压成型。（√）

21. 带拉杆的三通调节阀，宜用于大风管上。（×）

22. 除尘系统风管法兰垫料应选用如橡胶板、闭孔海绵橡胶板、厚底板等材料。（×）

23. 通风空调工程的试车又叫试运转，也叫起动检查。（√）

24. 用叶轮风速仪测定风速时，应使叶轮旋转面与气流垂直，在转动后即开始读数。（×）

25. 空调系统综合效果检验测定的测试时间不少于 4 小时。（×）

26. 图纸和文字说明中的尺寸，以 mm 为单位时，不需标注计量单位的代号或名称。（√）

27. 通风工程图中的管道断面尺寸都应在材料表中注明。（×）

28. 自然通风仅依靠室外风造成的"风压"来实现空气流动。（×）

29. 为了减少周围空气混入排风系统以减少排风量，伞形罩口宜为一定直边。（√）

30. 在负压下工作的吸送式系统称为低压吸送式气力输送系统。（√）

31. 在焓湿图上的每一个点都表示空气的一个状态。（√）

32. 将空气处理设备、风机、冷热源等组合在一个箱体里的设备称空调机组，也称空调机。（×）

33. 回风口应设在射流区内。（×）

34. 空调用的制冷技术属于低温制冷范围。（×）

35. 热泵型窗式空调器的特点是夏季制冷、冬季制热，分别由两套装置来完成。（×）

36. 金属的化学性能主要是指金属的化学稳定性，即抗氧化性、耐蚀性、耐酸性、耐碱性和耐热性等。（×）

37.16Mn 钢，表示含锰量为 0.16%。（×）

38. 风管用角钢框加固，风管大边长在 1000mm 以内时用∠25×4 角钢。（√）

39. 氩弧焊可焊接 0.5mm 厚的不锈钢板。（√）

40. 矩形风管无法兰连接的直接连接用于边长小于 500mm 的矩形风管的连接。（×）

41. 风管无法兰连接的插条连接法使用于需常拆卸的风管系统较好。（×）

42. 静压箱可起稳定气流的作用。（√）

43. 防火阀的易熔片若需检验时，应在空气中进行，以空气温度为准。（×）

44. 空气处理室中的挡水板起去除空气中水滴的作用。（√）

45. 在送风机的入口，无论新风管、总回风管和送回风支管上均应设调节阀门。（√）

46. 洁净系统的风管咬口缝、铆钉孔及风管翻边的四个角，必须用密封胶进行密封。（√）

47. 安装不锈钢板风管时，应避免不锈钢与其他金属，特别是碳素钢的直接接触。（√）

48. 风机单机试车时，新风及一、二次回风口和加热器前调节阀及旁通阀应开启到最大位置。（×）

49. 热电风速仪运用于测量微风速，最小可测 0.1m/s 的风速。（×）

50. 在产生室内余热和余湿中，人和照明是主要因素，应进行专门测定。（×）

51. 图样需用的文字说明，宜以附注的形式放在该张图纸的左侧，并用阿拉伯数字进行编号。（×）

52. 通风工程图的风管标高均应标注管中心标高。（×）

53. 在自然通风中，进风窗孔和排风窗孔两侧压差的绝对值之和与两窗孔的高度差同室内外空气的密度差有关。（√）

54. 局部排风的槽边吸气，应尽量要求槽子靠墙布置。（√）

55. 干空气是由氮、氧、二氧化碳和少量稀有气体以及水蒸气所组成的。（×）

56. 焓湿图上任意一点都表示空气的某一状态，两个状态的连接线即可表示空气状态的变化过程。（√）

57. 热泵型空调器，夏季可降温，冬季可供暖。（√）

58. 如果排出空气的焓低于室外空气的焓，则排风口可作为回风口之一。（√）

59. 制冷机的工作过程是制冷剂在系统中经过压缩、冷凝、减压、气化四个过程。（×）

60. 亚高效和高效过滤器能捕集直径小于 $1\mu m$ 的尘粒，可单独设置使用。（×）

61. 金属材料与酸、碱类接触时，比在空气中的腐蚀更为强烈。（√）

62. 消声材料的性能与品种、密度、厚度等有关。（√）

63. 风管角钢框加固，风管大边长大于 1000mm 时用 ∠30×4 角钢。（√）

64. 不锈钢板焊接前，应用汽油、丙酮等溶剂将焊缝区域的油脂清除干净。（√）

65. 矩形风管无法兰连接的插条连接一般用于边长为 200～1000mm 的矩形风管或管件连接。（×）

66. 风管接缝的焊接应采用对接。（×）

67. 在静压箱内壁贴消声材料，可起消声的作用。（√）

68. 柔性短管输送潮湿空气或装于潮湿环境中时，应采用帆布。（×）

69. 空气处理室喷淋段壳体制作，金属壁板与水池焊接后，一般应用煤油作渗透试验，以无渗油现象为合格。（√）

70. 风管上的调节阀在尽可能的情况下，宜尽量少设。（√）

71. 洁净系统风管的法兰、加固框及部件铆接时，可用普通铆钉。（×）

72. 安装铝板风管应尽量采用铝法兰。（√）

73. U形管压力计是常用的测压仪表。（√）

74. 在现场测压时，常使用波动式微压计。（×）

75. 通风机安装（风压低于 3kPa）后试运转时，要经不少于 2 小时的运转后，其滑动轴承温升不超过 35℃，最高温度不超过 70℃。（√）

76. 图样上的尺寸数字，一般应注在尺寸线的下方。（×）

77. 由于通风管较大，通风工程平、剖面图中包括三通、四通、弯头、异径管、法兰等配件接头宜用双线（中线）画制。（×）

78. 仅有热压作用时，窗孔内外的压差即为窗孔的余压。（✓）

79. 空气幕的送风口是条缝形送风口。（✓）

80. 湿空气的物理状态取决于它的成分所处的状态。（✓）

81. 空气处理就是对室外空气进行加热或减热、加湿或减湿，将它处理成最终所需要的送风状态。（✓）

82. 喷口送风是适用于宾馆、商场等公共建筑的一种送风方式。（×）

83. 回风口风量需要调节时，调节阀可设在支管或回风口上。（✓）

84. 空气净化系统所处理的空气来源一般是新风。（×）

85. 电除尘器一般仅用作回收价值较高的细小粉料的回收装置。（✓）

86. 金属的机械性能主要有强度、硬度、塑性、韧性和抗疲劳性。（✓）

87. 铜和锌的合金叫做青铜。（×）

88. 钢板风管宜用性质较软且平整光洁的低碳钢钢板制作。（✓）

89. 不锈钢板焊接后，应对焊缝及风管表面进行清洗和酸洗。（✓）

90. 抱箍式无法兰连接工艺是在车间内集中加工制作、编号、现场对号安装。（✓）

91. 不锈钢法兰热弯后应立即进行浇水冷却。（✓）

92. 洁净空调系统支管上的静压箱应作镀锌处理。（✓）

93. 柔性短管输送腐蚀性气体时，应采用涂胶帆布。（×）

94. 空气处理室的表冷段的作用是使被处理空气通过表冷器时进行热湿交换以达到所需的温度和湿度。（✓）

95. 对于装在顶棚上的风口，应与顶棚平齐，并应与顶棚单独固定，不得固定在垂直风管上。（✓）

96. 洁净风管系统安装在土建框架、地板浇筑完成后即可进行。（×）

97. 铝板风管保温材料如法兰垫片应使用石棉板、石棉板、玻璃棉等碱性材料。（×）

98. 风机试运转的运转持续时间不得少于1h。（×）

99. 对室内空气状态调整时的太阳辐射热及室内外温差传热量的测定应在天气最热的晴天，室内危害因素全没有的情况下进行。（✓）

100. 室内空气状态的实际余热、余湿量小于计算值时，说明设计的系统不符合实际需要。（×）

101. 工程图的图框左下角必须有标题栏。（×）

102. 采用半剖视图的条件是内外形状都需要表达的对称零件。（✓）

103. 通风工程图中的系统轴测图采用正投影法绘制。（×）

104. 自然通风是依靠室内外空气温度差造成的"热压"来实现空气流动的。(×)

105. 在自然排风中避风天窗比不避风天窗的排风性能稳定。(√)

106. 全面通风也称稀释通风。(√)

107. 干空气是由氮、氧、二氧化碳和少量稀有气体以及水蒸气所组成的。(×)

108. 在变风量空调系统中,靠减少送风量来适应负荷的降低。(√)

109. 半集中式空调系统,是把空气的集中处理与局部处理结合起来的一种空调装置。(√)

110. 风机盘管空调系统属于集中式空调系统。(×)

111. 在空气调节中,制冷是重要的组成部分。(√)

112. 洁净室必须保持必要的负压。(×)

113. 粗效过滤器能捕集 $5\mu m$ 以上直径的尘粒。(√)

114. 金属的热膨胀性通常用体膨胀系数来表示。(×)

115. 普通碳素钢的含硫、磷量较低。(×)

116. 纯铜亦称为紫铜。(√)

117. 风管加工的管段长度宜为 $1.8 \sim 4m$。(√)

118. 保温风管边长 ≥800mm,长度 >1200mm,应采取加固措施。(√)

119. 不锈钢板材连接,当厚度 >1mm 时,采用电焊、氩弧焊或气焊连接。(×)

120. 风管的无法兰连接具有节省钢材、减轻风管自重、施工方便等优点。(√)

121. 矩形弯头的外边长 A ≥500mm 时应设导流片。(×)

122. 除尘系统风管宜采用正方形的。(×)

123. 除尘风管弯头的弯曲半径应在 $1.5D$ 以上。(×)

124. 班组是企业最基本的生产单位,它是企业各项工作的落脚点。(√)

125. 安装企业的班组质量管理,大多数是现场性质的质量管理。(√)

(二) 选择题 (正确答案的序号写在各题横线上)

1. 幅面代号 A_0 的图纸 $B \times L$ 的尺寸为 ___A___ (mm)。

A. 841×1189   B. 594×841

C. 420×594   D. 297×420

2. 槽边吸气罩当槽宽 ≤ ___A___ 时,宜用单侧吸气。

A.700 B.900 C.1200 D.1500

3. 喷雾风扇喷出的水滴直径最好 < __D__ μm。

A.90 B.80 C.70 D.60

4. 真空度 < __A__ kPa 的吸送式系统为低压吸送式系统。

A.9.8 B.19.8 C.29.8 D.39.8

5. 绝对温度 $T = $ __C__ $+ t$

A.253 B.263 C.273 D.283

6. ℃时水的汽化热为 __B__ kJ/kg。

A.2400 B.2500 C.2600 D.2700

7. 水蒸气的比热为 __C__ kJ/kg·K

A.1.64 B.1.74 C.1.84 D.1.94

8. 诱导式空调系统，静压箱上喷嘴的出口风速可达 __C__ m/s。

A.5 ~ 10 B.10 ~ 20 C.20 ~ 30 D.30 ~ 40

9. __C__ K 的制冷技术为深度制冷。

A.80 ~ 10 B.100 ~ 15 C.120 ~ 20 D.150 ~ 30

10. 表示时称计重浓度的单位为 __A__ 。

A.mg/m^3 B.mg/dm^3 C.mg/cm^3 D.g/m^3

11. 除特殊要求外，洁净室温度宜采用 __C__ ℃。

A.15 ~ 21 B.16 ~ 23 C.18 ~ 26 D.20 ~ 29

12. 在工业上常用的金属表面氧化法，是人为的在钢件表面造成一层坚固的氧化膜是 __D__ 。

A.FeO B.FeO$_2$ C.Fe$_2$O$_3$ D.Fe$_3$O$_4$

13. 强度的单位是 Pa，1Pa = 1 __A__ 。

A.N/m^2 B.N/dm^2 C.N/cm^2 D.N/mm^2

14. 低碳钢的含碳量在 __D__ % 以下。

A.0.10 B.0.15 C.0.20 D.0.25

15. 铸铁的含碳量一般为 __C__ % 。

A.0.8 ~ 1.2 B.1.2 ~ 2.2 C.2.2 ~ 3.8 D.3.8 ~ 4.8

16. 铝的密度为 __C__ kg/dm^3。

A.2.3 B.2.5 C.2.7 D.2.9

17. 矩形风管边长 ≥ __A__ mm，且长度在 1200mm 以上的风管应采取加固措施。

A.630 B.800 C.1000 D.1200

18．角钢框加固的风管边长在 1000mm 以上时用角钢∠ __B__ 。

A.25×3　　　B.25×4　　　C.30×4　　　D.30×5

19．直径≤140 的圆形薄钢板风管法兰用料是 __B__ 。

A．-20×3　　B．-20×4　　C.∠25×3　　D.∠25×4

20．不锈钢法兰热煨后应使法兰从 __D__ ℃浇水急冷，目的是防止不锈钢产生晶间腐蚀。

A.800～900　　　　　　B.900～1000

C.1000～1100　　　　　D.1100～1200

21．矩形法兰的两对角线之长应相等，其误差不得大于 __C__ mm。

A.2　　　B.2.5　　　C.3　　　D.3.5

22．矩形风口的两对角线之差应不大于 __B__ mm。

A.3.5　　　B.3　　　C.2.5　　　D.2

23．除尘系统三通应设在渐缩管处，其夹角最好小于 __B__ °。

A.20　　　B.30　　　C.45　　　D.60

24．安装静电过滤器的接地电阻应在 __C__ Ω以下。

A.2　　　B.3　　　C.4　　　D.5

25．叶轮风速仪的一般测量范围为 __A__ m/s。

A.0.5～10　　B.1～1.5　　C.1.5～2　　　D.2～2.5

26．幅面代号 A_1 的 $b×l$ 尺寸为 __B__ （mm）。

A.841×1189　　　　　B.594×841

C.420×594　　　　　　D.297×420

27．局部排风系统的伞形罩罩口的边宽最大不超过 __C__ mm。

A.50　　　B.100　　　C.150　　　D.200

28．局部送风装置，在辐射强度小、空气温度一般不超过 __C__ ℃的车间可采用风扇。

A.31　　　B.33　　　C.35　　　D.36.5

29．粉尘的形状没有规则，大小不一，而能长久悬浮在空气中的是 __B__ μm 以下的颗粒。

A.0.15～40　　B.0.25～60　　C.0.3～70　　D.0.4～80

30．根据国家规定，以纬度 __C__ °处的海平面且全年平均气压作为一个标准大气压。

A.15　　　B.30　　　C.45　　　D.60

31．制冷温度在 120K 以上称 __A__ 制冷。

A. 普通　　　　B. 深度　　　　C. 低温　　　　D. 超低温

32. 弯头咬口机加工钢板的最大厚度__D__mm。

A.1　　　　B.1.2　　　　C.1.5　　　　D.2

33. 切板机切割金属板厚度 < 2.5mm 时，刀片刃口之间的空隙为__B__mm。

A.0.05　　　　B.0.1　　　　C.0.15　　　　D.0.02

34. 分体式空调器的室内侧噪声在__B__dB 以下，符合国际标准化组织的规定。

A.30　　　　B.40　　　　C.50　　　　D.60

35. 铁的线膨胀系数为__B__mm/m·℃。

A.10.76×10^{-3}　　　　B.11.76×10^{-3}

C.11.76×10^{-6}　　　　D.10.76×10^{-6}

36. 低碳钢的含碳量在__C__% 以下。

A.0.15　　　　B.0.2　　　　C.0.25　　　　D.0.3

37. 矩形和圆形风管的纵向接缝应错开__A__mm。

A.40 ~ 200　　　　B.50 ~ 250　　　　C.30 ~ 150　　　　D.60 ~ 300

38. 风管外径或外边长的允许偏差值，≤300mm 者为__A__mm。

A. – 1　　　　B. + 1　　　　C. – 1.5　　　　D. + 1.5

39. 矩形风管无法兰连接的平插条连接适用于长边小于__B__mm 的风管连接。

A.360　　　　B.460　　　　C.630　　　　D.800

40. 风管无法兰连接的插条连接适用于风管内风速为__C__m/s，风压为 500Pa 以内的低速系统。

A.5　　　　B.8　　　　C.10　　　　D.15

41. 矩形风管的内弧线和内斜线弯头的外边长 ≥__B__mm 时，为改善气流分布的均匀性，弯头应设导流片。

A.400　　　　B.500　　　　C.600　　　　D.800

42. 风管法兰尺寸的允许偏差值为__C__mm。

A. + 1　　　　B. – 1　　　　C. + 2　　　　D. – 2

43. 通风管道法兰螺孔的互换允许偏差应 <__B__mm。

A.0.5　　　　B.1　　　　C.1.5　　　　D.2

44. 矩形风口制作的两对角线之差不应大于__D__mm。

A.1　　　　B.1.5　　　　C.2　　　　D.3

45. 防火阀易熔片的熔点温度与设计要求的允许偏差为 __D__ ℃。

A. +1   B. -1   C. +2   D. -2

46. 在空气处理室中的导风板一般取 __B__ 折。

A. 1~2   B. 2~3   C. 3~4   D. 4~5

47. 空气处理室中挡水板的片距为 __A__ mm。

A. 25~40   B. 30~50   C. 40~60   D. 50~70

48. 钢板冲压，当厚度小于 __B__ mm 时，采用冷冲压。

A. 2   B. 4   C. 5   D. 6

49. 需要装订的图纸图框左边的装订边 a 为 __D__ mm。

A. 5   B. 10   C. 20   D. 25

50. 局部排风中，有边侧吸罩比无边侧吸罩可减少排风量 __D__ %。

A. 10   B. 15   C. 20   D. 25

51. 系统式局部送风的送风口称为喷头，最简单的喷头是圆柱形管，在管口装有扩张角 __C__ °的扩散口，用以向下送风。

A. 3~5   B. 5~7   C. 6~8   D. 9~12

52. 在除尘技术中，常把粉尘按直径大小分为六组，直径 __A__ μm 以上的粉尘，除尘器能除掉，故不再分组。

A. 60   B. 70   C. 80   D. 90

53. 一个标准大气压其值为 __A__ Pa。

A. 101325   B. 103360   C. 100000   D. 98600

54. R-22 是 __A__ 制冷剂。

A. 氟利昂   B. 氨   C. 溴化锂   D. 沸石

55. 折方机折方钢板（$\sigma \leqslant 470MPa$）的最大厚度为 __C__ mm。

A. 2   B. 2.5   C. 3   D. 4

56. 联合冲剪机截割钢板的最大厚度为 __D__ mm。

A. 6   B. 8   C. 10   D. 13

57. 风机盘管用的冷冻水，设计时取 __B__ ℃。

A. 5   B. 7   C. 9   D. 11

58. 强度单位是 Pa，1Pa = 1 __D__ 。

A. N/mm^2 B. N/cm^2 C. N/dm^2 D. N/m^2

59. 中碳钢的含碳量在 __C__ %。

A. 0.15~0.4   B. 0.2~0.5

C. 0.25~0.6   D. 0.3~0.7

60. 风管加工的管段长度宜为 __B__ m。

A.1.5~3　　　B.1.8~4　　　C.2~5　　　　D.2.5~5

61. 金属风管制作的矩形大边的允许偏差值，>300mm者为 __D__ mm。

A.+1.5　　　B.-1.5　　　C.+2　　　　D.-2

62. 矩形风管无法兰连接的角式插条适用于边长≥ __C__ mm 的风管。

A.600　　　B.800　　　C.1000　　　　D.1200

63. 风管无法兰连接的插条连接适用于风速为 10m/s，风压为 __B__ Pa 以内的低速系统。

A.400　　　B.500　　　C.800　　　　D.900

64. 矩形弯头的导流片通过连接板用铆钉装配在弯头壁上，连接板铆孔间距近似于 __C__ mm。

A.100　　　B.150　　　C.200　　　　D.250

65. 一般通风空调系统的法兰螺栓和铆钉的间距不应大于 __C__ mm。

A.100　　　B.120　　　C.150　　　　D.180

66. 通风管法兰的不平整度不应大于 __D__ mm。

A.0.5　　　B.1　　　C.1.5　　　　D.2

67. 圆形风口制作的任意正交两直径的允许偏差不应大于 __D__ mm。

A.0.5　　　B.1　　　C.1.5　　　　D.2

68. 排除含尘气体和毒气的排气罩，其扩散角最好不超过 __C__ °。

A.30　　　B.45　　　C.60　　　　D.75

69. 在空气处理室中的导风板夹角一般取 __C__ °。

A.45~90　　　B.60~120　　　C.90~150　　　　D.120~180

70. 空气处理室中金属挡水板和导风板的长度和宽度的允许偏差不得大于 __C__ mm。

A.1　　　B.1.5　　　C.2　　　　D.3

71. 除尘系统弯头的弯曲半径一般为 __D__ D。

A.1~1.25　　　B.1.25~1.5　　　C.1.5~2　　　　D.2~2.5

72. 平、剖面图中各设备、部件等，宜标注 __C__ 。

A.尺寸　　　B.标高　　　C.编号　　　D.房间名称

73. 局部排风的槽边吸气罩，槽宽 > __A__ mm 时，宜采用双侧吸气。

A.700　　　B.800　　　C.900　　　　D.1000

74. 局部送风的旋转式喷头，也叫"巴图林"，这种喷头一般为 __C__ 。斜切的矩形管，在它的出口处装有许多导流叶片。

A.15   B.30   C.45   D.60

75. 空气中的浓度 ≤ __D__ g/m³ 能引起爆炸的粉尘称为具有爆炸危险的粉尘。

A.35   B.45   C.55   D.65

76. 蒸汽喷射制冷,高压蒸汽进入喷射器在喷嘴中膨胀获得的蒸汽流速可达 __D__ m/s 以上。

A.400   B.600   C.800   D.1000

77. 空气洁净室保持必要的正压是 __B__ Pa。

A.5 ~ 10   B.10 ~ 20   C.20 ~ 30   D.30 ~ 40

78. 折方机折方钢板的长度为 __C__ mm。

A.1200   B.1500   C.2000   D.2500

79. 房间式空调器使用的环境温度应在 __C__ ℃内。

A. − 10 ~ + 38   B. − 7 ~ + 40

C. − 5 ~ + 43   D. − 3 ~ + 45

80. 风机盘管用的热水一般为 __B__ ℃。

A.50   B.60   C.70   D.75

81. 钢的含碳量一般在 __A__ %之间。

A.0.02 ~ 2.06   B.0.036 ~ 2.36

C.0.04 ~ 2.5   D.0.05 ~ 2.8

82. 高碳钢的含碳量大于 __D__ %。

A.0.45   B.0.5   C.0.55   D.0.6

83. 长度在 1200mm 以上的矩形不保温风管,大边 ≥ __B__ mm 应采取加固措施。

A.530   B.630   C.730   D.830

84. 铝板风管的连接,铝板厚度 ≤ __D__ mm 时采用咬接。

A.0.75   B.1   C.1.2   D.1.5

85. 矩形风管无法兰连接的平 S 型插条适用于长边 ≤ __C__ mm 的风管。

A.500   B.630   C.760   D.830

86. 圆形风管弯头的弯曲半径 R = __C__ D。

A.1   B.1.25   C.1.5   D.2

87. 圆形三通的接合缝若采用焊接而板材较薄时,可将接合缝扳起 __B__ mm 的立边,再用气焊焊接。

A.3   B.5   C.8   D.10

88. 洁净空调系统的法兰螺栓间距≮ __C__ mm。

    A.80   B.100   C.120   D.150

89. 通风管矩形法兰两对角线之长应相等，其误差不得大于 __C__ mm。

    A.1   B.2   C.3   D.4

90. 防火阀阀体外框和阀片材料厚度不应小于 __B__ mm。

    A.1   B.2   C.3   D.4

91. 柔性短管不宜过长，一般为 __C__ mm。

    A.50～150   B.100～200   C.150～250   D.200～300

92. 空气处理室中的挡水板一般取 __C__ 折。

    A.2～4   B.3～5   C.4～6   D.5～7

93. 消声器填充吸声材料的密度，如用矿棉和熟玻璃丝为 __D__ kg/m^3。

    A.140   B.150   C.160   D.170

94. 除尘系统三通，一般应设在渐扩管处，其夹角为 __A__ °。

    A.30～45   B.45～60   C.60～75   D.75～90

95. 安装在高处的风阀，要求距地面或平台 __B__ m，以便操作。

    A.0.3～1   B.1～1.5   C.1.2～1.8   D.1.5～2

96. 通风空调系统的固定接口配置，其制作长度一般比实测长度大 __B__ mm。

    A.10～20   B.30～50   C.50～60   D.60～80

97. 除尘风管应尽可能装成与地面垂直或倾斜的，倾斜的角最好大于 __C__ °。

    A.30   B.40   C.50   D.60

98. 洁净空调系统矩形风管底边宽在 __C__ mm 以内不应有拼接缝。

    A.600   B.700   C.800   D.900

99. A_0、A_1、A_2 幅面图框右侧的单边尺寸为 __C__ mm。

    A.25   B.20   C.10   D.5

100. 局部排风中的周边吸气罩适用于槽宽 __D__ mm、槽长 500～1500 的矩形槽。

    A.200～600   B.300～800

    C.400～1000   D.500～1200

101. 局部送风的空气淋浴，应能使人处于气流范围之内，一般以 __C__ m 为宜。

    A.0.4～0.8   B.0.5～0.9   C.0.6～1.0   D.0.7～1.1

102. 位于严寒地区的公共建筑和生产厂房，又未设置门斗或前室，每班的开放时间超过 __B__ min 时，应设置空气幕。

A.30　　　　　B.40　　　　　C.50　　　　　D.60

103. 300 级的空气洁净度是每升空气中 ≥ __B__ μm 的尘粒平均值不超过 300 粒。

A.0.3　　　　　B.0.5　　　　　C.0.8　　　　　D.1

104. 常见螺旋卷管机制成风管的最小外径为 __C__ mm。

A.100　　　　　B.150　　　　　C.200　　　　　D.250

105. 直线切板机的割金属板材的宽度是 __D__ mm。

A.1500　　　　B.1800　　　　C.2000　　　　D.2500

106. 房间空调器的制冷量在 __A__ kJ/h 以下。

A.23.4　　　　B.24.4　　　　C.25.4　　　　D.26.4

107. 中效过滤器能捕集直径大于 __C__ μm 的尘粒。

A.0.3　　　　　B.0.5　　　　　C.1　　　　　D.1.5

108. 铸铁的含碳量大于 __B__ %。

A.1.06　　　　B.2.06　　　　C.2.56　　　　D.3.06

109. 铸铁的含硅量一般为 __D__ %。

A.0.5~2.4　　　B.0.6~2.6　　　C.0.7~2.8　　　D.0.8~3

110. 长度在 1200mm 以上的矩形保温风管，其大边长度 ≥ __C__ mm 时，应采取加固措施。

A.600　　　　　B.700　　　　　C.800　　　　　D.1000

111. 铝板风管连接，铝板厚度 > __C__ mm 时，采用气焊或氩弧焊。

A.1　　　　　B.1.2　　　　　C.1.5　　　　　D.2

112. 矩形风管无法兰连接的立式插条适用于长边为 __A__ mm 的风管。

A.500~1000　　　　　　　　B.400~800

C.600~1200　　　　　　　　D.800~1500

113. 直径为 φ240~450 的圆形 90°弯头，其中节最少为 __B__ 节，端节为 2 节。

A.2　　　　　B.3　　　　　C.4　　　　　D.5

114. 热弯不锈钢法兰的加热温度为 __D__ ℃。

A.850~900　　　　　　　　B.950~1000

C.1000~1050　　　　　　　D.1100~1200

115. 洁净空调系统法兰铆钉间距 ≯ __C__ mm。

A.60   B.80   C.100   D.120

116. 风口制作尺寸与设计尺寸的允许偏差不应大于　C　mm。

A.1   B.1.5   C.2   D.2.5

117. 防火阀阀体轴孔的不同心度的允许偏差为±　B　mm。

A.0.5   B.1   C.1.5   D.2

118. 柔性短管的搭接量应为　C　mm。

A.10~15   B.15~20   C.20~25   D.25~30

119. 喷水排管组装时，其喷嘴的排列间距偏差不大于　D　mm 为合格。

A.7   B.8   C.9   D.10

120. 消声器填充吸声材料的密度，如用卡普隆纤维为　A　kg/m³。

A.38   B.48   C.58   D.68

121. 除尘系统中的变径管，其长度应≥变径管两端直径差的　B　倍。

A.4   B.5   C.6   D.7

122. 防火阀和排烟阀远距离操作钢绳的套管转弯处不得多于两处，转弯的弯曲半径不得小于　D　mm。

A.80   B.150   C.200   D.300

123. 当连动百叶窗在风管上的安装位置的大边尺寸大于　B　mm 时，可用两个百叶窗并列安装。

A.400   B.500   C.600   D.800

（三）计算题

1. 作矩形变径来回弯的展开图。

2. 作正圆柱螺旋面的展开图。

3. 作圆管裤形三通的展开图。

4. 一锥台的底径 $D = 18$，上径 $d = 8$，高度 $L = 50$，求锥台的锥度。

答：锥台锥度 $= \dfrac{D-d}{L} = \dfrac{10}{50} = 1:5$。

5. 某空气测点的干空气分压力 $p_g = 98432\text{Pa}$，水蒸气分压力 $p_q = 2893\text{Pa}$，求该点的大气压 B。

答：大气压 $B = p_g + p_q = 101325\text{Pa}$。

6. 某点的空气温度 t 为 37℃，求该点的绝对温度 T。

答：绝对温度 $T = 273 + 37 = 310\text{K}$。

7. 某点空气大气压 $B = 101325\text{Pa}$，水蒸气分压力 $p_g = 2893\text{Pa}$，求其含

湿量。

答：含湿量 $d = 622 \dfrac{p_q}{B - p_q} = 18.28 \text{g/kg}$。

8. 在某温度下，某点空气的水蒸气分压力 $p_q = 6000 \text{Pa}$，同温度下饱和水蒸气分压为 $p_q^b = 10000 \text{Pa}$，求相对湿度 φ。

答：相对湿度 $\varphi = \dfrac{p_q}{p_q^b} \times 100\% = 60\%$。

9. 某测点湿空气的含湿量 $d = 60 \text{g/kg}$，绝对温度为 310K，求该点湿空气的焓 i。

答：$i = 1.01 (T - 273) + \left[2500 + 1.8 (T - 273) \dfrac{d}{1000} \right]$

$= 191.39 \ (\text{kJ/kg 干空气})$

10. 某施工班组 8 人在某月缺勤 10 个工日，公休日加班 5 个工日，该月的日历天数为 30 天，实际公休 8 天，计算该班组的月出勤率。

答：出勤率 $= \dfrac{8 \times (30 - 8) + 5 - 10}{8 \times (30 - 8) + 5} = \dfrac{176 - 5}{176 + 5} = \dfrac{171}{181} \times 100\% = 94.5\%$

11. 某班组加工风管法兰，其中合格品 128 件，不合格品 3 件，计算其合格品率。

答：合格品率 $= \dfrac{3}{131} \times 100\% = 2.3\%$

12. 作圆主管圆锥支管四通的展开图。

(四) 简答题

1. 简述气力输送系统的主要设备和部件。

答：①受料器；②输料管和风管；③分离器；④锁气器；⑤风机。

2. 集中式空调系统有哪几种？

答：①一般集中式空调系统；②变风量空调系统；③双风道集中式空调系统。

3. 简述制冷方法的种类。

答：①蒸汽吸收式制冷；②蒸汽喷射式制冷；③吸收式制冷；④空气膨胀制冷；⑤热电制冷；⑥涡流管制冷。

4. 通风工程常用的加工机械有哪些？

答：①螺旋卷管机；②弯头咬口机；③法兰弯曲机；④折方机；⑤风管法兰成型机；⑥直线切板机；⑦振动剪板机；⑧矩形风管法兰折边机；⑨联合冲剪机；⑩小截面风管联合咬口成型机；⑪咬口机；⑫压口机。

5. 简述房间空调器使用的环境温度、制冷量、电源和电压。

答：使用的环境温度在 - 5 ~ + 43℃内，其制冷量在 23.4 kJ/h以下，使用电源为 50Hz，电压为三相 380V 或单相 220V。

6. 简述除尘器的种类。

答：①沉降室；②离心除尘器；③袋式除尘器；④洗涤除尘装置；⑤电除尘器。

7. 矩形风管的无法兰连接有几种？

答：①直接连接；②插条连接；③角钢式薄钢板法兰连接。

8. 自然通风常用的避风天窗有几种形式？

答：①矩形天窗；②下沉式天窗；③曲（折）线型天窗。

9. 什么是气力输送，它的作用是什么？

答：气力输送是一种利用气流输送物料的输送方式。当管道内的气流遇到物料的阻碍时，其动压将转为静压，推动物料在管道内向前运动。

10. 送风口形式主要有哪几种？

答：侧送、孔板送风、散流器送风、喷口送风和条缝送风。

11. 班组质量管理的主要内容是什么？

答：①建立健全班组内部质量责任制。②坚持标准。③抓好重点。④施工中认真进行质量控制检查。⑤坚持文明施工，保持良好的工作环境。⑥坚持"五不"施工。⑦坚持"三不"放过。⑧落实经济责任。⑨开展 QC 小组活动。⑩管理好质量内业资料。

12. 常见的安全事故有哪些？

答：有物体打击，高空坠落，触电（雷击）；起重伤害，机械伤害，车祸伤害，中毒伤害，爆炸伤害，坍塌伤害，烫伤，烧伤等。

13. 圆形风管的无法兰连接用几种？

答：①抱箍式无法兰连接；②插接式无法兰连接。

14. 局部排风的吸气罩有几种？

答：①密闭罩；又有防尘密闭罩和通风柜两种。

②伞形罩。

③槽边吸气装置。

15. 什么叫全面通风？

答：全面通风也称稀释通风。它一方面用清洁空气稀释室内空气中的有害浓度，同时把污染空气排至室外，使室内通气中的有害浓度不超过卫生标准规定的最高允许浓度。

16. 什么是半集中式空调系统，它常用几种形式？

答：半集中式空调系统，是把空气的集中处理与局部处理结合起来的一种空调装置。它常用的形式是：诱导式空调系统，风机盘管空调系统和再加热式（或再冷却式）空调系统。

17. 简述技术交底的主要内容。

答：①关键性的施工技术问题。②施工工艺、操作方法及工种之间的交叉配合要求。③具体施工技术措施。④设计变更情况。⑤质量和安全方面的要求。⑥工程进度要求。

18. 在安全检查制度中，工人自检的项目有哪些？

答：①自己施工现场的周围环境是否安全，施工工序等是否符合安全规定；②自己使用的机械设备的安全状况，防护装置是否齐全有效；③自己使用的材料是否符合规定；④自己使用的工具是否齐备、完好、清洁；⑤自己佩戴的安全帽与安全带、护目镜等个人用具是否齐全可靠。

19. 风管加固的方法有几种？

答：①起高接头加固；②风管钢板上滚槽加固；③角钢框加固。

20. 什么是余压？

答：把室内某一点的压力和室外同标高未受扰动的空气压力的差称为该点的余压。

21. 空气幕的作用是什么？

答：①防止室外冷、热气流侵入；②防止余热和有害气体的扩散。

22. 什么情况下设置局部式空调系统？

答：如果在一个大的建筑物中，只有少数房间需要空调，或者需要空调的房间虽然多，但很分散，距离远，这时需设置局部式空调机组。

23. 班组施工准备工作内容有哪些？

答：①熟悉图纸及有关技术资料。②查看现场。③配齐施工机具。④接受技术交底。⑤接受施工任务书。⑥供货计算安排。

24. 班组质量管理中坚持"三不"放过的内容是什么？

答：即，质量事故原因找不出来不放过；当事人和群众没有受到教育不放过；没有防范措施不放过。

25. 常用的局部送风装置有几种？

答：有风扇、喷雾风扇和系统式局部装置三种。另外，空气幕也是一种局部送风装置。

26. 一般集中式空调系统的特点是什么？它由几个部分组成？

答：一般集中式空调系统的特点是，所有的空气处理设备（过滤器、加湿、加热、冷却和通风机等）都集中在一个专用的空调机房内。具有三大部分组成，即：空气处理部分，空气输送部分和空气分配部分。

27. 班组施工管理的基本内容是什么？

答：第一，接受上级下达的施工任务书或落实施工任务；签订承包合同。第二，进行开工前的各项业务准备和现场施工条件准备，为工程开工准备条件。第三，进行施工中的经常性准备工作。第四，按计划组织综合施工。第五，加强对施工现场的平面管理，合理利用空间，保证良好的施工条件。第六，配合上级部门做好工程的交工验收工作。

28. 班组质量管理中的"五不"施工，指的是什么？

答：即质量标准不明确不施工；工艺方法不符合标准要求不施工；机具不完好不施工；原材料、零件不合格不施工；上道工序不合格不施工。

二、实际操作部分

1. 试题：正圆锥管直交圆管制作主管

$D = 300$，$L = 500$，支圆锥管 $d = 200$，$d' = 150$，$h = 300$，$\delta = 1$

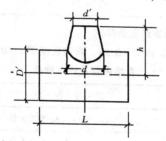

考核内容及评分标准

序号	测定项目	评 分 标 准	标准分	得分
1	D	$\leq \pm 1mm$，$\geq \pm 3mm$ 本项无分	20	
2	d	$\leq \pm 1mm$，$\geq \pm 3mm$ 本项无分	15	
3	d'	$\leq \pm 1mm$，$> \pm 3mm$ 本项无分	20	
4	h、L	$\leq \pm 3mm$，$\geq \pm 5mm$ 本项无分	10	
5	角度	$\leq 1°$，$\geq \pm 3°$ 本项无分	10	
6	安 全	无安全事故	10	
7	工 效	由考评者定	15	
	合 计			

2. 试题：圆管 90°大小弯头制作

$b = 300$，$d = 200$，$R = 1D$，$\delta = 0.75$

考核内容及评分标准

序号	测定项目	评 分 标 准	标准分	得分
1	D	≤1mm，≥±3mm 本项无分	15	
2	d	≤1mm，≥±3mm 本项无分	15	
3	R	≤5mm，≥±10mm 本项无分	10	
4	角度	≤1°，≥±3°本项无分	15	
5	咬合外观质量	由考评者定	20	
6	安 全	无安全事故	10	
7	工 效	由考评者定	15	
	合 计			

3. 试题：内弧形矩形三通制作

$A \times B = 500 \times 300$，内 $R = 0.5A$，弯头长度 $L = 800 + 10$，$\delta = 1\mathrm{mm}$

考核内容及评分标准

序号	测定项目	评 分 标 准	标准分	得分
1	A	≤1mm，≥±3mm 本项无分	15	
2	B	≤1mm，≥±3mm 本项无分	15	
3	R	≤3mm，≥±5mm，本项无分	5	
4	L	≤3mm，≥5mm，本项无分	10	
5	角度	<1°，≥±3°本项无分	10	
6	咬合外观质量	由考评者定	20	
7	安 全	无安全事故	10	
8	工 效	由考评者定	15	
	合 计			

4. 试题：内外弧方形弯头制作

边长 $A = 300 \times 300$，$R = A$，弯头长度 $L = 500 + 10$，$\delta = 0.75$

342

考核内容及评分标准

序号	测定项目	评 分 标 准	标准分	得分
1	A	$\leq \pm 1mm$，$\geq \pm 3mm$ 本项无分	20	
2	R	$\leq 3mm$，$\geq \pm 5mm$ 本项无分	10	
3	角度	$\leq 1°$，$\geq \pm 3°$ 本项无分	15	
4	L	$\leq 3mm$，$\geq \pm 5mm$ 本项无分	10	
5	咬口外观质量	由考评者定	20	
6	安 全	无安全事故	10	
7	工 效	由考评者定	15	
	合 计			

5. 试题：内弧方形三通制作

主管直径 $A = 300 \times 300$，支管直径 $a = 150 \times 150$，支管交角内 $R = 0.5A$

主管长度 $L = 520$，支管长度 $l = 210$

考核内容及评分标准

序号	测定项目	评 分 标 准	标准分	得分
1	A	$\leq 1mm$，$\geq \pm 3mm$ 本项无分	15	
2	a	$\leq 1mm$，$\geq \pm 3mm$ 本项无分	15	
3	R	$\leq 3mm$，$\geq \pm 5mm$ 本项无分	5	
4	L	$\leq 3mm$，$\geq \pm 5mm$ 本项无分	5	
5	l	$\leq 3mm$，$\geq \pm 5mm$ 本项无分	10	
6	直 角	$< 1°$，$\geq \pm 3$ 本项无分	10	
7	咬口外观质量	由考评者定	15	
8	安 全	无安全事故	10	
9	工 效	由考评者定	15	
	合 计			

第三章 高级通风工

一、理论部分（共 100 分）

（一）是非题（对的打"√"，错的打"×"，答案写在每题括号内）

1. 吸气口四周空气流速相等的点所组成的一个球面称为点汇吸气口的等速面，通过每个等速面的空气流量都是相等的。（√）

2. 对于工业性空调，室内空气计算参数主要决定于工艺要求。（√）

3. 制冷机房宜布置在全区夏季主导风向的上风侧。（×）

4. 空气调节自动控制中的敏感元件也叫传感器。它的作用是检测被调参数并及时发出信号给调节器。（√）

5. 三角皮带的传动功率大于平皮带传动功率。（×）

6. 制作圆形风管为直径 220～500mm 的钢板厚度为 1.0mm。（×）

7. 声强级与声压级的分贝数值是相等的。（√）

8. 空调系统中产生振动的振源是通风机。（×）

9. 空气沿横截面形状不变的直管流动时所引起的能量损失称为摩擦阻力。（√）

10. 通风空调工程施工技术一般分为制作和安装两部分。（×）

11. 机械利用率是指企业自有机械设备利用程度，并不考虑节假日加班。（×）

12. 风机盘管系统属于新型空调。（√）

13. 除尘风管一般采用圆形和矩形的。（×）

14. 矩形法兰的四角应设置螺孔。（√）

15. 冲压计算的总压力必须大于压力机的公称压力。（×）

16. 质量检验就是指对工程进行测定、同标准比较、判定等级。（√）

17. 检验洁净系统风管是否保持清洁，有无油污和浮尘的方法是用白布擦拭检查。（×）

18. 工程质量检验评定的等级标准均分为"合格"、"优良"与"不合格"三个等级。（×）

19. 空调水管系统，如管径大于 φ57 时，常选用冷拔无缝钢管。（×）

20. 管子与水泵、压缩机等的连接应用橡胶管或球形橡胶接头等柔性连接。（√）

21. 对消声要求严格的房间，连接送回风的支管上应设调节阀。（×）

22. 洁净风管安装完毕，在试车前暴露的端头，应用镀锌板与法兰螺栓封固。（√）

23. 洁净系统风管加固时，加固框不得设在风管内，也不得采用凸棱方法加固。（√）

24. 风管与角钢法兰连接，管壁厚度小于或等于 1.5mm，可采用翻边点焊连接。（×）

25. 管道穿过楼板时，其套管下边与楼板齐平，上边高出楼板 20mm。

（√）

26. 吸气口外某一点的流速，与该点距吸气口距离的平方成正比。
（×）

27. 室内空气计算温度，在冬季除必须保证全年室温恒定的场合外，一般可高于夏季。（×）

28. 在动力站区域内，制冷机房一般应布置在乙炔站、锅炉房、煤气站、堆煤场的上风侧。（√）

29. 空调自动控制中的调节器，又称命令机构，它接受敏感元件输出的信号并拿来与给定值加以比较，然后将测出的偏差经过放大变为调节器的输出信号，指挥执行机构，对调节对象起调节作用。（√）

30. 相互啮合的两齿轮的模数相等。（√）

31. 轴流式通风机，空气从径向流入、轴向流出。（×）

32. 我国颁布的《工业企业噪声控制设计标准（草案）》中规定生产车间及作业场所的噪声不宜超过 75dB。（×）

33. 通风机的振动，主要是由于轴承间隙不符合要求所产生的。（×）

34. 摩擦阻力系数 λ 与空气在风管内的流动状态和管壁的粗糙度有关。
（√）

35. 安装企业组织通风空调施工时，工厂化生产是发展方向。（√）

36. 机械装备率指的是年末自有机械设备净值总和与年末全部职工人数的比值。（√）

37. 在通向风机盘管的支管上，一般应装设过滤器。（√）

38. 除尘风管制作安装，主要采用焊接和咬口连接。（×）

39. 除尘就是收尘器。（√）

40. 压力机模具的闭合高度应在压力机的最大闭合高度与最小闭合高度之间。（√）

41. 铝板风管采用角型法兰，应用咬接，并用铝铆钉固定。（×）

42. 检查洁净系统的风管、配件、部件、静压箱的所有接缝是否严密不漏的方法是用灯光及观察检查。（√）

43. 硬聚氯乙烯板风管的制作，应采用气焊连接。（×）

44. 空调设备的减振器，当设备转速 $n < 1500$r/min 时，宜用橡胶、软木等弹性材料垫块或橡胶减振器。（×）

45. 风管与水管穿墙壁和楼板时要在管道与洞壁间用柔性材料填充。
（√）

46. 在风管与消声器连接处应设渐缩管或渐扩管。（✓）

47. 洁净风管咬接时应采用单咬口、转角咬口或联合角咬口。（✓）

48. 半导体制冷仅适用于中型一般组织要求的房间。（×）

49. 玻璃钢圆形风管直径 ≤ 200mm 时，其壁厚应采用 1.0 ~ 1.5mm 的管材。（✓）

50. 风管系统的漏风率不应大于 10%。（✓）

51. 设计排风罩时，应尽量减小排风罩的吸气范围。（✓）

52. 冬季空气调节室外计算相对湿度，应采用历年 12 月份平均相对湿度的平均值。（×）

53. 制冷机房的位置应尽可能设在冷负荷中心处。（✓）

54. 空调自动控制中的调节风量的阀门属于调节机构。（✓）

55. 齿轮模数的大小不反映齿的大小。（×）

56. 贯流式通风机，空气从轴向流入，径向流出。（×）

57. 对于消声要求不高的通风系统，主风道内的流速一般不超过10m/s。（×）

58. 运转设备的减振措施，主要是在振源和它的基础之间安设避振构件。（✓）

59. 当空气流过断面、流向、流量变化的管件时产生的阻力称局部阻力。（✓）

60. 采用无法兰插条连接可以节省材料，加快安装速度。（✓）

61. 管段是指管子和管件组合后的总称。（×）

62. 空调的闭式水系统和风机盘管机组上均应设排气装置。（✓）

63. 除尘风管与设备及阀门等部件的连接，采用法兰或焊接。（×）

64. 空调风管系统中的热管换热器可水平或垂直安装。（×）

65. 对冲压模具的材料选择，在各方面有更高的要求时可选用高速钢以及合金钢、硬质合金钢。（✓）

66. 隐蔽工程质量检验是中间检验。（✓）

67. 管件是指制冷系统中原材料的直管。（×）

68. 防火阀易熔件熔点温度的检验在电炉中进行。（×）

69. 根据质量检验审定标准规定，在基本项目中有关质量情况栏内采用数字表示。（×）

70. 风管的渐扩管的每边扩展角应大于渐缩管的每边扩展角。（×）

71. 洁净风管和部件在做好洁净处理后，两端用塑料薄膜封口。（✓）

72. 洁净风管的底部尽量减少咬口拼接。(√)

73. 窗帘盒式空调器仅适用于冷热负荷不太大的房间。(√)

74. 螺旋风管压扁成椭圆形后,可以代替矩形风管使用。(√)

75. 保温层是防止隔热层受潮的措施。(×)

76. 除尘是净化空气的措施。(√)

77. 空调进风最好由南面进入。(×)

78. 制冷系统的低温设备和管道均应保温。(√)

79. 空调自动控制中的电磁阀、电动二(三)通调节阀等都属于执行调节机构。(√)

80. 机械传动中的螺旋传动不能将回转运动变为直线运动。(×)

81. 离心式通风机的旋转方向规定为:从电动机位置或主轴槽轮看通风机叶轮的旋转方向,顺时针旋转称为右转,用"右"表示,反之则称左转用"左"表示。(√)

82. 对于消声要求严格的通风系统,主风道内的流速一般不宜超过6m/s。(×)

83. 采用酚醛树脂玻璃纤维板作为隔振材料,其性能比采用橡胶和软木优越。(√)

84. 在通风系统中沿程阻力一般大于局部阻力。(×)

85. 生产机械设备是通风空调工程工厂化生产中重要的物质技术手段。(√)

86. 用硬聚氯乙烯制作 $\phi > 630$mm 的允许偏差为 – 1mm。(×)

87. 诱导器实质上是一只利用一次风为动力而不用风机的空调箱。(√)

88. 除尘风管主要采用直流焊接。(√)

89. 除尘风管可架空或地下敷设。(×)

90. 冲模中的简单模是指一般只有对凹凸模,在压力机一次行程中完成一道冲压工具的冲模。(√)

91. 空调系统中的防火阀必须抽检。(×)

92. 防火阀可以双向安装。(×)

93. 质量检验评定的等级中其允许偏差项目用等级代号表示。(√)

94. 空调设备的减振器,当设备转速 > 1500r/min 时,宜选用弹簧减振器。(×)

95. 制作阀门、分支管三通等部件应用较厚钢板制作。(√)

96. 洁净风管在安装中途停止时，对未连接的管件端口须用塑料薄膜封口。（√）

97. 洁净风管的底板咬口拼缝，不得有横向拼接缝。（√）

98. 风管与风管或与静压箱之间采用软管连接，是一种新的连接方式。（√）

99. 一般通风工程的金属风管制作数量按 10% 抽查其质量。（×）

100. 技术标准和技术规程是不变的。（×）

101. 划分除尘系统应考虑易燃性粉尘不能与烟气合用一个系统。（√）

102. 空调机房的进风口应比排风口高。（×）

103. 制冷机房的门窗应向内开启。（×）

104. 空调系统的调节机构与执行机构可以合成一个整体。（√）

105. 离心通风机的出口，可向任何方向。（√）

106. 混流式通风机是介于轴流式与离心式两者之间的形式。（√）

107. 全压在 2942Pa 以下的叫鼓风机。（×）

108. 物理学和生理学在噪声的观点是一致的。（×）

109. 通风机的噪声以空气动力噪声为主。（√）

110. 矩形风管的摩擦阻力可把它换算成圆形风管来计算。（√）

111. 机械修理一般分为小修和大修。（×）

112. 复合冲模指的是有两个工位，并在压力机的一次行程中同时完成两道或两道以上工序的冲模。（×）

113. 防火阀中的温度烧断器应与防火阀同时安装在系统上。（×）

114. 工程质量等级标准的划分，分项、分部、单位工程的质量等级均划分为“合格”，“优良”与“不合格”三个等级。（×）

115. 空气洁净系统制作安装中的关键是清洁和密封。（√）

116. 洁净系统风管，如设计无规定时，可选用薄钢板。（×）

117. 诱导器实际上是一只箱式回风器。（√）

118. 质量检验就是指对工程进行测定，同标准比较，判定等级。（√）

119. 防火阀的易熔金属片基材采用黄铜制作。（×）

120. 分部工程的优良标准是所含分项工程质量全部合格，其中有 60% 及其以上为优良（建筑设备安装工程中含指定的分项工程）。（×）

121. 空调工程观感质量评定等级标准，抽查或全数检查的点（房间）均符合合格标准并有 90% 以上的点（房间）达到优良者评为一级。（×）

122. “七分准备，三分施工”这句话是有道理的。（√）

123.施工组织设计就是施工方案。（×）

124.组织施工的方法通常有顺序施工法和平行施工法两种。（×）

125.QC小组是班组工人自愿组织、主动开展质量管理的活动小组。（√）

（二）选择题（正确答案的序号写在各题横线上）

1.百叶窗的叶片角度，一般情况下用___B___。

A.15　　　　　B.30　　　　　C.45　　　　　D.60

2.空调系统自动控制中的命令机构就是___B___。

A.敏感元件　　　　　　B.调节器

C.执行机构　　　　　　D.本体

3.三角皮带传动的应用功率范围 < ___A___ W。

A.750　　　　　B.1000　　　　　C.1200　　　　　D.1500

4.低压通风机的全压值低于___A___ mmH_2O。

A.100　　　　　B.300　　　　　C.500　　　　　D.1000

5.除尘器安装垂直度的总偏差不大于 ± ___B___。

A.5　　　　　B.10　　　　　C.15　　　　　D.20

6.防火阀体在标准情况下，前后压差为___D___ mmH_2O。

A.5　　　　　B.4　　　　　C.3　　　　　D.2

7.防火阀体在标准情况下，漏风量不得大于___D___ $m^3/m^2 \cdot min$。

A.2　　　　　B.3　　　　　C.4　　　　　D.5

8.防火阀片轴上下不同心度允许偏差 ± ___B___ mm 内。

A.0.5　　　　　B.1　　　　　C.1.5　　　　　D.2

9.某分项工程在允许偏差项目抽检的点数中有 80% 的实例值在评定标准的允许范围内评为___A___。

A.合格　　　　B.优良　　　　C.不合格　　　　D.基本合格

10.单位工程质量等级的合格标准其观感质量评分得分率应达到___C___%。

A.60　　　　　B.65　　　　　C.70　　　　　D.80

11.单位工程的质量等级评为优良，其观感质量的评定得分率应达到___C___%以上。

A.70　　　　　B.80　　　　　C.85　　　　　D.90

12.当管径超过___B___ mm 时常选用热轧钢管。

A.45　　　　　B.57　　　　　C.76　　　　　D.89

13. 风管与风机、空调器的软接头长度为 __B__ mm。

A.50 ~ 100   B.100 ~ 150

C.150 ~ 200   D.200 ~ 250

14. 防火阀外壳钢板厚度应不小于 __B__ mm。

A.1.5   B.2   C.2.5   D.3

15. 高精度恒温恒湿空调工程，室内温度的允许波动幅度在 ± __A__ ℃ 范围内。

A.0.1 ~ 1   B.0.3 ~ 1.2   C.0.5 ~ 1.5   D.1 ~ 2

16. 高精度恒温恒湿空调工程，室内允许湿度的允许波动幅度在 ± __C__ %的范围内。

A. ± 0.5 ~ 1   B. ± 1 ~ 2   C. ± 2 ~ 5   D. ± 3 ~ 8

17. 高效过滤器安装的密封，在硅橡胶涂好后，在常温下固化 __C__ h 左右就可以开风机试漏。

A.24   B.36   C.40   D.48

18. 测定风管的泄漏率，要求通风机的全压是被测系统的 __D__ 倍以上。

A.0.5   B.1   C.1.5   D.2

19. 风管插入式无法兰连接新工艺，它的工作温度为 __B__ ℃。

A. − 40 ~ + 80   B. − 30 ~ + 70

C. − 20 ~ + 60   D. − 10 ~ + 50

20. 建筑面积在 __B__ m² 以上的民用建筑必须编制施工组织总设计。

A.10000   B.20000   C.25000   D.30000

21. 建筑面积在 __C__ m² 以上的民用建筑必须编制施工组织设计。

A.1000 ~ 10000   B.2000 ~ 15000

C.3000 ~ 20000   D.2500 ~ 18000

22. PDCA 循环法可分为一个过程、四个阶段 __C__ 个步骤。

A. 四   B. 六   C. 八   D. 十

23. 在 PDCA 循环中，执行对策或措施是 __B__ 阶段的工作内容。

A.P   B.C   C.D   D.A

24. 巩固已取得的成绩，并实行标准化，将遗留问题转入下期循环，是 PDCA 循环 __D__ 阶段的工作内容。

A.P   B.D   C.C   D.A

25. 全面质量管理简称 __B__ 。

A.QC   B.TQC   C.QM   D.TQM

26.吸气口加边以后,排风量可减少 __C__ %左右。

A.10   B.15   C.20   D.25

27.夏季通风室外计算温度,应采用每年最热月 __D__ 点钟的月平均温度的历年平均值。

A.11   B.12   C.13   D.14

28.制冷机房的房高不应低于 __C__ m。

A.2.5~2.8   B.2.8~3.2

C.3.2~4   D.4~4.8

29.空气洁净工程中的垂直层流式洁净室的风速是 __B__ m/s。

A.0.1~0.3   B.0.3~0.5

C.0.5~0.75   D.0.75~1

30.离心式通风机吸入口型式的代号规定为:双吸入口" __A__ "。

A.0   B.1   C.2   D.3

31.对于通风系统来说,噪声主要是 __D__ 噪声。

A.自然   B.机械性   C.电磁性   D.气流

32.在通风系统中,一般三通分支管与直通管的夹角不宜超过 __C__ °。

A.30   B.45   C.60   D.75

33.风管的缩小角应在 __D__ °以下。

A.20   B.30   C.45   D.60

34.对于高效空气净化系统,当大气含尘浓度 M 在 __A__ 粒/L以下变化时,对室内含尘浓度的影响可以忽略不计。

A.10^6 B.10^5 C.2×10^5 D.3×10^5

35.通风加工场应设置 __B__ 条生产线。

A.1   B.2   C.3   D.4

36.风机盘管的凝结水排除管应有 __D__ %的坡度。

A.0.5   B.1   C.2   D.3

37.窗式空调器安装,当无设计要求时,箱式防罩的长、宽应比空调器大 __B__ mm为宜。

A.50   B.100   C.150   D.200

38.除尘器安装的平面位移允许偏差为 __D__ mm。

A.3   B.5   C.8   D.10

39.部件加工模具设计中的级进模是指在毛坯的给进方向上,具有

__B__ 个以上的工位。

　　A. 一　　　　　B. 二　　　　　C. 三　　　　　D. 四

　　40. 压力机的滑块行程必须大于拉伸件的 __C__ 倍。

　　A. 1～1.5　　　B. 1.5～2　　　C. 2～2.5　　　D. 2.5～3

　　41. 当前执行的《通风与空调工程质量检验评定标准》的编号是 GBJ
304- __C__ 。

　　A. 86　　　　　B. 87　　　　　C. 88　　　　　D. 89

　　42. 防火阀易熔件的熔点温度，允许偏差为 __B__ ℃。

　　A. −1　　　　　B. −2　　　　　C. +1　　　　　D. +2

　　43. 分填工程的质量优良等级标准，其允许偏差项目的抽检点数中，
有 __C__ %及其以上的实测值应在相应质量检验评定标准的允许偏差范围
内。

　　A. 20　　　　　B. 80　　　　　C. 90　　　　　D. 100

　　44. 不锈钢板风管壁厚小于或等于1mm可采用 __A__ 连接。

　　A. 咬接　　　　B. 电弧焊　　　C. 氩弧焊　　　D. 气焊

　　45. 系统与风口的风量必须经过调整达到平衡，各风口风量实测值与
设计值偏差不应大于 __C__ %。

　　A. 5　　　　　B. 10　　　　　C. 15　　　　　D. 20

　　46. 单位工程观感质量评定等级标准，抽查或全数检查的点（房间）
均为合格，其中有 20%～49%的点和房间达到优良标准者，评为 __C__ 级。

　　A. 一　　　　　B. 二　　　　　C. 三　　　　　D. 四

　　47. 单位工程观感质量评定等级的分数计算、规定四级等分为
__B__ %。

　　A. 60　　　　　B. 70　　　　　C. 80　　　　　D. 90

　　48. 风管与风机、空调器的连接应用长 __B__ mm 的帆布、人造革等软
接头连接。

　　A. 50～100　　　　　　　　　　B. 100～150

　　C. 150～200　　　　　　　　　　D. 200～250

　　49. 洁净系统的矩形风管底边宽在 __C__ mm 以内，不应有拼接缝。

　　A. 400　　　　　B. 600　　　　　C. 800　　　　　D. 1000

　　50. 洁净风管的法兰、清扫口、检视门的密封材料，在设计无规定时，
洁净级别高于 __C__ 级时，宜用闭孔海绵橡胶板。

　　A. 300　　　　　B. 500　　　　　C. 1000　　　　　D. 3000

51. 用离心力原理除尘，主要用于 B μm 以上的尘粒。

A.5   B.10   C.15   D.20

52. 冬季通风室外计算温度，应采用历年 C 月平均温度的平均值。

A.11   B.12   C.1   D.2

53. 制冷压缩机的主要操作通道宽度以及压缩机突出部分与配电盘的距离应 > B m。

A.1   B.1.5   C.2.5   D.3

54. 空气洁净工程中的垂直层流式洁净室的换气次数为 A 次/s。

A.5~10   B.4~8   C.3~6   D.2~4

55. 离心式通风机吸入口的代号规定为：单吸入口" B "。

A.0   B.1   C.2   D.3

56. 人耳能忍受的最大声压为 A Pa。

A.20   B.30   C.40   D.50

57. 矩形风管的宽高比最好是 D 。

A.1:1   B.1.5:1   C.2:1   D.2.5:1

58. 在风管系统计算中，要求两分支管的阻力不平衡率小于 B %。

A.10   B.15   C.20   D.25

59. 一般情况下，工业城市内大气含尘浓度 $M \leqslant$ B $\times 10^5$ 粒/L。

A.4   B.3   C.2   D.1

60. 制作咬口连接的通风管，钢板厚在 B mm 以下。

A.1   B.1.2   C.1.5   D.2

61. 土建顶棚应设置比暗装风机盘管机组位置处周边各大 D mm 的活动顶棚。

A.100   B.150   C.200   D.250

62. 窗式空调器安装，当无设计要求时，敞开式防雨罩的长和宽应比空调器大 C mm 为宜。

A.100   B.150   C.250   D.350

63. 除尘器安装的标高允许偏差 ± B mm。

A.5   B.10   C.15   D.20

64. 玻璃钢法兰与风管应成一整体并与风管轴线成 A 。

A. 直角   B. 斜角   C. 锐角   D. 钝角

65. 压力机工作台面尺寸应大于模具尺寸，一般每边大 C mm。

A.10~30   B.30~50   C.50~70   D.70~90

66.防火阀体外框及阀片的材料应选用 Q235 冷轧钢板，其厚度不应小于 __C__ mm。

A.1　　　　　B.1.5　　　　　C.2　　　　　D.2.5

67.分项工程的质量检验评定的等级标准中的合格标准，其中允许偏差项目抽检的点数中，应有 __C__ %及其以上的实例值应在相应质量检验评定标准的允许偏差范围内。

A.70　　　　　B.80　　　　　C.90　　　　　D.60

68.柔性短管长度一般为 __C__ mm，其接合缝应牢固，严密，并不得作为异径管使用。

A.100~120　　　　　　　　　B.120~140

C.150~250　　　　　　　　　D.300~350

69.风口表面应平整，与设计尺寸的允许偏差不应大于 __A__ mm。

A.1　　　　　B.2　　　　　C.3　　　　　D.4

70.观感质量评定等级标准，抽查或全数检查的点（房间）均符合相应质量检验评定标准合格规定的，其中有 50~79 的点（房间）达到标准优良规定者，评为 __B__ 级。

A.一　　　　　B.二　　　　　C.三　　　　　D.四

71.通风工程是指 __B__ 。

A.一般送、排风工程　　　　　B.一般送、排风、排毒和除尘工程

C.恒温、恒湿工程　　　　　　D.恒温、空气洁净工程

72.预制塑料风管的现场，场内环境温度不得低于 __D__ ℃。

A.0　　　　　B.5　　　　　C.8　　　　　D.12

73.风管渐扩管每边扩展角不宜大于 __C__ °。

A.5　　　　　B.10　　　　　C.15　　　　　D.20

74.洁净系统的矩形风管底边宽在 __C__ mm 以内拼接缝只应有一道。

A.1000　　　　B.1400　　　　C.1800　　　　D.2000

75.高效过滤器的系统吹尘应进行吹洗 __D__ 小时。

A.18　　　　　B.24　　　　　C.36　　　　　D.48

76.除尘管道应布置成垂直或倾斜的，倾斜管与水平面夹角成 __C__ °。

A.15~30　　　　B.30~45　　　　C.45~60　　　　D.60~75

77.空调进风口与排风口应保持不小于 __B__ m 的直线距离。

A.8　　　　　B.10　　　　　C.12　　　　　D.14

78.压缩机房的非主要通道宽度应＞ __A__ m。

A.0.8　　　　　B.1　　　　　C.1.2　　　　　D.1.5

79.国产装配式恒温洁净室的恒温精度为　A　℃。

A.20$^{±0.5～0.6}$　　B.20$^{±0.8～1}$　　C.19$^{±0.5～0.6}$　　D.19$^{±0.8～1}$

80.离心式通风机吸入口型式的代号规定为，二级串联吸入"　C　"。

A.0　　　　　B.1　　　　　C.2　　　　　D.3

81.痛阈的声强为　B　W/m²。

A.0.5　　　　　B.1　　　　　C.1.5　　　　　D.2

82.圆形弯管的曲率半径一般为　B　D。

A.1～1.25　　　　　　　　B.1～1.5

C.1.25～1.5　　　　　　　D.1.5～2

83.在除尘风管系统计算中，要求两分支管的阻力不平衡率小于　A　%。

A.10　　　　　B.15　　　　　C.20　　　　　D.25

84.一般情况下，工业城市郊区大气含尘浓度 $M ≤$ 　C　$× 10^5$ 粒/L。

A.4　　　　　B.3　　　　　C.2　　　　　D.1

85.制作焊接连接的通风管，钢板厚度在　B　mm。

A.1～1.2　　B.1.2～3　　C.1.5～4　　D.2～6

86.立式双面回风诱导器，应将靠墙一面留　B　mm 的空间。

A.30　　　　　B.50　　　　　C.100　　　　　D.150

87.制作除尘器排出管的圆筒体和锥体，要求直径偏差不应大于　A　%。

A.0.5　　　　　B.1　　　　　C.1.5　　　　　D.2

88.除尘器安装的垂直度允许偏差每米不应大于　D　mm。

A.0.5　　　　　B.1　　　　　C.1.5　　　　　D.2

89.冲模材料的选择，对于尺寸不大、形状简单的模具，可选用　A　。

A.碳素工具钢　　　　　　B.合金工具钢

C.高速钢　　　　　　　　D.硬质合金钢

90.风管及部件安装工程，按不同材质、用途各抽查　D　%，但不少于1个系统。

A.5　　　　　B.10　　　　　C.15　　　　　D.20

91.防火阀阀体外框与阀片组装后的间隙不应大于　D　mm。

A.0.5　　　　　B.1　　　　　C.1.5　　　　　D.2

92. 泡沫塑料在装入过滤器之前，应用 __D__ %浓度碱溶液进行穿孔处理。

A.1　　　　B.2　　　　C.3　　　　D.5

93. 通风与空调分部工程有关 __D__ 的分项工程。

A. 阀门　　　B. 空调器　　　C. 除尘　　　D. 空气洁净

94. 除尘器的进出口应平直，筒体排出管与锥体下口应同轴，其偏心不得大于 __B__ mm。

A.1　　　　B.2　　　　C.3　　　　D.4

95. 观感质量评定等级，抽查或全数检查的点（房间）均符合相应质量检验评定标准合格规定的，有80%及其以上的点（房间）达到标准优良规定者，评为 __A__ 级。

A. 一　　　　B. 二　　　　C. 三　　　　D. 四

96. 除尘器的活动或转动件的检查数量为 __A__ 。

A. 逐台检查　　　　　　　B. 观察检查

C. 按5%抽查　　　　　　D. 按10%抽查

97. 风管安装，如设计未规定风管边离墙或柱子距离时，圆形风管宜取 __B__ mm。

A.50 ~ 100　　　　　　　B.100 ~ 150

C.150 ~ 200　　　　　　D.200 ~ 250

98. 风管渐缩管每边收缩角不宜大于 __B__ °。

A.15　　　　B.30　　　　C.45　　　　D.60

99. 洁净系统矩形风管底边宽在 __C__ mm以内拼接缝只应有两道。

A.1800　　　B.2200　　　C.2600　　　D.3000

100. 高效过滤器安装，用硅橡胶涂好密封后，在常温下固化 __D__ 小时左右就可以开风机检漏。

A.12　　　　B.24　　　　C.32　　　　D.40

101. 除尘管道弯管的曲率半径 $R = $ __C__ d。

A.0.75 ~ 1　　B.1 ~ 1.25　　C.1 ~ 2　　D.2 ~ 3

102. 百叶窗的底边距室外地坪的高度应不小于 __B__ m。

A.1　　　　B.2　　　　C.2.5　　　　D.3

103. 两台制冷压缩机之间的距离应满足抽出压缩机曲轴所需的地位，一般应不小于 __C__ m。

A.0.5　　　B.0.8　　　C.1　　　D.1.2

104. 国产装配式恒温洁净室的洁净度（粒径 $\geqslant 0.3\mu m$）为 __D__ 粒/L。

A.10～100   B.15～110

C.20～120   D.30～130

105. 离心式通风机的传动方式有 __D__ 种。

A.2   B.4   C.5   D.6

106. 声强 I 对基准声强 I_0 之比的常用对数的 __B__ 倍，称为声强级，其单位是分贝（dB）。

A.5   B.10   C.15   D.20

107. 风管的扩大角应保持在 __A__ °以下。

A.20   B.30   C.45   D.60

108. 除尘风管的三通分支管与直通管的夹角不宜大于 __A__ °。

A.30   B.45   C.60   D.75

109. 一般情况下，非工业区或农村大气含尘浓度 $M \leqslant$ __D__ $\times 10^5$ 粒/L。

A.4   B.3   C.2   D.1

110. 通风加工场露天作业场地的装卸作业使用起重量为 __D__ t 的塔式起重机。

A.1～3   B.2～4   C.4～6   D.5～10

111. 诱导器出风口或回风口的有叶格栅的有效通风面积不能小于 __C__ %。

A.60   B.70   C.80   D.90

112. 除尘器的圆筒体与锥体组装时，要求同轴，其偏心不得大于 __C__ mm。

A.1   B.1.5   C.2   D.2.5

113. 除尘器安装垂直度总偏差不应大于 __B__ mm。

A.5   B.10   C.12   D.15

114. 冲模材料的选择，对于尺寸较大且工作条件恶劣的模具可选用 __B__ 。

A. 碳素工具钢   B. 合金工具钢

C. 高速钢   D. 硬质合金钢

115. 系统的水平垂直风管在 __B__ 段以内各抽查一段，以上则各抽查 2 段。

A.3   B.5   C.8   D.10

116. 防火阀在标准情况下，前后压差在 2mmH$_2$O，偏风量不得大于 ___C___ m^3/m^2·min。

A.1   B.3   C.5   D.8

117. 不保温通风管道支、量、托架间距，如设计无要求时，水平安装的风管直径大于或等于 400mm 时，不超过 ___B___ m。

A.2   B.3   C.4   D.5

118. 单位工程质量等级标准中的合格工程，其观感质量的评定得分率应达到 ___C___ % 及其以上。

A.50   B.60   C.70   D.80

119. 风帽制作如符合尺寸偏差每米不大于 ___D___ mm，形状规整，旋转风帽重心平衡时为合格。

A.1   B.2   C.3   D.4

120. 观感质量评定等级标准，有不符合标准合格规定的点（房间）者，评为 ___A___ 级，并应处理。

A. 五   B. 四   C. 三   D. 二

121. 风管加固符合 ___D___ 的要求为优良。

A. 牢固可靠

B. 牢固可靠、整齐

C. 牢固可靠、间距适宜

D. 牢固可靠、整齐、间距适宜，均匀对称

122. 风管安装，如设计未规定风管边离墙或柱子距离时，矩形风管宜取 ___C___ mm。

A.50 ~ 100   B.100 ~ 150

C.150 ~ 200   D.200 ~ 250

123. 对消声要求严格的房间，若必须设置调节阀，应设在距离风口 ___C___ 倍以上风管直径的管道处。

A.5   B.8   C.10   D.12

124. 洁净系统的法兰、清扫口、检视门的填料，在设计无规定时，洁净级别低于 ___A___ 级宜用 $\delta = 3mm$ 的橡胶板。

A.10000   B.20000   C.5000   D.3000

125. 装配式洁净室安装，装配每个单间的几何尺寸，应与设计要求的允许偏差不应大于 ___B___ 。

A.1/1000   B.2/1000   C.3/1000   D.5/1000

（三）计算题

1. 有一圆形无边伞形罩，罩口直径 $d = 250$mm，如果要在距罩口 0.2m 处，造成 $v_x = 0.5$m/s 的吸入速度，试求伞形罩的排风量。（$x/d = 0.8$，查表得 $v_x/v_0 = 0.11$）

答：罩口的平均速度 $v_0 = \dfrac{v_x}{0.11} = 4.55$m/s

伞形罩的排风量 $L = 3600 \cdot \dfrac{\pi d^2}{4} \cdot v_0 = 806$m²/h

2. 计算断面为 500mm × 400mm 矩形风管的当量直径 D。

答：$D = \dfrac{2ab}{a+b} = 444$mm。

3. 某天圆地方接头，方口尺寸 1000mm × 1000mm，圆口直径 $D = 500$mm，高度 $H = 500$mm，试计算放样尺寸。

答：$\beta = 63°26'$，$a = 996.4$mm，$h = 499.6$mm，$d = 498.2$mm 圆同等分数 $n = 16$，$\alpha_1 = 22.5°$，$\alpha_2 = 45°$，$\alpha_3 = 67.5°$，$\alpha_4 = 90°$，$f = 498.2$mm，$f_0 = 748.23$mm，$f_1 = 681.81$mm，$f_2 = 676.05$mm，$f_3 = 97.82$mm。

4. 有一螺旋运输机外径 $D = 400$mm，内径 $d = 200$mm，导程 $h = 400$mm，计算叶片展开图尺寸。

答：圆环宽度 $b = 100$mm

圆环外圆弧长度 $L_2 = 1318.77$mm

圆环内圆弧长度 $L_1 = 744.88$mm

圆环内半径 $r = 129.78$mm

圆环外半径 $R = 229.78$mm

圆环切铁切角 $\alpha = 31.18°$

圆环切口弦长 $c = 123.58$mm

5. 某通风工程的观感质量等级评定，经检查风管为二级，支架为三级，风口为一级，风阀为二级，风罩为四级，风机为一级，各项的标准分别为 1.5、0.5、1.0、0.5、0.5、1.0，求该通风工程观感质量的实得分数。

答：实得分数为 1.5 × 0.9 + 0.5 × 0.8 + 1 × 1 + 0.5 × 0.9 + 0.5 × 0.7 + 1 × 1 = 4.55 分

6. 已知某空调房间的余热量 Q 为 2.5kW，余湿量 W 为 0.25g/s，按要求室内空气状态查得的 $i_N = 45$kJ/kg，$d_N = 9$g/kg，按热湿比和送风温度查得送风状态点 S 的 $i_s = 34$kJ/kg，$d_s = 7.9$g/kg，计算消除余热和消除余湿的送风量。

答：按消除余热得：$G = \dfrac{Q}{i_N - i_S} = 0.23\,\mathrm{kg/s}$

按消除余湿得：$G = \dfrac{W}{d_N - d_S} = 0.23\,\mathrm{kg/s}$

7. 设一球面的直径 $D_0 = 2000\,\mathrm{mm}$，试用经线法计算其放样尺寸。

答：$R_0 = 1000\,\mathrm{mm}$，设球面等分数 $n = 16$，球断面半圆周等分数 $N = 8$，则

$$\alpha = \frac{360°}{16} = 22.5°$$

$$\beta = \frac{180°}{8} = 22.5°，\ \beta \text{ 角以此值递增}$$

$$R = R_0 \cos \frac{\alpha}{2} = 980.8\,\mathrm{mm}$$

$C_0 = 0$，$C_1 = 310.9\,\mathrm{mm}$，$C_2 = 574.5\,\mathrm{mm}$，$C_3 = 750.7\,\mathrm{mm}$，$C_4 = 812.5\,\mathrm{mm}$

$$L = \pi R = 3180.3\,\mathrm{mm}，\ m = \frac{L}{8} = 385.2\,\mathrm{mm}$$

8. 计算 $D = 2000\,\mathrm{mm}$ 的半圆形封头的分块放样尺寸。

答：设球面 $\dfrac{1}{4}$ 圆周等分数 $n = 6$，则 $\alpha_1 = \dfrac{90°}{6} = 15°$，$\alpha$ 角以此值递增。

$R_1 = R \cdot \mathrm{tg}\alpha_1 = 267.9\,\mathrm{mm}$

$R_2 = 277.4\,\mathrm{mm}$

$R_3 = 1000\,\mathrm{mm}$

$R_4 = 1732\,\mathrm{mm}$

$R_5 = 4011\,\mathrm{mm}$

$R_6 = \infty$

$l_1 = \dfrac{2\pi R}{N}\sin\alpha_1 = 271.02\,\mathrm{mm}$

$l_2 = 523.6\,\mathrm{mm}$

$l_3 = 740.48\,\mathrm{mm}$

$l_4 = 906.88\,\mathrm{mm}$

$l_5 = 1011.49\,\mathrm{mm}$

$l_6 = 1047.2\,\mathrm{mm}$

$f = 1.57R = 1570\,\mathrm{mm}$

$m = \dfrac{f}{n} = 261.67\,\mathrm{mm}$

9. 某除尘等径斜交三通，轴线交角 $\beta = 45°$，管外径 $D = 500\,\mathrm{mm}$，板厚 t

$= 2mm$，主管长度 $L = 1400mm$，轴线交点至主管一端的距离 $b = 900$，支管中心高度 $H = 600mm$。试用计算放样。

解：$y_0 = 103.6$，$y_1 = 95.7$，$y_2 = 73.2$，$y_3 = 39.2$，$y_4 = 0$，$y_5 = -231$，

$y_6 = -426.8$，$y_7 = -557.6$，$y_8 = -603.6$，支管长 $C = 848.5$，圆周长 $S = 1564.5$

10. 某工程镀锌钢板风管弯头直径为 $D = 200mm$，弯曲角度为 $90°$，弯曲半径 $R = 1.5$，节数为四节（二中节，二端节），计算展开图圆周长度分数 $n = 12$ 的曲线坐标。

解：$y_0 = 26.8$，$y_1 = 23.2$，$y_3 = 13.4$，$y_0 = 0$

$y_4 = -13.8$，$y_5 = -23.2$，$y_6 = -26.8$

（四）简答题

1. 简述除尘系统的组成。

答：除尘系统主要由吸尘装置、管道、除尘器和通风机四部分组成。

2. 简述空气调节室的主要组成部分及作用。

答：①过滤器，作用是清除空气中的灰尘，使空气得到净化。

②预热器，作用是提高进气温度及进气在加湿过程中的吸湿能力。

③喷水室，作用是冷却或加热、加湿或干燥系统的进气，使空气达到要求的温度和湿度。

④再热器，作用是加热由喷水室出来的空气，使之达到要求的温度和湿度。

3. 通风管道的作用是什么？

答：是输送空气，把符合卫生标准的新鲜空气配到室内需要的地方，把室内局部地区或设备产生的污浊空气，直接输送到室外或经净化处理后再排到室外。

4. 质量检验总的要求是什么？

答：要求做到"四个统一"。即检验标准的统一，检验工具的统一，检验方法的统一，分项内容的统一。

5. 分项工程质量评定的项目有哪些？

答：分项工程的质量检验评定项目一般由保证项目、基本项目和允许偏差项目三部分组成。

6. 简述全面质量管理 PDCA 循环法的一个过程、四个阶段。

答：一个过程，就是一个管理周期。四个阶段：①计划阶段（P），②执行阶段（D），③检查阶段（C），④处理阶段（A）。

7. 什么是净化空调器？它与一般空调器有什么区别？

答：用于装配式恒温洁净室的净化空调器是整体立柜式机组，可调节洁净室内的空气温湿度和净化进入室内的空气。比起一般仅供空调用的立柜式空调器，从组成上讲，多了中、高效过滤器，即多了净化空气作用。

8. 齿轮传动有哪些特点？

答：①能保证两轴间有恒定的瞬时传动比；②适用的圆周速度和功率范围广；③能实现两轴平行、相交和交错的传动；④效率较高；⑤工作可靠，寿命较长；⑥制造和安装进度要求高，故制造成本也较高；⑦不适用于两轴距离较远的传动。

9. 什么是通风机？

答：通风机是把机械能转变成气体的势能和动能的动力机械，它是通风系统的主要设备之一。

10. 减振材料有哪些品种？空调设备常用的减振材料是什么？

答：减振材料的品种很多，如软木、泡沫塑料、橡胶、金属弹簧、空气弹簧等等。空调设备采用的减振材料是橡胶和金属弹簧。

11. 简述金属风管焊口生产工艺线。

答：制件切割→制件弯曲（钢板卷圆或折方、组装管节及点焊、轧制管节及异径管的承口）→装配与焊接→风管翻边→焊接→涂漆→运放仓库及现场安装。

12. 简述空调工程的安装工艺流程。

答：配合预埋、预留或检查土建预留、预埋的部件→测绘施工草图→风管和管件制作→设备及支吊架安装→风管与支吊架安装→风管与设备连接→调试→投入运转。

13. 简述蒸汽压缩式制冷的工作原理。

答：蒸汽压缩式制冷的工作原理是使制冷压缩机、冷凝器、膨胀阀和蒸发器等热力设备中进行压缩、放热、节流和吸热四个主要热力过程，完成制冷循环。

14. 简述空气处理设备的控制方法。

答：在空调系统中，除使用喷水室处理空气外，还常使用水冷式表面冷却器或直接蒸发式表面冷却器、水冷式表面冷却器控制可以采用直通或三通调节阀。直接蒸发式冷却盘管控制，一方面靠室内温度敏感元件通过调节器使电磁阀双位动作；另一方面膨胀阀自动地保持盘管出口冷剂吸气温度一定。

15. 什么是液压传动?

答: 液压传动是用液压泵将机械能转换成液压能, 然后通过液压元件对液体的压力、流量和流向进行控制, 以驱动工作机构完成所要求的动作。

16. 简述轴流式通风机的工作原理。

答: 由于叶轮具有斜面形状, 所以当叶轮在机壳中转动时, 空气一方面随着叶轮转动, 一方面沿着轴向前进, 因为空气在机壳中始终沿着轴向流动, 故称为轴流式风机。

17. 通风空调工程工厂化生产的目的是什么?

答: 凡能在车间或工厂内完成管道、配件、部件、设备的加工预制工作均在车间或工厂内完成, 将现场的安装工程量压缩到最低限度, 以充分利用机械设备和比较好的施工条件, 提高工程质量, 加速施工进度, 缩短施工周期, 降低工程成本。安装企业组织通风空调工程施工时, 工厂化生产是发展方向。

18. 保证质量的五个不施工的内容是什么?

答: 做到标准不明确不施工; 工艺方法不符合标准要求不施工; 环境不利于保证质量要求不施工; 机具不完好不施工; 上道工序不合格不施工。

19. 何谓洁净室。

答: 所谓洁净室, 指对空气中的粒状物质及温湿度、压力 (根据需要) 实行控制的密闭空间。符合此定义的洁净室, 室内空气中的尘粒个数不得超过现行空气净化标准。

20. 机械传动的作用有哪些?

答: ①传递运动和动力;

②改变运动形式;

③调节运动速度。

21. 简述液压传动部分的组成。

答: 一般液压传动系统除油液外, 各液压元件按其功能可分成四个部分:

①动力部分——液压泵;

②执行部分——液压缸和液压马达;

③控制部分——包括控制压力、流量和流向的元件, 如转向阀、溢流阀等;

④辅助部分——包括管路及接头、油箱、滤油器、密封件等。

22. 常用的消声材料有哪些?

答：有玻璃棉、矿渣棉、泡沫塑料、毛毡、木丝板、甘蔗板、加气混凝土、微孔吸声毡等多孔、松散的材料。

23. 简述金属风管咬口生产工艺线。

答：工件画线与切割→预制半成品（轧成咬口、轧成曲线咬口、钢板卷圆或折方、轧制弯头咬口）→工件装配（通风管件装配、咬口及合缝、装配弯头、装配插条式风管）→装配法兰→涂漆→送入仓库或工地安装。

24. 发生质量事故作到"三不放过"的内容是什么？

答：质量事故原因找不出来不放过；不采取有效措施不放过；当事人和群众没有受到教育不放过。

25. 什么是空气调节的自动控制？

答：空调的自动控制就是根据调节参数（也叫被调量，如室温、相对湿度、机器露点温度等）的实际值与给定值（如设计要求的室内参数）的偏差（偏差的产生是由于干扰所引起的），用自控系统（由不同的调节环节所组成）来控制各参数的偏差值，使之处于允许的波动范围内。

26. 什么是螺旋传动？

答：螺旋传动主要是利用螺杆和螺母来传递运动和动力的机构。它能将回转运动变为直线运动，不具有增力特性。螺旋运动一般具有自锁性，以保证安全工作。

27. 简述离心式通风机的工作原理。

答：风机叶轮在电动机带动下随机轴一起高速旋转，叶片间的气体在离心作用下由径向甩出，同时在叶轮的吸气口形成真空，外界气体在大气压力的作用下被吸入叶轮内，以补充排出的气体，由叶轮甩出的气体进入机壳后被压向风道，如此源源不断地将气体输送到需要的场所。

28. 风道设计的原则是什么？

答：风管设计时，总的应考虑经济适用的原则，具体主要是：①应尽量设计圆形断面风管；②设计时应通过对不同流速下初投资和运行费用比较，使风管投资和运行费用的总和最经济；③弯管不宜过急，以减小局部阻力损失。

29. 什么是机械设备管理的"三定"责任制，它的目的是什么？

答："三定"责任制是定机、定人、定岗位。其目的是使机械设备做到台台有人管，将每台机械的操作、保管、保养工作落实到人。

30. 简述 QC 活动的一般程序。

答：①选定课题，确定目标；②调查分析，制定方案；③根据方案，组织实施；④对实施结果进行检查；⑤总结经验，写出 QC 成果。

二、实际操作部分（100 分）

1. 试题：对一已完通风系统的风量测试及调整

考评内容及评分标准

序号	测定项目	评分标准	标准分	得分
1	风机出口风量测定	明确率 90% 为满分，每差 10% 扣 2 分	5	
2	系统总风量的测定	明确率 90% 为满分，每差 10% 扣 2 分	5	
3	对各风口风量的第一次测定	明确率 90% 为满分，每差 10% 扣 2 分	10	
4	用风口调节阀对各风口的风量进行调整平衡至最佳状态，并测出最后数据	明确率 90% 为满分，每差 10% 扣 2 分	15	
5	调试报告	数据准确、报告条理清晰	40	
6	安全	无安全事故	10	
7	工效	由考评者定	15	
	合计			

2. 试题：对某个通风工程（分部、分项）进行质量检验和评定

考核内容及评分标准

序号	测定项目	评分标准	标准分	得分
1	检验方法	由考评者定	10	
2	保证项目	漏检或误检 1 项扣 10 分	25	
3	基本项目	漏检或误检 1 项扣 3 分	15	
4	允许偏差项目	漏检或误检 1 项扣 2 分	15	
5	分部（分项）工程评定	符合实际情况，由考评者定	15	
6	安全	无安全事故	10	
7	工效	由考评者定	10	
	合计			

3. 试题：按图编制某个通风系统的工程材料预算

考核内容和评分标准

序号	测定项目	评分标准	标准分	得分
1	通风设备规格数量	缺1项，扣10分	15	
2	阀门、风口规格数量	缺1项，扣2分	10	
3	主材品种	缺1项，扣10分	20	
4	主材数量	误差±5%，≥10%，本项无分	25	
5	辅材品种	缺1项，扣2分	10	
6	辅材数量	误差10%，≥20%本项无分	10	
7	工效	由考评者定	10	
	合计			

4. 试题：制作一节圆柱螺旋绞笼 $D = 300mm$，$d = 100mm$，导程（周节）$h = 250mm$，厚度 $\delta = 1mm$

考核内容和评分标准

序号	测定项目	评 分 标 准	标准分	得分
1	展开方法	由考评者定	10	
2	导程 h	≤±2mm，≥5mm本项无分	15	
3	样板检查 b（宽度）	≤±1mm，≥3mm本项无分	10	
4	样板检查 r（内径）	≤±1mm，≥3mm本项无分	10	
5	$\alpha°$开口角度	≤±1°，≥3mm本项无分	10	
6	C 开口弦长	≤±2mm≥5mm本项无分	10	
7	制作质量	由考评者定	10	
8	安全	无安全事故	10	
9	工效	由考评者定	15	
	合计			

5. 试题：制作一只圆顶长方底的偏心接头 $a \times b = 300mm \times 200mm$，$d = 200mm$，$h = 300mm$，上、下两口的中心距 $l = 200mm$，$\delta = 1mm$，见下图

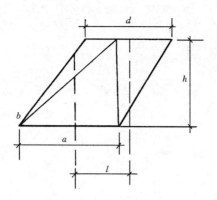

测定内容和评分标准

序号	测定项目	评 分 标 准	标准分	得分
1	展开方法（查样板）	由考评者定	15	
2	d	≤±1mm，≥±3mm 本项无分	5	
3	a	≤±1mm，≥±3mm 本项无分	5	
4	b	≤±1mm，≥±3mm 本项无分	5	
5	h	≤±2mm，≥5mm 本项无分	15	
6	l	≤±2mm，≥5mm 本项无分	15	
7	制作外观质量	由考评者定	15	
8	安全	无安全事故	10	
9	工效	由考评者定	15	
	合计